集中供水发展与净水强化技术

马　伟　陆　光　潘玉珍　崔占民　编著

东北大学出版社
·沈　阳·

图书在版编目（CIP）数据

集中供水发展与净水强化技术 / 马伟等编著. — 沈阳 ：东北大学出版社，2020. 12
ISBN 978-7-5517-2202-5

Ⅰ. ①集… Ⅱ. ①马… Ⅲ. ①城市供水－研究－中国 Ⅳ. ①TU991

中国版本图书馆 CIP 数据核字(2020)第 104317 号

内容提要

本书围绕集中供水发展变化和提升水质要求，主要阐述水质净化与监测方面的部分新成果。依据系统性和先进性初衷，本书内容依次分为：水源与水质发展趋势、水处理工艺技术进展、强化混凝与吸附-混凝协同技术、供水管网水质保障技术、分子光谱监测、实验室信息建设与智慧水务发展等 6 章。本着科学性、实用性原则，在基本原理分析基础上，注重与供水实际相结合，突出为克服各种水质污染而强化治理措施灵活性与适应性强的要求。结合现代供水长途输水管网与水质等变化，以及常规净水工艺中所面临的问题，侧重介绍了“吸附与混凝协同净化作用”和讨论了“水质荧光监测技术”方面的发展，以及实验室数字化管理等方面的新进展，期望为水务行业人员提供思路和参考，提高饮用水的品质。

出 版 者：东北大学出版社
地址：沈阳市和平区文化路三号巷 11 号
邮编：110819
电话：024-83683655(总编室) 83687331(营销部)
传真：024-83687332(总编室) 83680180(营销部)
网址：http://www.neupress.com
E-mail: neuph@neupress.com
印 刷 者：辽宁一诺广告印务有限公司
发 行 者：东北大学出版社
幅面尺寸：170 mm×240 mm
印 张：15.75
字 数：283 千字
出版时间：2020 年 12 月第 1 版　　印刷时间：2020 年 12 月第 1 次印刷
策划编辑：罗 鑫　　责任编辑：潘佳宁
封面设计：潘正一　　责任出版：唐敏志

ISBN 978-7-5517-2202-5　　定 价：68.00 元

前　言

饮用水水质安全是人类文明进步的重要要求，“水质清澈”“纯天然”就是好水的误解至今仍然存在，“天然矿泉水”不仅可能存在微生物的污染，重金属、放射性元素的污染也不容忽视。我国是全球水资源最为贫乏的国家之一，面临着严重的水资源危机。2016 年水利部公布的数据显示，我国有 400 多个城市存在着资源型或工程型以及水质型缺水。通过远途引水工程、蓄水工程和海水淡化来缓解供水安全危机，逐步形成了我国的多水源供水格局。在供水工艺方面，当前有少数经济发达地区的水厂采用了臭氧活性炭、膜技术等深度水处理技术，但大部分地区主要采用的仍然是混凝、沉淀、过滤、消毒处理等传统常规处理工艺，随着新型污染物的出现和健康饮水理念的不断进步，城镇集中供水正面临着巨大的挑战，同时也有着难得的发展机遇。

随着国家“水专项”的实施和“水十条”的颁布，围绕“水”的学术和技术论坛逐年增加，供水行业也掀起了创新热潮，技术领域取得了诸多进步。大范围快速提升集中供水的共性技术应该满足 3 个关键特质：第一是技术的适应性和灵活性，结合现有基础，让水处理系统能更好地应对各种变化；第二是注重水资源保护与回用，从而有效地节约用水；第三是数字化和智能化建设，实现精细化控制与网络的快速反馈。这些特征体现出对深度净化水质要求的不断提升和高效节水及智能管理的发展趋势。多年来，各地结合引水工程、多水源供水和北方城镇供水特点，围绕水质净化和水质监测，开展了一系列适应性强的方法研究与实践。

本书从实际出发，系统地介绍了“从水源到水龙头”的过程并作阶段性总结，依据粒子识别机理建立的选择吸附材料与污染物净化技术和监测技术结合，侧重于通过“吸附-混凝”技术强化解决北方城镇的常规水处理问题；同时考虑未来对水质快速分析和预警技术的迫切需求，对荧光光谱技术在给水系统在线监测以及实验室数字化方面的实际应用进行了讨论。在加强对水资源进行保护的同时，采用多级监测、灵活管控的思路，提高饮用水水质。

本书不求大篇幅的详细论述和分析，而是简单扼要地介绍了基本概况、基本原理和主要的水处理材料、关键设备及主要方法，希望为供水行业人员和关心水务发展的人提供参考和借鉴。本书将连续水化学会议中有关材料加以整理，作为水质净化与监测材料团队的集体结晶，其他参写人员有：孟凡庆（第2，3章）、陈振（第3，4章）、段诗博（第4，5章）、高健（第1章）、章哲（第4章）、潘玉珍和王墨言（第5章）、马英和张运兴（第6章）等，凝聚了大家的辛勤劳作与心血。限于著者水平与眼界仍有不足之处，希望得到同行和学者的批评指正。感谢国家基金委、高等学校专项资金的资助和辽宁省水处理协会、各级自来水公司、大连中汇达仪器有限公司、岛津企业（中国）管理有限公司提供的支持。

编著者

2019年10月

目　录

第 1 章　水源与水质发展趋势

1.1　水资源现状和保护措施

人类文明的进步伴随着对水认知的过程，有文献记载，5 万年前人类已经认识到生存活动与水资源和水质密切相关。工业化发展造成生态破坏、环境恶化，加之人口膨胀，部分地区缺水和水土流失，土地荒废，严重阻碍着国家和地区的社会经济发展。如今水资源作为全球核心资源，关系到人类的进步与未来，联合国、各国政府及相关国际组织、学者均在积极寻求解决水资源危机的策略。

中国属于缺水国家，人均淡水资源仅为世界人均量的 1/4，已被列入全世界 13 个人均水资源匮乏国家之一。而且水资源分布不均，大量淡水资源集中在南方，北方淡水资源只有南方的 1/4。我国水资源现状有 3 个主要特点：一是水资源短缺；二是时空上分布不均匀；三是水源受到不同程度的污染，容易形成水危机或者水质灾害。据统计，我国 600 多个城市中有一半以上城市不同程度缺水，沿海城市甚至更为严重。早期城市供水以地表水或地下水为主，或者两种水源混合使用，有些城市因地下水开采过度，造成地下水位下降，甚至形成了几百平方千米的地面塌陷。同时由于工业废水的肆意排放，导致 80%以上的地表水、地下水被污染。依据全国及流域水资源综合规划，跨流域引水是解决缺水问题的主要措施，“南水北调”“东水西调”等引水工程逐步成为解决水资源问题的主要途径。

1.1.1　水源保护区的建立

水是人类赖以生存的非可再生资源，是生活中的第一物质资料，建立水源保护区、加强水源合理保护是十分必要的。水源保护区是一个法律概念，它表示司法行政机构划定的一个水源流域区或者水源流域区的一部分地域，以及为保护区颁布的保护措施。一方面，水源保护区包括饮用水水源保护区和其他水源保护区，比如动植物生态水体保护区、风景水体保护区等。另一方面，水源保护区又可根据水体特征划分为地表水水源保护区和地下水水源保护区，其中地表水水源保护区又可分为水库水水源保护区、湖水水源保护区以及河流水水源保护区。

水源保护区的建设始于18世纪末期的德国，第一个水源保护区划定于科隆(Cologne)地区，由20世纪50年代颁布的德国《水法》确定。德国水与气专业协会(DVGW)整理出《地下水水源保护区条例》供各地方政府参考使用，随后相继推出《水库水水源保护区条例》《湖水水源保护区条例》。经过多年试用与反复修改，德国政府采用了上述3个水源保护区条例。没有建立河流水水源保护区的原因是：第一，河水水质一般较差且不稳定，因此不推荐河流水为饮用水直接水源；第二，河流水水源保护区往往由于面积太大，保护措施难以落实。

饮用水水源保护区的建立与保护是一项法律程序。德国迄今已建立了近2万个饮用水水源保护区，在水源地保护方面积累了大量经验，其经验规范也被欧美工业国家广泛采用。其总原则是争取将取水口所在流域区全区划定为水源保护区，水源保护区至少要包括流域区内取水口上游区；水源保护区内部分级划出2~3个分区，分级保护。分区一般呈环带状或半环带状，以取水口为中心向外展开。水源保护区的面积一方面要足够大，至少满足保护水质的基本要求，因为流域区内水体循环系统，特别是地下水系统是一个整体，这个循环系统可以把流域区内其他位置水体内的污染物带到取水口处。另一方面要尽量小，以便减少水源保护区对当地生产与经济发展带来的消极影响。从取水口向外分别称作Ⅰ级区、Ⅱ级区、Ⅲ级区等。Ⅰ、Ⅱ、Ⅲ级区又可以细分为ⅠA、ⅠB子区，ⅡA、ⅡB子区，ⅢA、ⅢB子区等。Ⅰ级区保护级别最高，Ⅱ级区次之，Ⅲ级区再次；A子区保护级高于B子区，以此类推。从中心区向外缘远区延展，保护级别逐渐降低。设立不同保护级别的分区和子区，是为了减少水源保护区内生产与经济方面的损失。水源保护区内经济活动的规划原则是：污染可能性最大的生产经济活动安排在Ⅲ级区；污染可能性小的生产经济活动安排在Ⅱ级区；Ⅰ级区保证无污染，绝对安全。

威胁饮用水的因素有多种，比如不适当配置的化学物品、动物和人类的废弃物、杀虫剂、被灌注到深层地下水中的污水和自然界出现的污染物质等。从技术上考虑，划分的一个重要依据是岩石土壤对受污染水的过滤净化功能，是以岩石土壤对污染水的自然过滤功能或者水体自然净化能力为基础的，岩土过滤以及水体自净化机制与污染物的特性关系十分密切。由于化肥和农药对水体的污染日益严重，尤其会造成大面积地下水污染，各地政府都在大力推广生态农业。生态农业的最终目标是不使用化肥和农药，但是少用农药化肥又会引起减产、歉收，导致农民收入降低，应对措施之一便是减少和限制化肥和农药的使用量，并对农民的损失给予补偿，政府对抽取地下水者征收取水费用，以补充财政收入。在德国，生活用水水费、污水排放费已接近水厂处理费，水源保护区内不加重收费，水费、污水费月支出相当于家庭收入的3.67%，个别水源保护区内还有一种和生态农业相关的特别水费。

水库水水源保护区一般是饮用水专用露天水库，位于山坳森林地。建坝集水，来水主要是人工引水，也包括天然降水和渗透地下水。人工引水引自其他水质较好的地表水。水库的作用是利用水体的自净功能，进一步净化外来引水，提高水质。也有水厂将高质量的地下水引入水库，与引入地表水混合，以便使水库水达到饮用水地表水源指标。

法国把保护区分为紧靠集水建筑物的近保护区、较近保护区和远保护区。在近保护区内，除特许者外，禁止一切经济活动，包括禁止钻井，禁止开建露天采石场，禁止露天开挖或填土工程，禁止建设地下或地面建筑，禁止堆放垃圾、放射性废物以及一切可能使水质恶化的物品，禁止修建渠道、水库，禁止存放化学物品及废水；禁止施用粪肥、有机肥或化肥、农药，禁止放牧及所有可能直接或间接污染水质的活动。在远保护区内，仅对上述活动做出一定限制，不禁止其他经济活动。

瑞典开展饮用水水源保护的主要措施是，针对不同地域、水体类型划分保护区。从水质、水量两方面对水源水体进行保护，防治污染并对受到污染的区域及水体进行修复，而且必须从长远和可持续角度出发，建设备用水源。瑞典饮用水水源保护区分为一级保护区和二级保护区，适当情况下将全流域划分为三级保护区。此外，还划分有取水口区（考虑安全原因，此区域不对外公布）。以湖泊内取水的地表水饮用水水源，对湖泊的汇水河流及流域划分保护区，一级保护区是指湖泊汇水河道12 h流程以内的河段及河岸两侧各50 m范围区域，取水湖泊水体全部划为一级保护区；二级保护区是指24 h流程以内的河段及河岸两侧各100 m范围内的区域；三级保护区为全流域。在河流上直接取水的地表水源，保护区范围要相对小得多，但是要求上游的预警系统能够保证一旦发生事故，水厂有足够的时间关闭取水口。

美国饮用水水源地从20世纪50年代即开始采用“多重屏障”措施保护饮用水源免受微生物污染。美国的水环境管理法律和条款有很多，多数都基于《安全饮用水法》(SDWA)和《清洁水法》(CWA)，共同为饮用水水源地的保护提供法律基础，明确提出要求各州制定饮用水水源地评估计划，在评估计划获美国环境保护署(EPA)批准后，各州必须在2年内完成所有公共供水系统的评估工作，并根据评估结果制定相应的保护计划。划分饮用水水源保护区的目的是确定影响饮用水水源地水质的土地、水体区域，以及确定该地区内可能会对饮用水供应造成潜在风险的物质和活动。调查保护区内可能影响饮用水供应的已知和潜在污染源及威胁活动，污染源清单利用分级或排序方法标明对每一个潜在风险的关注程度，以便减少或消除这种潜在风险。重要的典型潜在污染源包括垃圾填埋场、地下或地上储油罐以及住宅或商业化粪池系统等。易感性分析是指基于污染源清单和其他相关因素来辨识水源地对不同污染物的易感性或脆弱性，有利于为饮用水水源保护区管理提供决策支持。美国从20世纪90年代初即开始强调实施地表水体的流域管理计划，对于受污染的饮用水水源，首先按照美国国家污染物排放削减要求，为水源制定基于技术的排放限制措施，若水体仍不能达到功能水体质量标准，则将该水体列入受损水体清单，水质得到改善后，经严格评估，方可重新成为饮用水水源地。

1.1.2 我国水源保护区的设立与实施

在划分饮用水水源保护区方面，我国目前主要依据欧洲和美国的经验，由环保部组织、中国环境科学院起草了基于《地表水环境质量标准》(GB3838)、《地下水质量标准》(GB/T 14848)和《饮用水水源保护区标志技术要求》(HJ/T 433)修订的《饮用水水源保护区划分技术规范》(HJ/T 338—2007)。该规范规定了地表水水源保护区、地下水饮用水源保护区划分基本方法，饮用水水源图件制作和饮用水保护区划分技术文件编制的技术要求，增加了环境调查的技术要求、水源保护区划分技术要求、划分基本方法和定界技术要求，规定地表水水源库容小于0.1亿m^3的为小型水源地，大于1亿m^3的为大型水源地，其间为中型水源地。水源地也设定了三级保护区，并分为水域保护区和地域保护区。保护区划分具有一套因地而异的科学方法。水域划分方法包括类比经验法、应急响应时间法和数值模拟法；陆域划分方法有类比经验法、地形边界法和缓冲区法。一级保护区是依据小、中、大型而异，从水位线以下到取水口半径 200~500 m，陆域岸边距离 50 m，二级保护区水域一般径向距离不小于 2000 m、岸边距离水平距离 2000~3000 m，和准保护区以及卫生防护距离。

饮用水水源保护区分为地表水饮用水水源保护区和地下水饮用水水源保护区，地表水饮用水水源保护区包括一定范围的水域和陆域，地下水饮用水水源保护区指地下水饮用水水源地周围的地表区域。饮用水水源地（包括备用的和规划的）都应设置饮用水水源保护区。饮用水水源满足以下情况之一的，应增设准保护区：① 现状水质不达标的水源；② 湖库型水源；③ 流域上游风险源分布密集的水源；④ 流域上游社会经济发展速度较快、存在潜在风险的水源。饮用水水源保护区的设置应纳入当地社会经济发展规划和水污染防治规划；跨地区的饮用水水源保护区设置应纳入有关流域、区域、城市社会经济发展规划和水污染防治规划。在水环境功能区和水功能区划分中，应将饮用水水源保护区的设置和划分放在最优先位置；跨地区的河流、湖泊、水库、输水渠道，其上游地区不得影响下游（或相邻）地区饮用水水源保护区对水质的要求，并应保证下游有合理的水资源量。

应对现有饮用水水源地进行评价和筛选：对于因污染已达不到饮用水水源水质要求且经技术、经济论证证明饮用水功能难以恢复的水源地，应采取措施，有计划地建设新的饮用水水源地。饮用水水源保护区的水环境监测与污染源监督应作为监督管理工作重点，纳入地方环境管理体系中，若不能满足保护区规定的水质要求，则应及时扩大保护区范围，加强污染治理。

对于水源保护区的水质要求，地表水饮用水水源一级保护区的水质基本项目限值不得超过《地表水环境质量标准》（GB 3838—2002）中的Ⅱ类标准，且补充项目和特定项目应满足该标准规定的限值要求。地表水饮用水水源二级保护区的水质基本项目限值不得超过《地表水环境质量标准》（GB 3838—2002）中的Ⅲ类标准，并保证流入一级保护区的水质满足一级保护区水质标准的要求。地表水饮用水水源准保护区的水质应保证流入二级保护区的水质满足二级保护区水质的要求。地下水饮用水水源保护区及准保护区水质要求地下水饮用水水源保护区（包括一级保护区、二级保护区）和准保护区水质各项指标不得低于《地下水质量标准（2017）》中的Ⅲ类标准。

确定饮用水水源保护区划分的技术指标，应考虑以下因素：水源地的地理位置、水文、气象、地质特征、水动力特性、水域污染类型、污染特征、污染源分布、排水区分布、水源地规模、水量需求、社会经济发展规模和环境管理水平等。地表水饮用水水源保护区范围的确定，应按照不同水域特点进行水质定量预测，并考虑当地具体条件，保证在规划设计的水文条件、污染负荷以及供水量时，保护区的水质能满足相应的标准。地下水饮用水水源保护区范围应根据当地的水文地质条件、供水量、开采方式和污染源分布确定，并保证开采规划水量时能达到所要求的水质标准。《饮用水水源保护区划分技术规范》的实施，将对加强水源保护区和水源地规范化建设，保障水源水质安全，具有深远的意义。

1.2 水源格局改变的主要因素——远距离输水

1.2.1 主要调水工程

我国自古就有很多水利工程，如郑国渠、都江堰、灵渠、京杭大运河、钱塘江海塘等。“民非水火不生活，万物无之则不存，人类乏之则必灭”。我国古代就有严格的水部系统的行政管理机构和水监系统的工程修建机构。先秦有司空一职，主管水土行政；南北朝时，司空在名义上仍是掌管水利土木工程的最高政务官；秦汉以后，主持水利营建及管理事务的称为水官；隋以后，名曰水监，至明代始取消。魏晋以后，尚书为中央最高行政机构，其下属有水部，管理水利政务，有水部侍郎等官职。历史上也有相应的给水法规，如西周时的《伐崇令》、唐代的《水部式》、金代的《河防令》，以及其他排涝法规、农田灌溉法规、运河管理法规、城市供排水法规、水利施工组织法规等。在《伐崇令》中，明令禁止填埋水井，违令者斩；秦始皇时的李斯主持制定了《秦律十八种》，水利法规包括在《田律》之中，“春二月，毋敢伐木山林及雍提水”，即春二月不准到山林中砍伐木材，不准堵塞水道。《管子》中说：“水者，地之血气，筋脉之流通者。”水在自然环境中类似于人体血脉一样重要。《人字须知》中说：“水深处民多富，水浅处民多贫，水聚处民多稠，水散处民多离”。有水的地区富有，缺水的地方穷困，河水交汇之处人员聚集，没水的地方自然人员外流。我国人均水资源总量不足，水资源时空分布不均匀，使许多地区的经济社会发展受限，产生了调水(引水)需求。国务院制定了 2020 年前建设 172 项重大水利工程发展规划，据不完全统计，我国目前已建跨流域大型调水工程如下。

(1)南水北调工程

南水北调工程是实施水资源优化配置，改变南涝北旱和北方地区水资源严重短缺局面的重大战略工程，可有效缓解京、津及华北地区的水资源危机。水源来自河北省的岗南水库、黄壁庄水库、王快水库、西大洋、安各庄水库和丹江口水库等。2008 年南水北调京石段建成通水，同年，位于海河流域的子牙河流域岗南水库、黄壁庄水库、大清河王快水库、西大洋和安各庄水库开始向北京市实施应急供水。2014 年 12 月，中线工程从丹江口水库开始向北京市供水；同时，河北省停止向北京市供水，外水进京改变了北京市的水资源格局，成为北京市水资源的重要组成部分。大宁调蓄水库是南水北调中线干渠进入北京的首个调蓄水库，总库容 4611 万 m^3，非汛期最大可调蓄库容为 3753 万 m^3，汛期最大可调蓄库容为 1006 万 m^3，水域面积 220 万 m^2。

(2)引滦入津工程

引滦入津工程的设计路线为：引滦河水，自河北省承德市和唐山市交界处的潘家口水库，经大黑汀水库反调节抬高后，通过引水隧洞并借用遵化市境内黎河河道输水，再由位于天津市蓟县境内的于桥水库调蓄，经州河暗渠进入引滦专用输水明渠，流经潮白河泵站到达尔王庄泵站，尔王庄泵站将水分为两路：一部分送至宜兴埠水源厂泵站，交由西河水厂和新开河水厂处理后，送至天津市区；另一部分通过倒虹吸由新引河最后进入海河。引滦入津工程由引水枢纽、引水隧洞、河道整治工程、于桥水库、尔王庄水库、输水明渠等部分组成。

2016 年初，受潘家口、大黑汀水库网箱养鱼过度等因素影响，滦河水水质恶化严重，影响了天津市引滦受水区的供水安全。天津市实施永青渠应急调水，还有“引黄济青”“引江济太”“引大入秦”工程等，以暂时缓解城市供水危机。为彻底解决引滦供水区长期供水问题，提高引江引滦双水源调度灵活性，又实施了引江向尔王庄水库供水联通工程，铺设永久性输水管涵，实现引江引滦水源在尔王庄水库互联、互通、联调。

(3)引洮工程

甘肃省宁县长期以来水资源不足，干旱频发，工程性、区域性缺水严重，导致供需矛盾突出，制约经济发展。引洮工程外调洮河水资源，通过九甸峡水利枢纽抬高水位，引入甘肃中部安定区，解决饮水、工业用水、生态用水及农业灌溉等问题，整体水质高于受水地区。

(4)引汉济渭

引汉济渭是陕西省建设的跨流域调水工程，在汉江干流黄金峡河段以及汉江支流三河口河段修建双水源工程，通过输水隧洞送达关中地区，是陕西省的“南水北调”工程。将汉江水引入渭河，以补充西安、宝鸡、咸阳等5个大中城市的给水量，是缓解关中渭河沿线城市和工业缺水问题的根本性措施。

(5)引绰济辽

为了缓解内蒙古西辽河流域缺水状况和为内蒙古东部地区实施“水煤组合”战略提供水资源保障，从绰尔河引水至西辽河，向沿线城市和工业园区供水，结合灌溉兼顾发电等综合利用。受水范围为通辽、兴安盟盟府所在地科尔沁区、乌兰浩特市，两盟市所辖的开鲁县、扎鲁特旗、科左中旗、科左后旗、科右前旗、科右中旗、突泉县等7个旗(县)城区，以及通辽经济开发区、乌兰浩特工业开发区等工业园区。依据全国及流域水资源综合规划，综合考虑绰尔河流域水资源可利用量和对下游灌溉供水的影响等，引绰济辽工程最大年调水量按不超过6亿m^3控制。

(6)引黄入冀补淀工程

输水线路自河南境内黄河渠村闸引水，利用濮阳市濮清南干渠输水，穿卫河进入河北省。在河北省境内基本利用已有河渠输水，经东风渠、老漳河、滏东排河至献县枢纽，穿滹沱河北大堤后，利用紫塔干渠、古洋河、小白河和任文干渠输水至白洋淀。

(7)引大济湟工程

引大济湟工程是青海省内跨流域大型调水工程，由石头峡水利枢纽、调水总干渠、黑泉水库、湟水北干渠、湟水南岸提灌工程组成。从湟水河一级支流大通河上游石头峡建库引水，将7.5亿m^3大通河水，经29.6 km调水干渠调入湟水河一级支流北川河上游的宝库河，解决湟水两岸山区和干流资源性缺水问题。可扩大农田灌溉面积、生态林草灌溉区，向城市和工业用水增加供水、补充河道生态用水等。

(8)引额济乌工程

在新疆维吾尔自治区北部，从阿勒泰地区到乌鲁木齐经济区，在额尔齐斯河干流上修建“635”水利枢纽和喀腊塑克水利枢纽工程，调控中游以上33.8亿m^3年径流，从“635”水利枢纽引水，向北疆油田、乌鲁木齐经济区和沿线阿勒泰、塔城和丰县及兵团的农牧业开发等3个供水对象供水。远期在额尔齐斯河下游支流布尔津河上，修建布尔津山口水利枢纽工程，调控42.8亿m^3年径流量，通过西水东引大渠，将布尔津河27亿m^3的余水调往额尔齐斯河中游，实现农牧业供水 25.3 亿 m^3 的目标。在尾部设有“500”水库，水域总面积 24.6 km^2，总蓄水量 2.8 亿 m^3。

(9)东江引水工程

东江引水工程是湖南省郴州市重点建设工程和重大民生工程，于 2014 年 9 月动工建设。项目从东江湖水库取水，净水采用重力直流方式，输送到郴州市城区和资兴市，可解决该市中远期城市发展用水需求。

(10)大伙房水库输水工程和辽西北供水工程

为解决辽宁中、南部城市缺水问题，2003 年辽宁开工建设大伙房水库输水工程。大伙房跨流域引水工程位于辽宁省东部本溪市桓仁满族自治县和抚顺市新宾满族自治县境内，将浑江中下游桓仁水库的发电尾水，利用西江和凤鸣两座电站作为调节池，经 85 km 输水隧洞自流引水至新宾满族自治县境内的苏子河穆家电站下游，经苏子河汇入大伙房水库，再经大伙房水库反调节后，通过 235 km输水管道向下游的抚顺、沈阳、辽阳、鞍山、营口、盘锦、大连 7 个城市供水。

辽西北供水工程，以桓仁水库作为调蓄水库，在桓仁水库下游从鸭绿江支流秋皮河输水至浑江上的凤鸣水库，与桓仁水库联合调度，在满足大伙房水库输水工程原兴利调度的前提下，将桓仁水库水量分别输水到辽河上的清河水库、浑河上的大伙房水库，最终送至大凌河上的白石水库，沿线解决受水地区经济发展的用水量需求。

大伙房水库位于辽宁省东部山区，整个库区流域面积为 114 km^2，最大水深为 37 m，最大库容量为 21.8 亿 m^3，东西长约 35 km，水面最宽处达 4 km，最窄处约 0.3 km，是一个带状河谷型水库。多年平均净入库量 15.97 亿 m^3，多年平均蒸发量为 950 mm。上游流域地处辽宁省东部山区的清原满族自治县、新宾满族自治县境内，上游主要河流包括浑河、苏子河及社河，这 3 条河流分别从北杂木、上夹河、台沟汇入大伙房水库；除上述 3 条河流外，一些小型支流型河流，如上马乡的坎木河、苍石河、李家河、通什河，汤图乡的百花河，章党镇的营盘河、洼子河也汇入到大伙房水库中，而位于浑江中下游的桓仁水库则为大伙房的调蓄水源。

桓仁水库属鸭绿江水系，位于浑江中下游，地处辽宁省东南边缘、本溪市桓仁满族自治县中北部，库区横跨辽宁、吉林两省。由于沿河农作物种植和水产养殖，大量的化肥及农药流失，氮磷等养分随农田排水和地表径流进入支流和库区，造成水库有机污染加重，水体富营养化程度加剧。大伙房水源水质受上述水源的影响较大，水质浑浊度具有汛期的高温高浊、高温高藻和冰冻期的低温超稳定水体的特点。水质整体上高于地表水Ⅱ类标准，但存在两个水源或多种水源水混合使用的情况，可能存在化学和生物稳定性变化的情况。

以上各工程分布和用途如表1-1所示。

表1-1　引水工程分布与概况

区域	工程名称	引水水源	供水目的地	供水目标
华东、华北	南水北调东线	扬州	烟台市、天津市	生活、工业
	南水北调中线	丹江口水库	北京市、天津市	生活、工业
西南、西北	南水北调西线	雅砻江、大渡河、黄河	黄河中上游	生活、工业、生态
东北	引松供水	丰满水库	吉林中部	生活、工业
	引松入长	丰满水库	长春市	生活、工业
	引嫩入白	（嫩江）白沙滩	白城市	生活、灌溉、生态补水
	辽宁东水西调	东水西调中线	大伙房水库、沈阳市	生活、工业
	三江连通	黑龙江、松花江	乌苏里江	生活、工业、灌溉
西北	引大入秦	大通河	兰州市以北	灌溉
	引大济湟	大通河	湟河流域	生活、工业、灌溉
	引洮供水	洮河	兰州等5市	生活、灌溉
	引汉济渭	汉江	西安等4市	生活、工业
	景泰川电力提灌	黄河五佛段	景泰等4市	灌溉
	黑河引水	黑河水库	西安市	生活、工业
	引额济克	额尔齐斯河	克拉玛依市	工业、灌溉
	引额济乌	额尔齐斯河	乌鲁木齐市	生活、工业
	塔里木河生态输水	大西海子水库	塔里木河下游	生态
	引哈济党	苏干湖（酒泉）	党河水系	生活、工业、生态
西南	滇中调水	金沙江龙蟠	滇中市	生活、工业
	漓江生态补水	漓江上游	桂林市	防洪、补水
华北	引滦入津	潘家口水库	天津市	生活、工业
	引滦入唐	大黑水库	唐山市	生活、工业、农业
	引黄入晋	万家寨水库	太原等3市	生活、工业
	引江济淮	西兆河	河南省周口市到安徽亳州市	工业、生活

表1-1(续)

区域	工程名称	引水水源	供水目的地	供水目标
华东	引黄入翼	渠村引黄闸	白洋淀	灌溉、生态
	引黄济津(一)	位山闸	天津市、白洋淀	生活、工业、生态
	引黄济津(二)	潘庄闸	天津市、白洋淀	生活、工业、生态
	引黄济青	打渔张引水闸	青岛市	生活、工业
	引江济太	常熟枢纽	太湖	生态、工业
	引江济怀	长江	淮河	生活、工业、航运
	江水北调	江都枢纽	苏北地区	灌溉、排涝
	青草沙水源地原水	青草沙水库	上海市	生活、工业
	淠史杭	淠、史、杭埠河	豫、皖	防洪、灌溉
	沂沭泗	沂、沭、泗河	南四湖	防洪
华南	闽江北水南调	福州市竹岐乡	福州等 4 县市	生活、工业
	福建北溪引水	龙海江郭洲头	厦门市	工业、生活、灌溉
	东深引水	东江	香港特区	生活
	西江引水	西江	广州市	生活
	西渡江引水	西渡江	海口市	生活、工业、灌溉

1.2.2 引水水质与节水措施

(1)引水水质

总体期望和建设预期是将优质水引入到受水区。影响水质的因素有很多，除了“引滦入津”工程外，引水水质情况普遍高于地表水Ⅱ类标准。根据 2005 年于桥水库管理处和尔王庄管理处对氯化物、高锰酸盐指数、溶解氧、氨氮、总氮、总磷等项目的月监测数据得出，氯化物浓度均远远低于集中式生活饮用水地表水源地补充项目标准限值，氨氮、溶解氧均处在国家地表水Ⅱ类标准，高锰酸盐指数处于Ⅲ类标准。于桥水库总磷为Ⅳ类，富营养状态指数 54；总氮为Ⅳ类，富营养状态指数 65。处富营养状态。尔王庄水库总磷为Ⅲ类，富营养状态指数 45；总氮为Ⅲ类，富营养状态指数 52。处中富营养状态。

南水北调中线北京段全年硝氮、总氮、氟离子、氯离子、硫酸盐含量高于江水，江水水质优于冀水；溶解氧、高锰酸盐指数、总磷、氨氮这 4 项指标差异不大；冀水在经水库调蓄后，汛期和非汛期高锰酸盐指数、总氮、氟离子、硫酸盐及氯离子差异性显著，高锰酸盐指数、氟离子、硫酸盐和氯离子水库高于调节池，总氮在经水库调蓄后显著下降。冀水和江水的 pH 值为 8~9，偏碱性；溶解氧全年均高于 7.5 mg/L。主要原因：一是上游来水水质优良，水体中耗氧有机物含量较低；二是大距离长时间明渠输水，与空气充分接触；高锰酸盐指数均低于地表水Ⅱ类标准限值(4 mg/L)；硫酸盐、氟离子、氯离子等指标反映了水体接纳污染物的情况，离子浓度越高，水体接纳的污染物越多，都在Ⅱ类地表水范围内；氮磷是造成水体富营养化的主要因素，冀水中硝氮、总氮、磷较高，随季节变化，4—8 月明显较高。水库补水进行水体交换时，需密切关注水体水质变化，防止水华发生。

同时，输水受季节气候条件影响，输水量由水源区来水量和受水区需水量共同控制，具有周期性和一定的时限性，水源区逢丰水年时，水量充足，可为受水区供水。输水的主要目的是满足水资源匮乏地区居民的生活生产用水，因此需保证受水区的水质达到地表水环境质量Ⅲ类标准或者更高标准。同时，对水源地水质要求更高，必须满足国家地表水环境质量Ⅱ类标准。南水北调东线调水区长江三江营断面(水源地)全年的水质良好，除氨氮为Ⅲ类外，其余监测指标均达到地表水环境质量Ⅱ类标准，总体水质指标高于受水地区，但因输水线路长，也将面临再污染的风险。

输水沿线水污染物的主要来源按空间分布特征可分为点源、面源、内源和潜在污染源。点源主要来自城镇生活污水和工业废水；面源主要来自降水形成的地表径流冲刷作用下带入水体的污染物，包括农田化肥、农药，农村居民生活污水、固体废物，畜牧养殖产生的污水和废物以及水土流失等；内源主要来自船舶、码头以及湖区渔民排放的污废水和河湖底泥释放的污染物等；潜在污染源是比较随机的一种污染源，包括自然灾害类事故和社会安全类事故。输水距离远，跨越省市多，城市的生活污水和工业废水、农村乡镇的农田污水等都会对输水河道、渠道造成严重水污染。长距离调水工程基本上包括了所有水工建筑物：输水隧洞、泵站、倒虹吸、明渠、暗渠、闸、堰、河道、水库、大坝、溢洪道、泄洪洞、发电厂等。

引水产生的水质变化原因可能是多方面的。有研究认为，三峡工程与南水北调的叠加影响，将可能造成长江河口段与黄浦江的盐水入侵，从而对水生态和供水水质产生威胁。也有远程引水造成生物量和微生物的变化，如剑水蚤、不同藻类种类增加等。对于严重缺水地区而言，水源过度污染仅靠Ⅰ、Ⅱ类水的补给量不够，完全控制引水的水质短时间内不现实。城市的工业排污、农村里的农药污染和污水处理水平短时期内难以大幅度改善，抗生素等污染物若无法有效控制，也将进入水源。我国南方水系发达，但一些湖泊河流被圈为水产养殖场，饲料中含有的大量蛋白质长期积累，导致氮磷超标；北方水量不足，地下水被过度开采后普遍出现硝酸盐超标现象。因此，安全水源已成为稀缺资源，受源水质量影响最大、尤其季节性的变化，再者是混合水质生物化学变化，不可避免地给供水企业净水工艺带来一些新的问题。

另外，远途引水对受水地区造成的经济负担也是不可忽视的，对于饮用水而言，水价是不能回避的问题，这在一定程度上对供水问题产生了影响。国外关于水价的形成研究相对较早，也提出了水在利用过程中对环境与生态造成危害。1992 年 Michael 的研究用边际成本模型模拟了美国的水价形成机制，该模型还具有一定的预测作用。引水带来的不仅仅是技术问题，也有经济成本问题。受水区的水资源合理利用和节水措施也是十分必要的，要解决好“最后一公里”问题，使重大水利工程为经济社会持续健康发展提供坚实后盾。

(2) 节水措施

节水不单纯是限制用水的量，而更多的意义是减少水的浪费，促进水的循环利用。维护人类社会持续发展，不仅需要提高大众的节水环保意识，更需政策法规的支持，以及过硬的专业技术。节水的目标是在发展经济、提高人民生活水平的同时，达到人与环境的和谐相处，资源与能源的持续利用。节水措施主要分为三类：一是减少水的用量；二是提高水的使用效率；三是减少漏损。对于城镇水务而言，节水措施主要分为以下几个部分。

① 减少超压出流：超压出流是指因给水配件前的水压过高而引起给水流量大于额定流量的现象。目前实行的《建筑给水排水设计规范》(GB 50015—2003) 中，出于安全考虑对给水配件及入户支管的压力都做了相应的限定，但是没有考虑到因压力过大造成的水量浪费。

② 分质供排水：长期以来，我国都是用饮用水标准供给生活、生产所需水，然而城镇饮用水与生活用水、工商业用水从概念上具有实质区别。随着水资源日趋紧张，不同的对象对水质要求亦不一样，而且人们对饮用水的水质要求日益提高，需要从传统的集中供排水体制向分质供排水体制转变。依据不同用途，分质供水一般分为优质健康饮水、生活供水和中水(再生水和雨水)、海水利用等；分质排水则包括优质杂排水、杂排水和生活污水等，依靠污染物分流，设置相应的排水系统，包括雨污分流等。

③ 中水回用：中水的概念最初源于日本，其水质比饮用水水质差，但优于城市污水，区别于城市上(给)水和下(排)水的水。主要用于不与人体直接接触的杂用水，如灌溉城市绿地、喷洒清洗道路、城市景观用水、农业灌溉、洗车、工业冷却水、冲洗厕所、消防等。中水回用的要求为：安全，对人的健康无害，对环境和卫生不造成影响，不影响产品质量；水质达到相应的使用标准，同时使用者心理上能够接受；中水或者再生水的概念随着时代的发展，内涵也将逐步增加，中水回用技术将成为节约水资源、解决用水危机的主要出路。

④ 雨水利用与海水利用：雨水利用一是在特殊面上进行收集，收集到的雨水经过简单处理后直接回用；二是利用各种天然或人工的水体对雨水调蓄净化，改善城市水环境；三是通过各种渗透设施让雨水进入地下，补充日益紧缺的地下水源。雨水中矿物质含量较少，会受到空气和地面污染物的影响，但总体上可以得到成本较低的高品质软水。海水利用包括海水淡化和沿海工业与生活用水(如循环冷却水、冲洗水等)的淡化处理。

⑤ 管道安全供水：减少供水管道的漏损，城市供水管网漏损率高是自来水业普遍存在的问题，标准中规定我国供水管网漏损率不能超过 12%。据调查发现全国大多数城市的供水系统都超过此标准，给水管网出现漏损的主要原因和对策如下。

⑥ 管材：给水管道的材质有金属管、塑料管及复合管等多种。金属管主要有铸铁管和不锈钢管，铸铁管的强度较低，比较容易腐蚀，引发漏水。不锈钢管本身密封性好，漏水率低，抗压抗拉强度较好，但是容易引发电化学腐蚀，导致管壁变薄，可能引发局部穿孔漏水，情况严重时会发生爆管。相对于传统管材，塑料管重量轻，有较好的耐腐蚀性，但存在耐温度变效应差，低温时易脆裂，高温时易软化变形，且刚度低，拉伸强度差。

管网运行时的压力和区域化优化管理：现代城镇高层及超高层建筑的建设和区域化生活区的划分，使给水系统的规模及复杂性也在逐渐增大，日常供水需要满足使用者对水压水量的要求，给水管网的供水压力大幅提高。使局部区域尤其是低层用户水压明显高于需求水压，在压力较大的情况下管道的漏损现象更加严重，给区域化优化管网设计和管理带来新的课题，应强化控制管道和配水点的水压，防止压力过高损坏管道，实现水质水量大而优化配置与供给。

1.3　饮水水质标准分析

关于水质优劣的标准最早是由罗马人 Vitrurius（维特鲁维奥）于公元前 1 世纪提出的，他根据水在煮沸以后的反应、蔬菜经水煮熟以后的滋味及人们饮用水后对健康的影响来确定水质的好坏。我们祖先很早就注意饮水卫生，懂得各种水质对人体的影响。据史籍《吕氏春秋》所载，“轻水所，多秃与瘿人，重水所，多尰与躄人；甘水所，多好与美人；辛水所，多疽与痤人；苦水所，多尪与伛人。”论述了水和人体健康之间的关系，好水之地养出健康的人，坏水之地影响人的健康，说明了我国人民在 2200 多年以前就已经知道水源与疾患有关。《周易》曰：“井泥不食，旧井无禽；井瓮无咎，井洌，寒泉食”。说明井底被淤泥拥塞，不能再取水饮用，连禽鸟都不再来此饮水。用砖将井壁砌好修井，井水清澈明净，真正的井水、凉爽的泉水才能被人饮用。

中国人历来喜欢饮茶，由此形成好茶必须由好水泡制的文化，那如何判断好水呢？乾隆帝发明了用纯银制作的标准银斗，用该银斗盛满各地泉水称重，同样的体积，重量越轻，他认为水质越好，杂质越少。真正意义上的饮用水标准直到 1914 年才在美国首次出现。尽管该水质标准仅对细菌学指标（细菌总数和大肠杆菌数）作出了规定，但对保护饮用者的健康起到了十分重要的作用。逐步形成了以世界卫生组织（WHO）、欧盟（EU）和美国环保部（USEPA）各标准为主的饮用水水质标准。水的污染指标繁多、类型复杂，按照性质可粗略分为感官形状指标、无机污染物、有机污染物、微生物、放射性污染物五大类，每一类中又细分为多种。

1.3.1　世界卫生组织、欧盟和美国的饮水水质标准发展与比较

1.3.1.1　世界卫生组织饮水水质标准

《饮用水水质准则》由世界卫生组织于 1956 年起草、1958 年公布，并于 1963 年、1984 年、1986 年、1993 年、1997 年等进行了多次修订补充，现行的水质标准为 2011 年的第四版，经多国家、多学科、多位专家的评定和判断而建立，制定过程严谨，具有自己的定量危险度评价方法，代表了世界各国的病理学、健康学、水环境技术、安全评价体系的最新发展水平，涵盖面广泛，指标完整全面。共评估了 19 种致病菌，187 种化学物，3 种放射性物质浓度和特殊放

射性同位素，可接受性(嗅、味和外观)也纳入了评估范围，而建立了准则值的水质指标则只有95个，包括91种化学物，2种放射性物质和2种消毒剂(氯和一氯胺)。建立以健康为基础的目标，从物质的来源分为天然来源、居民和工业来源、农业来源、水处理来源、微生物和放射性元素等方面，通过综合评判设立了共计9项标准值。作为一种国际性的水质标准，应用范围较广，已成为多数饮用水水质标准的基础，但它不同于国家正式颁布的标准值，不具有立法约束力，不是限制性标准。

该准则是从保护人类健康的宗旨出发的，不一定满足水生生物和生态保护的要求。有的国家和地区直接引用该标准，如新加坡、中国香港特别行政区等，而许多国家在结合国内经济技术力量、社会因素、环境资源条件后，制定了本国的标准。

1.3.1.2　欧盟水质标准

欧盟自来水之所以可直饮，是因为有三大基础性法律作为根本保障(《水框架指令》《饮用水水质指令》《城市污水处理指令》)，从水资源保护、饮用水生产输送和监测、污水处理三个层面建立起欧盟自来水高质量的基础。水源保护是生产高质量饮用水的前提，饮用水源60%以上来自地下水，其余多为地表水。不同水源受到的污染威胁来源有所不同，地下水的主要污染物是现代工业及农业生产活动带来的硝酸盐和农药，地表水的主要污染则是极端天气如洪水、暴雨引起的化学品和微生物污染等。欧盟《水框架指令》针对这两种水源分别制定了相应的防范细则。《饮用水水质指令》是参照世界卫生组织《饮用水水质准则》制定的。

《饮用水水质指令》是1980年由欧共体(欧盟前身)理事会提出的，并于1991年、1995年、2015年先后进行了多次修订。该指令强调指标值的科学性和适应性，与WHO水质准则保持了较高的一致性。该指令1980年发布时有指标参数66项，分为细菌学、毒理学、物理学、化学及感官参数；1995年修订，1998年底颁布实施新指令，指标参数总量减少至48项(瓶装或桶装饮用水为50项)；2015年对1995年指令附录II和附录III进行修订，于2017年10月27日起实施；该指令主要有微生物指标、化学物质指标和指示指标三类，共48项。① 微生物学参数：2项指标，即埃希氏大肠杆菌、肠道球菌，对于瓶装或桶装饮用水还有细菌总数、铜绿假单胞菌；② 化学物质参数：26项指标，分为2类，无机物15项和有机物11项。其中，农药指标通过单一农药和农药总量2

项指标进行限定。建立了一些综合性指标，单一农药是指有机杀虫剂、有机除草剂、有机杀菌剂、有机杀线虫剂、有机杀螨剂、有机除藻剂、有机杀鼠剂、有机杀黏菌和相关产品及其代谢副产物、降解和反应产物，限值为 0.1 μg/L，总量是指所有能检测出的定量单项农药总和，限值为 0.5 μg/L。欧盟指令中参照 WHO《饮用水水质准则》引入了丙烯酰胺等有机物指标，对农药指标的数量较少，但是限值严格；③ 指示参数：20 项指标，既有放射性参数（氚、总指示用量），又有微生物参数（细菌总数、产气荚膜梭菌和大肠杆菌），还有感官性状参数和一般化学参数。该标准将污染物分为强制性和非强制性两类，体现了标准的灵活性和适应性，各成员国家还可针对各自水质情况增加指标数，对浊度、色度等未规定具体值，既考虑了发达国家的要求，也照顾了后加入的发展中国家，同时兼顾了欧盟国家在南北地理气候上的差别。

其中德国《饮用水条例》对于饮用水的标准和水质检测做了明确而且严格的规定，所有自来水管中流出的水都必须符合饮用水标准，柏林的自来水甚至连婴儿都可以直接饮用；地表水、地下水、水厂水质处理环节、自来水管网以及用户的水龙头都被高密度采样网络所覆盖。水质检测由自来水公司负责执行，地区的健康部门负责监督。德国主要采取预防性手段，对污水处理和水资源保护格外重视。《德国水利法》根据污水处理厂的规模及其排放流域的不同，对其排放的化学耗氧量、生物耗氧量和总氮含量等有明确的规定。在水处理技术上，欧洲国家除了絮凝、沉淀、过滤、消毒等传统的饮用水处理工艺流程以外，还普遍应用了深度处理技术，即通过臭氧、活性炭等清除各类有机、无机化合物。在使用地表水作为饮用水源的地区还可以使用氯、臭氧或者紫外消毒等方式。在供水方面也有要求，城市自来水管道尽可能使用铸铁管材，在管道铺设过程中，需注意管道的深度和安全性，通常铺设在污水管道上方，并保持一定距离，以防止管道破裂，污水渗漏造成污染。

1.3.1.3　美国饮水标准

USEPA《美国饮用水水质标准》的前身为《美国公共卫生署饮用水水质标准》，颁布于 1914 年，是历史上第一部具有现代意义、以保障人类健康为目标的水质标准。在 1925 年、1942 年、1946 年和 1962 年的 4 次标准修订中，指标由最初的 2 项分别增加到 11、18、19 和 28 项，但差别并不大，且主要集中在与人体健康相关的化学物质（主要是无机物）和微生物，以及一些感官指标，如色、嗅、味方面。1974 年美国国会通过《安全饮用水法》（SDWA），赋予环境保护局建立保证饮水安全规则的权力。在《安全饮用水法》指导下，形成了各个时期的规则，表 1-2 所列是美国不同时期颁布的饮用水标准。

表 1-2　美国所颁布的饮用水准则

时间/年	准则	调整后增加的污染数目	调整后总的污染数目	按 1986 年《安全饮用水法》修订案要求的总数
1975	国家临时一级饮用水准则	18	18	
1976	临时放射性核素	4	22	
1979	临时总三卤甲烷	1	23	
1986	修订的氟化物	0	23	
1987	挥发性有机污染物	8	31	31
1988		0	31	62
1989		4	35	96
1991		27	62	111
1992	地表水处理条例	22	84	111
1993		0	84	111
1994		0	84	136
1995		0	84	136
1996		0	84	
1998				
2012				

美国于 1975 年颁布了《国家暂行饮用水基本规则》(NIPDWRs)，此规则仍将微生物质量作为优先控制指标，也增加了 6 种有机物指标。1979 年 11 月 29 日又对《国家暂行饮用水基本规则》(NIPDWRs) 进行了修改，将三卤甲烷列入了规则中，规定饮用水中总三卤甲烷(TTHMs)含量不能超过 100 μg/L。特别是在《1986 年安全饮用水法修订案》通过后，美国饮用水标准中所要求的项目几乎成倍地增长。1991 年和 1992 年对合成有机物和无机化合物进行了规定，新增的指标分别有 27 项和 22 项。至此，饮用水的污染物指标达到 84 项。1994 年 7 月 29 日 USEPA 提出了 D/DBP 条例，这个条例由 USEPA 分两个阶段提出，并同时出台了临时强化地表水的条例。在 D/DBP 条例执行的第一阶段，USEPA 设定总的三卤甲烷的最大浓度水平为 80 μg/L，卤代乙酸的总浓度为 60 μg/L，溴酸盐的总浓度为 0.01 mg/L，亚氯酸盐的总浓度为 1.0 mg/L。其中 THMs 包括氯仿、一氯二溴甲烷、二氯乙酸、三氯乙酸、一溴乙酸和二溴乙酸。MCLs 按

季节取样的平均值进行调整，此外还规定最大的残留消毒剂浓度：氯为 4 mg/L，氯胺为 4 mg/L，二氧化氯为 0.8 mg/L。此外第一阶段还规定了以 TOC 表示本底 NOM 的具体处理标准。根据水源水的 TOC 和碱度，处理设备在投氯前要求削减 TOC 的浓度。

1996 年 8 月 6 日修订的《安全饮用水法》，强化地表水的处理条例和信息收集条例时间的框架；1998 年 12 月 16 日又对消毒剂和消毒副产物做了规定。2001 年，USEPA 建立水安全部门和国土安全研究中心，并编写了《水安全研究和技术支持行动计划》，其中强调提升生化辐射污染物的分析检测能力。2011 年，根据美国《安全饮用水法》（SDWA）修订了美国供水管道装置和配件的“无铅”定义。自 2014 年 1 月 4 日起，管道、管道配件、管道装置的湿润表面中铅的最大允许水平加权值不得超过 2500 mg/kg，并且在焊料和焊剂中的浓度不超过 2000 mg/kg。该限制仅适用于输送饮用水的管道材料，不适用于输送非饮用水，如工业加工设备用水的管道材料。该法案旨在确保输水系统不会导致水中铅浓度超过 USEPA 饮用水标准的限制水平 0.015 mg/L。

2012 年美国的饮用水水质标准将指标分为两大类，一级饮用水规程，为强制实施标准，共有 97 项指标；二级饮用水规程，为非强制性标准，共有 15 项，各州可以根据实际情况采纳部分指标作为强制指标。与 2009 年的标准相比，增加了 1 项硝酸盐和亚硝酸盐（以氮计）指标，3 项涕灭威类农药指标，将三卤甲烷和卤乙酸细化分别用 4 项和 3 项具体的指标代替，但是仍然需要满足 1998 年相关章程提出的总量限定要求。同时，指标的标准值分为两类，即污染物最高（允许）浓度（MCL）和污染物最高（允许）浓度目标（MCLG），其中，MCL 为强制实施标准，MCLG 为非强制性公共健康目标。

根据水源情况不同，美国的自来水公司可选择合适的工序组合来处理原水中的污染物。法律规定，自来水公司有责任让用户了解水质状况、饮用水中发现的污染物，以及为保证饮水安全所采取的措施，需要及时报告任何可能对健康造成危害的水污染事件。所有违反环保署标准“短期接触可能对人体健康造成严重影响”的事件必须在 24 h 内通知公众，并及时通报后续情况。为保证自来水检测结果及时、准确，美国环保部建立了一套对自来水公司水质进行抽检的程序，规定了一些污染物的抽检频率和必须连续检测浊度等。如果在抽查中发现污染物超过最大允许浓度，必须立即通知用户并采取措施。“达标”与“不达标”不是对检测值和限值进行一个简单比较，而是通过对水质数据、给公众的水质公告，甚至包括对采用的水质处理工艺系统地评估而得出的结果。主要考虑4个方面：检测与报告、健康标准、顾客信任法和公共通告法。公众通告法则要求在对用户发布的公告中报道水质事件和潜在的健康影响以及用户可采取的应急措施，这一点与欧盟国家相似。

1.3.1.4　三大标准的比较

三大饮用水标准中，无机毒理指标列于表1-3。

表1-3　三大饮用水水质标准中无机毒理指标比较水质指标数目　单位：mg/L

项目	WHO(第4版)	欧盟(2015年)	美国(2012年)
砷	0.01	0.01	0.01
镉	0.003	0.005	0.005
6价铬	—	—	—
总铬	0.05	0.05	0.1
铅	0.01	0.01	0.015
汞	0.006	0.001	0.002
硒	—	0.01	0.05
氰化物	—	0.05	0.2
氟化物	1.5	1.5	4.0
硝酸盐(以N计)	50	50	10
亚硝酸盐(以N计)	3	0.5	1
硝酸盐和亚硝酸盐(以N计)	—	—	10
锑	0.02	0.005	0.006
硼	2.4	0.001	—
镍	0.07	0.02	—
铍	—	—	0.004
银	—	—	0.1
铊	—	—	0.0001
钡	0.7	—	2
钼	—	—	—
铀	0.03	—	—

值得注意的是硝酸盐和亚硝酸盐，大部分标准都是分别规定了硝酸盐和亚硝酸盐的限值，而美国和日本还限定了二者的总量。

微生物指标列于表 1-4。

表 1-4　WHO、欧盟、美国水质标准中微生物指标的比较

项目	WHO（第 4 版）	欧盟（2015 年）	美国（2012 年）
总大肠杆菌数	不得检出	—	5%
耐热大肠杆菌	不得检出	—	—
大肠埃希氏菌	—	不得检出	—
肠球菌	—	不得检出	—
菌落总数（CFU/mL）	—	—	—
异养菌总数（CFU/mL）	—	—	500
贾第鞭毛虫	—	—	99.9%去除或灭活
隐孢子虫	—	—	99%去除或灭活
病毒	—	—	99.99%去除或灭活
军团菌	—	—	无限值
浊度 NUT	—	—	5

美国的微生物指标多达 7 项，其中，贾第鞭毛虫、病毒被灭活，并列出了军团菌指标，但未给出具体限值；欧盟以及 WHO 微生物指标只有 2 项。美国引入了异养菌总数这一指标，作为细菌消毒效率和管网清洁的指示标准。异养菌本身不会影响人体健康，但给水厂的水经消毒后进入管网，异养菌可以在适宜条件下利用水中的营养元素和可生物同化有机碳进行繁殖，造成二次污染。

消毒剂和消毒副产物指标的比较列于表 1-5。美国对三卤甲烷类指标的限定由 2009 年的总三卤甲烷 1 项指标改为三氯甲烷、一氯二溴甲烷、一溴二氯甲烷、三溴甲烷 4 项指标，但仍受 1998 年消毒与消毒副产物章程对总量的限制，卤乙酸总量仍受 1998 年消毒与消毒副产物章程限定。

表 1-5　WHO、欧盟、美国水质标准中消毒剂和消毒副产物指标的比较 单位：mg/L

项目	WHO（第 4 版）	欧盟（2015 年）	美国（2012 年）
总三卤甲烷	该类化合物中各种化合物的实测浓度与其各自限值的比值之和不超过 1	0.08	0.1
溴酸盐	0.01	0.01	0.01
亚氯酸盐	0.7	1	—
氯酸盐	0.7	—	—
卤乙酸	—	0.062	—

表1-5(续)

项目	WHO(第4版)	欧盟(2015年)	美国(2012年)
甲醛	—	—	—
三溴甲烷	0.1	0.08	—
三氯甲烷	0.3	0.08	—
一氯二溴甲烷	0.1	0.08	—
一溴二氯甲烷	0.06	0.08	—
三氯乙酸	0.2	0.06	—
二氯乙酸	0.05	0.06	—
氯乙酸	0.02	0.06	—
二溴乙腈	0.07	—	—
二氯乙腈	0.02	—	—
氯化氰	—	—	—
三氯甲醛	—	—	—
2,4,6-三氯酚	0.2	—	—
N-亚硝基二甲醛	0.0001	—	—

欧盟仅对总三卤甲烷和溴酸盐2项消毒副产物进行限定。此外，总三卤甲烷的限值出现了两种方式，WHO的限定方式即三卤甲烷化合物中各种化合物的实测浓度与其各自限值的比值之和不超过1。

有机毒理指标比较：WHO的饮用水水质准则中有51项指标，其中农药29项。欧盟的饮用水水质指令中除消毒副产物外，还包含10项有机物指标，在农药的标准上，给出了单体农药及农药总量两个指标，单体农药指杀虫剂、除草剂、杀菌剂、杀线虫剂、杀螨剂、除藻剂、灭鼠剂、除黏菌剂、生长调节剂等类别的单体、代谢或降解产物。同时，目前对比的标准中，只有欧盟给出了4类多环芳烃总量的指标，限值较低，仅为0.0001 μg/L。美国的饮用水水质标准中除消毒副产物指标外，共有56项有机物指标，其中包括27项农药指标。

1.3.2 日本和俄罗斯的水质标准状况

日本《饮用水水质基准2015》是最新修订的，将二氯乙酸和三氯乙烯的限值均降低至0.03 mg/L。共包括水质基准项目51项、水质目标管理项目26项以及需要检讨的项目47项。其中，农药指标给出120种农药的管理目标值，并以农药检测值/目标值之和小于1的形式限定。日本和俄罗斯的微生物指标和消毒剂及消毒副产物指标列于表 1-6 和表 1-7 中。

表 1-6　微生物指标　　单位：mg/L

项目	日本（2015 年）	俄罗斯（2007 年）
总大肠菌群	不得检出	不得检出
耐热大肠菌群	—	不得检出
大肠埃希氏菌	—	—
肠球菌	—	—
菌落总数	100	50
异样菌总数	2000（暂定）	—
贾第鞭毛虫	—	不得检出
隐孢子虫	—	不得检出
病毒	—	—
军团菌	—	—
浊度 NTU	—	—

日本同美国一样把异养菌总数引入标准当中。俄罗斯对耐热大肠菌群、贾第鞭毛虫、隐孢子虫要求更加严格。

表 1-7　消毒剂及消毒副产物指标　　单位：mg/L

项目	日本（2015 年）	俄罗斯（2007 年）
总三卤甲烷	0.1	—
溴酸盐	0.01	—
亚氯酸盐	0.6	—
氯酸盐	0.6	—
卤乙酸	—	—
甲醛	0.08	0.05
三溴甲烷	0.09	—
三氯甲烷	0.06	0.03
一氯二溴甲烷	0.1	0.001
一溴二氯甲烷	0.03	0.001
三氯乙酸	0.03	—
二氯乙酸	0.03	—
氯乙酸	0.02	—
二溴乙腈	—	—

表1-7(续)

项目	日本(2015年)	俄罗斯(2007年)
二氯乙腈	0.01(暂定)	—
氯化氰	—	—
三氯甲醛	0.02(暂定)—	—
2，4，6-三氯酚	—	—
N-亚硝基二甲醛	0.0001	—

日本标准中消毒副产物的相关指标最多，日本标准给出了毒性远大于三卤甲烷的卤乙腈类和亚硝基二甲胺等物质的标准限值。日本标准中对氯消毒时出厂水余氯的限值最严格，要求小于1 mg/L。俄罗斯对消毒副产物的指标较少，主要是三溴甲烷、三氯甲烷、一氯二溴甲烷、一溴二氯甲烷，但是限值比较低。

表1-8　日本和俄罗斯水质中无机毒理指标　　单位：mg/L

项目	日本(2015年)	俄罗斯(2007年)
砷	0.01	0.01
镉	0.03	0.05
6价铬	0.05	0.02
总铬	—	0.02
铅	0.01	—
汞	0.0005	0.0005
硒	0.01	—
氰化物	0.01	0.035
氟化物	0.8	—
硝酸盐(以N计)	—	15
亚硝酸盐(以N计)	0.04	0.03
硝酸盐和亚硝酸盐(以N计)	10	—
锑	0.02	—
硼	1.0	0.5
镍	0.02	0.1
铍	—	0.0002

表1-8(续)

项目	日本(2015 年)	俄罗斯(2007 年)
银	—	0.05
铊	—	—
钡	—	0.1
钼	0.07	0.25
铀	—	—

对于硝酸盐和亚硝酸盐，日本同美国一样，要求比较严格，还限定了二者的总量，而且日本基准自 2015 年修订后，亚硝酸盐的含量要求不超过 0.04 mg/L，俄罗斯要求不超过 0.03 mg/L。日本给出了 120 种农药的限值。感官和一般化学指标上，在嗅和味指标上，日本水质基准项目中规定为无异臭、异味，在水质管理目标值中显示嗅阈值要求在 3 以下。日本采用 500 mg/L，且水质管理目标值是 3~200 mg/L。日本同美国一样把水的腐蚀性列入了水质标准中，且要求朗格利尔指数目标值为-1，尽量接近于零。

俄罗斯虽然拥有世界上将近 1/4 的淡水资源，然而很多国民却饮用不到干净的自来水。在俄罗斯，地下水供应只占本国水资源需求的 32%，大部分水资源需求依靠地表水。俄罗斯境内的自来水基本上不适于直接饮用，一方面是因为水质过硬，另一方面也因为处理不过关导致某些杂质甚至微生物残留超标。俄罗斯自来水水质不高，主要原因是供水管道老化。俄罗斯供水管道的状况对饮用水的卫生状况造成很大威胁，自来水管道大多铺设于苏联时期，经过了几十年的使用后，老化及磨损已经非常严重。

生活废水和工业废水直接向河流湖泊等地表水体排放的现象目前在俄罗斯也比较严重。俄罗斯有些河流中酚含量超过最大允许浓度的 7~8 倍，含氯有机杀虫剂、氨氮和亚硝态氮的含量超过最大允许浓度的 10~16 倍，锌、铜和铅离子的含量超过最大允许浓度的 10 倍，而石油产品的含量超过最大允许浓度的上百倍甚至上千倍。一般的水净化站都能将这些有害物质中的大部分净化掉，但水净化站在加氯处理时会形成含氯有机化合物，医学专家认为其中的大部分可能致癌。俄罗斯很多供水管道为钢制管道，水中的含氯化合物易产生腐蚀作用，并且对与排水管道网络间距没有要求，管道破裂时脏水容易进入供水管道。俄罗斯规定应由中央政府制定供水质量检测流程，禁止将中央供水系统出让给个人，供水单位有义务在出现事故时采取措施消除影响等。俄罗斯各地都有统一的供水公司，基本上都是国有公司，水质问题由地方的卫生监督部门负责监督。大部分地区的自来水处理采用液氯消毒法，对自来水中氯的监测标准比较严格，莫斯科的水厂采用次氯酸钠消毒，一些城市已开始使用新方法，如臭氧和活性炭技术。

1.4 我国饮水水质标准状况分析

1.4.1 我国饮水标准发展及现状

我国供水工程早于 1882 年，当时清政府为解决旅顺驻海港水师官兵饮用水，采用了 728 m 隧道和 6810 m 管道从山上引水到旅顺港。后期又铺设 8352 m 分水管于 1888 年完成整个“龙引泉”供水工程。在 1883 年李鸿章受特邀参加上海杨树浦水厂举行的防水典礼并开启引入黄浦江水的闸门，上海杨树浦水厂正式建成通水，成为我国供水发展的里程碑。集中供水从大连、上海、天津、青岛、广州、武汉和北京以及香港八个城市发展至目前全国共有 5000 余家自来水厂，覆盖全国县级以上城镇。

我国第一部饮用水水质标准诞生于上海，于 1956 年颁布，包括 16 项指标。1976 年修订的准则将水质指标增加到 23 项，1985 年规定参数有 35 项，并以此为依据发放卫生许可证，设立自来水厂的入行门槛。1992 年，建设部制定城镇自来水厂水质指标，成为自来水厂的直管单位。根据我国饮用水实际情况，结合国际上先进的饮用水标准现状，1999 年 9 月 28 日我国颁布了饮用水净化水质指标，规定于 2000 年 3 月 1 日实施。该标准规定以自来水或符合饮用水水源水标准的水质为原水，经过深度净化后可直接供给用户的管道供水和罐装供水。在《城市供水行业 2000 年技术进步发展规划》中，对不同的自来水公司提出了不同的要求。规定了 88 项水质指标，相当于欧共体 20 世纪 80 年代水平（80 年代欧共体共 66 项，世界卫生组织 49 项）。2001 年，卫生部发布《生活饮用水水质卫生规范》，主要适用于城市生活饮用集中式供水。2005 年，建设部发布《城市供水水质标准》，并以直管单位身份要求全国城镇自来水厂都达标。其中第一类水公司为最高日供水量超过 100 万 m^3 的直辖市、对外开放城市、重点旅游城市和国家一级企业自来水公司，其水质指标项目为 89 项。2006 年，卫生部公布新国标，要求全部水厂必须达标，见表 1-9。

表 1-9 我国水质标准发展历程

时间/年	发布部门	标准名称	类别	指标(项目)总数
1927	上海市	《上海市饮用水清洁标准》	地标	
1937	北京市自来水公司	《水质标准表》	企标	11
1950	上海市	《上海市自来水水质标准》	地标	16
1955	卫生部	《自来水水质暂行标准》	行标	15
1956	国家建委、卫生部	《饮用水水质标准》	国标	15
1959	建工部、卫生部	《生活饮用水卫生规程》	国标	17
1976	国家建委、卫生部	《生活饮用水水质标准(试行)》(TJ 20—76)	国标	23
1986	卫生部	《生活饮用水卫生标准》(GB 5749—85)	国标	35
1991	国家爱卫会、卫生部	《农村实施〈生活饮用水卫生标准〉准则》	国标	21
1992	建设部	2000 年《水质目标》	行业技术政策	89(一类水司)、51(二类水司)、35(三、四类水司)
1999	国家质量技术局、建设部	《城市给水工程规划规范》(GB 50282—98)	国标	89(一级),51(二级)
2001	卫生部	《生活饮用水卫生规范》	行标	96
2005	建设部	《城市供水水质标准》(CJ/T 206—2005)	行标	93
2007	国家标准委、卫生部	《生活饮用水卫生标准》(GB 5749—2006)	国标	106

资料来源:《城市供水行业 2000 年技术进步发展规划》。

《城市供水行业 2000 年技术进步发展规划》规定了水中有机污染物的综合性指标,同时对水中的污染物特别是农药等给出了明确规定,如 COD_{Mn}、TOC、DOC、紫外吸光度和 TOX 等。自来水出厂后的管网稳定性能防止管道细菌的再次繁殖,为此 AOC 给出了综合性指标,健康饮水的概念中还包括如下一些非强制性指标,如硬度、钙、镁、溶解氧等。2000 年 6 月,为了进一步改善饮用水源的水质，又重新修订了《饮用水水质标准》，规定生活饮用水水质的常规检查项目及限值。《饮用水水质标准》指标数目达 106 项，其中 42 项常规项目，64 项非常规项目；重金属、有机物等毒理学指标增加了 59 项。与此前的《生活饮用水卫生标准》(GB 5749—85)所规定的 35 项水质检测指标相比(见表 1-10)，增加了 71 项，修订了 8 项。《标准》中微生物指标由 2 项增至 6 项，增加了大肠埃希氏菌、耐热大肠菌群、贾第鞭毛虫和隐孢子虫检测；修订了总大肠菌群指标。饮用水消毒剂由 1 项(游离余氯，放在细菌学指标一列中)增至 4 项，增加了一氯胺、臭氧、二氧化氯。大幅度增加了有机物、微生物、消毒副产物指标。毒理指标中无机化合物由 10 项增至 21 项；毒理指标中有机化合物由 5 项增至 53 项，农药指标中共含有 21 种，其中 14 种杀虫剂、3 种抗菌剂和 4 种除草剂。微囊藻毒素-LR 感官性状和一般理化指标由 15 项增至 20 项，增加了耗氧量、氨氮、硫化物、钠、铝；修订了浑浊度。

表 1-10　修订前后指标项目对比　　单位：个

<table>
<tr><th colspan="2">生活饮用水卫生标准指标类别</th><th colspan="2">GB 5749—2006</th><th colspan="2">GB 5749—85</th></tr>
<tr><td colspan="2">生物学指标</td><td colspan="2">6</td><td colspan="2">2</td></tr>
<tr><td colspan="2">消毒剂</td><td colspan="2">4</td><td colspan="2">1</td></tr>
<tr><td rowspan="2">毒理学指标</td><td>无机化合物</td><td rowspan="2">74</td><td>22</td><td rowspan="2">15</td><td>10</td></tr>
<tr><td>有机化合物</td><td>52</td><td>5</td></tr>
<tr><td colspan="2">感官性状和一般化学指标</td><td colspan="2">20</td><td colspan="2">15</td></tr>
<tr><td colspan="2">放射性指标</td><td colspan="2">2</td><td colspan="2">2</td></tr>
<tr><td colspan="2">总计</td><td colspan="2">106</td><td colspan="2">35</td></tr>
</table>

随着 2012 年 7 月 1 日新国标《生活饮用水卫生标准》(GB 5749—2006)的强制执行，水质要求明显提高。《中国饮用水标准》与《美国饮用水标准》的主要差距在于忽视了有机物和无机物这两项重要指标，有机物包括烃类、醇类、酚类、酯类、醛类等在内，通过五级过滤规格，使用超滤膜，过滤精度达到 0.0001μm。特别要说明的是，有些有机物对人体的危害非常大，比如芳香烃有剧毒，且是高致癌物，甲醛、甲醇等会导致呼吸道疾病和双目失明，且这些物质大多有异味。无机物主要包括微量矿物质元素、重金属在内的离子化合物。在某些水质标准限值上，我国标准比美国标准更严格。如美国在饮用水中人为加氟来保护牙齿，建议最佳值为 0.7 mg/L，附属标准中氟的限值为 2 mg/L，而我国的限值为 1 mg/L。中美两国在氟限值上的差异，可能反映了不同人种及饮食对氟的反应不同。

1.4.2 健康水的理念与水质保障发展

关于水质标准，WHO 准则的限值通常从保护人体健康的角度制定，水占成年人体重的 60%~65%，而婴儿的这一比例接近 75%。适当的水化状态对于一般人的健康来说是必需的，对于经常锻炼的人来说，特别是对于在极端环境条件下承受极限负荷的竞技运动员来说，这就更重要了。细胞内和细胞外的水负责我们身体中的许多功能。水允许平衡，它可以促进大多数生化反应，它可以使许多颗粒和化合物稀释，它有助于代谢物的运输，并加速副产品的利用。

清华大学刘文君教授也曾发表《饮用水水质标准的发展——从卫生、安全到健康的理念》一文，指出了饮用水水质经历了关注微生物风险为主的水质卫生学阶段，在关注微生物风险基础上更加关注水中微量化学物质导致毒理学问题水质安全性阶段，现在开始进入在关注卫生学和安全性基础上的健康学新阶段。不但要继续控制有害物如有机物和微生物的最高浓度，还要考虑有益元素的最低浓度。在这一点上，第三军医大学舒为群教授在《多元化饮用水时代背景下饮水与健康关系研究的思考》《中国居民饮用水中钙镁及其相关指标适宜保留水平的探讨》中，也同样提到矿物质等有益元素保留的问题。主要考虑市场饮用水供给自来水外，还有天然水、纯净水、蒸馏水、碱性离子水、人工矿物质水、天然矿泉水、富氢水、富氧水、低氘水、深层海洋水、山泉水、冰川水、磁化水、离子交换水等饮用水产品，符合国家颁布的相关标准。

WHO 的有关研究结果表明，蒸馏水、去离子水、脱盐水、反渗透水等将矿物质基本除尽的饮用水被人体饮用之后会导致肠黏膜等细胞内外水分及电解质的失衡，容易引发低钠性水中毒和代谢性酸中毒等。通常情况下，一些可溶性的微量元素，人类可以从食物中获得，并且饮用水中的矿物质起到补充的作用，而长期饮用几乎无矿物质的饮用水，相当于失去了一层元素补充保障。此外，饮用水中的一些可溶性离子对人体健康有一定的间接保护作用，如防止烹制食物中矿物元素的丢失，防止储水容器中铅、铜等有害元素的溶出，竞争性地拮抗环境毒物与肠道细胞膜二价离子转运蛋白结合，从而减少其暴露风险等。Cartling 等人在 2008 年的研究中证明饮用水镁含量与心血管疾病病死率具有统计学意义上的负相关。Jiang 等人在 2016 年的研究表明饮水镁含量与冠心病病死率的发生负相关。2016 年，美国、卡塔尔、阿联酋三国学者对海湾国家长期大规模饮用脱盐水后人群的肿瘤发生状况进行了系统总结，指出该地区人群电解质紊乱发生率较高；人群消化系统的咽部、食道、结直肠等癌症发病率在迅速增加。利用成熟膜处理技术，将污染物有效去除的同时，也将其他矿物质去除。

舒为群等人在2017年的研究表明，长期饮用脱盐水会损伤细胞，进而导致DNA严重损伤和肿瘤生长。欧洲、日本和国内学者曾对饮用水中钙、氡等对身体有益的元素进行研究，表明碱性富钙矿泉水可以减少绝经期妇女的骨质流失；天然苏打水(含碳酸氢钠)可以降低高脂血症患者的血脂水平；低氚水对线虫具有抗衰老作用；含锶矿泉水对糖尿病大鼠血脂具有改善效应，能够增加人肾小管上皮细胞的转运功能。此外，一些国家也开始重视饮用水中矿物质的作用，相应地出台一些政策，例如法国政府已经将天然矿泉水疗养纳入了全民医保范畴；日本政府出台的在最新的水质标准中指出总溶解性固体应该为30~200 mg/L，总硬度应该在10~100 mg/L；2007年，WHO出台的文件指出，饮用水钙离子的含量应该为40~80 mg/L，镁离子的含量为20~30 mg/L。我国天然矿泉水资源丰富，国内天然矿泉水开发和生产处于持续上升态势，但目前我国对于该方面的研究还很少，一些离子对人体健康的作用机制还处于未知状态。事实上我国矿泉水的标准中(NY/T 2979—2016)有6项要求最小值，1项既有最大值也有最小值，见表1-11。

表1-11 我国有机食品矿泉水标准(NY/T 2979—2016)指标与要求 单位：mg/L

项目	要求
锂	≥0.20
锶	≥0.20(含量在0.20~0.40 mg/L时，水温应该在25 ℃以上)
锌	≥0.20
碘化物	0.20
偏硅酸	≥ 25.0(含量在25~30 mg/L时，水源水温应该在25 ℃以上)
硒	0.01~0.05
游离二氧化碳	≥250
溶解性总固体	≥1000
铁	< 0.3
锌	< 1.0
氯化物	<250
氰化物(以CN^-计)	<0.002
阴离子合成洗涤剂	<0.050

表1-11(续)

项目	要求
多氯联苯(总量)	<0.0005
锑	<0.005
砷	<0.01
铜	<1.0
钡	<0.7
镉	<0.003
铬	<0.05
铅	<0.01
汞	<0.001
锰	<0.4
镍	<0.02
银	<0.05
溴酸盐	<0.01
硼酸盐(以 B 计)	<5
硝酸盐(以 NO_2^-计)	<45
亚硝酸盐(以 NO^{2-}计)	<0.1
氟化物(以 F^-计)	<1.5
耗氧量(以 O_2计)	<3.0
^{226}镭辐射性	<1.1(Bq/L)
挥发酚(以苯酚计)	<0.002
矿油物	<0.05
总 β 放射性	<1.50(Bq/L)

第三军医大学舒为群教授等提出，水质矿化度的标准应考虑膳食结构，在南非、瑞典和波兰等都有对于低矿化度的相关要求，而膳食结构与我国相近的日本也在水质条例中将总硬度和 TDS 的适宜水平作为管理目标。我国在 1992 年基于海陆空三军采用蒸馏水、冰雪水、雨水作为饮用水的情况，制定了《低矿化度饮用水矿化卫生标准》GJB 1335—92，至今仍在实施，主要内容列于表 1-12。

表 1-12　中国居民钙镁及其相关指标适宜水平

指标	最低可接受水平(LALs)及其理由	适宜水平(OLs)及其理由	上限水平(MALs)及其理由
钙	25 mg/L 必要性：中国居民膳食严重缺乏； 科学性：水中钙离子(2~3)：1 的比例适用于人体吸收； 可行性：中国自来水钙的中位数水平为 29.83 mg/L	50~150 mg/L 水钙大于 50 mg/L 骨骼发育较好，高钙有利于骨骼发育和骨质维持	3000 mg/L 防止钙镁比过高
镁	10 mg/L 必要性：中国居民膳食边缘性缺乏； 科学性：研究显示，水镁低于 7.3 mg/L 和 9.4 mg/L 时人和动物患心血管疾病风险增加； 可行性：中国自来水镁的中位数水平为 7.81 mg/L	20~80 mg/L 水镁大于 17 mg/L 时心血管风险明显降低	150 mg/L 不影响口感；不增加腹泻
总硬度	100 mg/L 钙镁最低水平之和应为： $(Ca/40+Mg/24)\times100(CaCO_3)$	250 mg/L 钙镁适宜水平之和应为： $(Ca/40+Mg/24)\times100(CaCO_3)$	450 mg/L 防止口感不佳和水垢发生
溶解性固体	100 mg/L TDS 约等于总硬度的$(CaCO_3)\times$ 0.9968	250 mg/L TDS 约等于总硬度的$(CaCO_3)\times$ 0.9968	1000 mg/L 防止口感不佳和水垢发生

在矿物质方面，学者对矿泉水、富氢水和碱性水对人体的酸碱平衡和运动恢复的研究比较多。水在调节体温方面起着重要作用，它滋养和滋润组织和器官。目前市场上有许多产品可供人在运动前、运动期间和运动后补充水分，用来提高运动耐受性，加快恢复过程。大多数运动饮料都含有碳水化合物、矿物质和维生素，或者是所需的氨基酸。最受欢迎的饮料在性质上是等渗的，而低渗和高渗饮料也可根据活动类型、运动的时长和环境而使用。尽管市场上有大量的运动饮料，水仍然是运动期间和运动后最常用的替换液体的形式之一，特别是在那些密切关注身体质量的人身上。由于运动特别是高强度运动对酸碱平

衡造成了明显的干扰，人们推测，饮用碱性水可以提高血液和肌肉组织的缓冲能力，改善运动员的水化状态。由于大多数生化反应对酸碱性非常敏感，饮用碱性水可以促进这些反应，加速运动后的恢复。欧洲塞尔维亚运动健康科学中心的 M.Ostojica 和 Marko D.Stojanovic 等最近研究发现，提高动物极限运动耐受能力，可减少运动导致的氧化应激水平。

欧美学者在运动饮料方面研究较多，美国运动科学人类性能实验室的 Heil 研究表明，运动后在 3 h 恢复期结束时，受试者喝碱水时持水率为(79.2±3.9)%，而服用安慰剂时为(62.5±5.4)%(比例较高)，血液总蛋白浓度较低。高碱矿化水的习惯性消耗可明显改善水化状况。pH 值高达 9.3 的碱性水可以改善静息和运动酸碱平衡，从而提高人体有氧和厌氧性能。但也应指出，每日推荐的碱水摄入量应严格个性化，依人的年龄、性别、体重、BMR、运动量和强度、饮食等因素而定。对于日常饮用水则还是争议较多的课题，但也需要根据个体情况而定。

1.4.3　我国目前水质标准与用户饮水差距探讨

对于水质相关标准存在的主要问题，宋兰合教授曾经进行了详细的研究和论述。《地表水环境质量标准》(GB 3838—2002)中指标数量为 109 项，其中 42 项为非《生活饮用水标准》(GB 5749—2006)指标，与《生活饮用水标准》(GB 5749—2006)一致的只有 67 项。而且目前常规水处理工艺中可以支撑的仅有 60 项。《地下水质量标准》(GB/T 14848—93)指标数量为 39 项，其中钴、亚硝酸盐、碘化物 3 项没有列入饮用水标准中，而相一致的 36 项中，目前常规工艺无法有效去除的有砷、镉、铅、钼、镍等。出现超标数量较多、频率高、重点控制的主要是常规水质指标，而 64 项非常规水质指标中，仅三卤甲烷、三氯乙醛、钠、氨氮、锑、铊、硼、钼、一氯二溴甲烷、二氯乙酸等 10 项指标在极少数水厂出现超标情况，三溴甲烷、对硫磷、邻苯二甲、酸二酯、苯乙烯、镍等项指标只在个别水厂存在超标问题。相反，对于近年来水源突发性事故所涉及的相关污染物，以及在各地检出率和检出水平较高的乙草胺、高氯酸等我国饮用水源特征污染物，标准中却没有作出相应规定。《生活饮用水标准》(GB 5749—2006)引用和借鉴国外指标，没有充分反映出我国饮用水源污染物特征和处理工艺现状。我国与水质配套的相关规定还不完善，例如对于水厂净水和消毒的药剂没有明确的规定，部分饮用水设备、工艺参数、验收环节等存在不合理的情况。

对于有机物，日本和美国的农药要求和异氧菌的要求值得我国借鉴。微生物包括细菌、病毒、真菌和少数藻类等，细菌根据自身所需营养物质的不同分为自养细菌和异养细菌，异养菌本身不会影响人体健康，但是它可以作为细菌消毒效率和管网清洁的指示标准。近些年来的研究表明，水质中的微生物多少会影响水质的好坏。例如出厂水中微生物的浓度与管网内壁生物膜形成呈现良好的数学关系，Mathieu 等通过管网模拟装置，研究了悬浮细菌浓度不同的进水对管网中生物膜形成的影响，进水中的微生物浓度的对数每增加 0.1，内壁形成生物膜的数量的对数相应地增加 0.31，即水质中的生物量的对数与形成生物膜的对数呈现良好的线性相关。Lechevallier 等发现当水流在管道中传输 1.1 km 后，AOC 浓度下降了 37%，表明细菌的生长消耗了水中的 AOC。在均有余氯存在时，当水样 AOC 大于 100 μg/L 时，与 AOC 小于 99 μg/L 时相比，前者检测到大肠菌群的频率要比后者高 82%。Sathasivan 和 Ohgaki 发现水中加入低剂量的 P(1~5 μg/L)后，细菌浓度增加了 2~4 倍。磷是水中细菌再生长的限制因子，净水工艺中把水中总 P 控制在 5 μg/L 以内可以提高管网饮用水生物稳定性。Norton，Le Chevallier 和 Neden 都发现，氯胺对水体中的异养菌尤其是杆菌具有很好的抑制效果。

在饮用水质发展历史中，经过了以抗拒饮用水微生物风险的卫生阶段和注重微量“三致”有机物等慢性的健康影响毒理学指标安全阶段后，还应考虑饮用水中对身体有益元素的保留问题。饮用水并不是理论的纯水才好，并不是将所有的离子全部除净才是对人体健康有利的。目前大部分饮用水的指标只规定了最大值，而没有规定最小值。对于饮用水不能只关注其对人身体有害的一面（最大值），也应重视相应的有益的一面（最小值）。同时水质新型污染物和水质要求提高所导致的供需矛盾，以及多元化饮水事实也应该引起重视和思考。供水系统的传统微生物检测技术耗时长，一般在 24~48 h，意味着结果出来后很多人可能已经饮水且患病。“9·11 事件”后，美国公众对恐怖分子通过电脑干扰，化学、微生物和放射性污染等手段破坏供水设施的活动充满警惕，饮用水环境预警工作得到重视。2010 年世界卫生组织和联合国儿童基金会的技术工作组对此提出新的评估方法和需求。欧盟第六框架计划支撑 DINAMICS 研究项目，在大学、研究所和企业共同参与下开发出面向应用的自动化、网络化微生物分析系统。将供水管网、水龙头水样快速浓缩、细胞分裂、核酸提取等在传感器中显示，传递水质微生物的信息。

用户饮用合格水或是健康水不仅需要水源、净水工艺，还要考虑配水管网，而实时监测不仅在于应对日常的水质检查，在应急和防范方面也具有重要意义。未来水质标准修改过程中应该考虑水源特点变化、输水管网等发展增加新出现的污染物以及去除一些不必要的分析项目，会更加有利于健康需求和快速实施的特征。

第2章　水处理工艺技术进展

2.1　传统集中供水水处理工艺

饮用水的净化技术与工程设施，是人类在与水源污染及由其引起的疾病斗争的生活经验中产生的，并随着水源水污染及由其引起的疾病的变化而不断发展和完善的。北宋的沈括在《忘怀录》中写到："江南浙东以至远方山洞中，多柴白石英。洞中多钟乳、孔公孽、股孽，可采掇各一、二石，碎如豆粒，投井中，磁石亦好。云母庐山尤多。欲用之须拣成块者，勿击碎，替完用之，仍须下云母，乃以某石盖其上，深数尺，盏防云母屑入石水中，饮之有害故也。"这是利用自然界中的磁石过滤等进行了粗具雏形的水处理。"道上流潦黄浊不可散，然蓄之大器，澄停既久，抱取其清者而注之于此，尚有用也"，对于浑浊河水则是采取蓄水器沉淀，然后溢入清水池的方法，杭州在南宋时由于人口日增，为解决居民用水问题，类似这种水池就有22处之多。

1627年，在英国也有关于净化水能改进人体健康和提高水的"观察愉快"性的研究报告。报道了煮沸、蒸馏、过滤、凝聚和澄清等净化水的方法及其净化作用。18世纪，在阿拉伯有关于水和其他液体蒸馏的专著。这些水净化的方法有的已成为现代给水工程的技术基础，如过滤技术、蒸馏技术。特别是后来产生和发展的快滤技术、膜滤技术，成为了现代给水处理和现代给水工程的基础。水处理工程是与人类的聚集生活习惯相关的，第一座为整个城镇居民供给饮用水的滤池是1804年在苏格兰的Paisley建成的，但当时还是用水车向用户送水。1807年，在苏格兰的格拉斯哥经过滤处理后的给水开始用输配水管道送至用户，给水的发展改变着人们的用水方式乃至生活方式。在18—19世纪，英国、法国、德国和俄国进行了许多水净化技术的实验研究，亨利·达西(Henry Darcy)于1856年在法国和英国取得了滤池的专利。他所建立的达西定律(Darcy's Law)描述饱和土中水的渗流速度与水力坡降之间的线性关系的规律，又称线性渗流定律($v=kI$)，是水力学的基本理论。通过某一断面的流量等于流速与过水断面的乘积，所以其在地下水开发，计算水井出水量滤池或各种过滤装置与设备的设计，在各种有关过滤技术的科学研究中都得到了广泛的应用。

人类用混凝方法处理水的历史可以追溯到古埃及时期，最初使用的混凝剂是天然的矿物和植物提取物，在公元前 16 世纪，就有桃汁作为混凝剂的记载。古埃及、古罗马和古希腊人已经学会利用明矾的混凝性能，而在中国，春秋战国时期人们就开始使用明矾净水。

1827 年，人类第一次使用硫酸铝作为混凝剂进行水处理试验，标志着混凝方法成为水处理的重要部分。1884 年，美国人 Hyatt 取得滤池处理水的专利权。1880—1890 年，水处理的应用中开始系统地使用硫酸铝和硫酸铁，进行了混凝处理的可行性研究。到 19 世纪中晚期，生物源导致极性水致病在美国流行，1870 年后，美国效仿欧洲的经验进行慢滤方法进行水处理。1890 年，Louisiville 供水公司把混凝与砂滤联合使用，明显地改善了出水的浊度和细菌数，标志着传统典型的给水工艺的形成。混凝法是在混凝剂的作用下，使水中的胶体和细微悬浮物凝聚成絮凝体，然后予以分离除去的水处理法。混凝法的基本原理是在废水中投入混凝剂，因混凝剂为电解质，在水里形成胶团，与水中的胶体物质发生电中和，形成绒粒沉降。混凝沉淀不但可以去除废水中粒径为 10^{-6} ~ 10^{-3} mm 的细小悬浮颗粒，而且能够去除色度、油分、微生物、氮和磷等富营养质、重金属以及有机物等。近年研究主要在混凝化学、原水水质化学、混凝剂和混凝过程化学以及混凝物理、动力学和形态学、混凝工艺学方面，包括混凝反应器与混凝过程监控技术。

人口过度密集、集中饮水存在不安全性。1848 年，伦敦发生霍乱危机。直到 1854 年，John Snow 对伦敦市区的霍乱流行及原因进行研究，才证实霍乱流行是因为给水污染所造成的。John Snow 的研究结果为给水工艺和给水系统的改进提供了科学的依据，为推动水科技的发展做出了重要贡献。1884 年，德国的 Koch 分离出了引起霍乱的病原体——霍乱弧菌。1892 年，Koch 对德国汉堡和阿尔托纳市进行的霍乱研究，在给水系统中，阿尔托纳市采用了过滤工艺，而汉堡没有采用。结果阿尔托纳市的霍乱发病率远低于汉堡，因此得到过滤可有效防止疾病发生的结论。1907 年，Hazea 的研究报道过滤可有效地去除水中的浊度和色度，并可使细菌的去除率达到 99%。因此，给水工程的过滤工艺对去除水中病菌起到了重要作用。Eberth 和 Gaffky 分别在 1880 年和 1884 年分离和鉴定了伤寒病原体——伤寒沙门氏菌。在此基础上，为了进一步杀灭病菌，给水工艺再次进行改进。在美国，1896年在肯塔基州的路易维尔进行了氯化反应；1908年，在给水工艺中增加和推广使用了加氯消毒的方法。在欧洲，20世纪初在比利时的Middelkerke进行了水处理消毒，使用氯化漂白剂作为消毒剂。1913年美国在费城安装了用于液化氯气的设施；1917年，英国第一次安装了氯气设施。加氯消毒技术使给水工艺流程发展成为：

原水→混合→絮凝→沉淀→过滤→消毒→出水

给水工艺流程从此有了一个较为完整的体系，而且一直沿用到今天。然而在1974年，Rook等人从氯化后的高色度水中检测出三卤甲烷，美国环保部典型净水厂出水中检测出66种微量有机物，统计调查表明该城市癌症死亡率居全美第一位，此发现引起了美国环保部的重视。Kransner等人1989年对美国35个主要水厂中的氯化消毒副产物进行了较为全面、详细的调查，发现氯化副产物中三卤甲烷所占比例最大，卤代有机酸次之，此外，还检测出了卤代乙腈、卤代酮及氯酚等多种难挥发性的有机卤代物。尽管臭氧、活性炭可以代替氯的消毒技术，但近期研究证实臭氧与溴离子、有机物等生成的副产物溴酸盐和醛类物质也具有一定危害。可见随着生活水平和科技的发展，水处理技术经历了一个不断完善和进步的过程。

经过百年探索，逐渐形成了“混凝为核心、沉降澄清是关键、过滤消毒是保障”的整体理论和实践体系。我国大多数净水厂沿用的是混凝、沉淀或澄清、过滤、消毒的常规水处理工艺。常规处理工艺通常包括两个层面的含义：一是指被处理原水各项污染物水质指标均在常见的范围内；二是指随着饮用水源水的污染程度增大，常规水处理工艺已不能满足现有饮用水水质的出水标准，与增加预处理和深度处理工艺相对应。这一基本工艺能有效去除水中的悬浮固体、胶体、细菌和病毒，一般只能去除20%~30%的有机物，15%的氨氮，对某些有机物则难以去除。受严重污染的地表水源中的氨氮，也不能通过常规处理有效去除。有些水厂采用折点加氯的方法，在原水管中增加氯的投加量，虽然去除了氨氮，但同时生成了大量消毒副产物，如三卤甲烷和卤乙酸等，也会危害人体健康。

2.1.1 混凝机理与药剂进展

混凝包含凝聚和絮凝两个过程。混凝剂水解后与悬浮于水中的胶体颗粒碰撞，使胶体颗粒的性质发生改变并脱稳，这一过程即“凝聚”；把脱稳后的颗粒在外界水力扰动条件下相互聚结的过程称为“絮凝”。胶体的双电层与胶核本身所带电荷中和，构成一个整体的呈电中性的胶团。根据DLVO理论，两个胶粒互相接近的过程中，当距离减小到使扩散层发生重叠时，胶粒间就具有了静电的排斥势能。当有一种能量促使胶粒克服排斥能峰的最大值，或者排斥势能减少到范德华引力占优势的时候，胶体失去稳定性而聚结的过程称为脱稳。因此，向水中投加电解质(混凝剂)发生水解，降低或消除排斥能，这即是压缩双电层作用。

净水混凝过程就是加入带正电的混凝剂去中和颗粒表面的负电，使颗粒“脱稳”。于是，颗粒间通过碰撞、表面吸附、范德华引力等作用，互相结合变大，以利于从水中分离。絮凝是聚合物的高分子链在悬浮的颗粒与颗粒之间发生架桥的过程。“架桥”就是聚合物分子上不同链段吸附在不同颗粒上，促进颗粒与颗粒聚集。这一过程中主要有双电层压缩、电性中和、吸附架桥和网捕作用，现简述如下。

双电层压缩作用：双电层理论的形成是在1924年，Stern结合了Helmholzt模型和Gouy-Chapaman双电层而建立的。就是胶体表面的离子在扩散层和胶体颗粒表面的离子吸附层直接产生很强的吸引力，形成一个反离子集中的区域。在投入混凝剂以后，混凝剂提供的大量正离子会涌入胶体扩散层甚至是吸附层，使扩散层减薄，zeta电位降低，胶体发生聚结。

电性中和理论：胶体颗粒发生混凝作用，由于静电作用，混凝剂水解缩聚形成的羟基聚合形态吸附在带负电荷的胶体颗粒表面并中和其部分电荷，产生电中和，减小静电排斥，使其与其他颗粒接近而互相吸附。

吸附架桥作用：高分子混凝剂溶于水后，经过水解和缩聚反应形成高分子聚合物，这种高分子物质可被胶体微粒强烈吸附。因其有线性结构，当它的一端吸附某一胶粒后，另一端又吸附另一种胶粒，在相距较远的两胶粒间进行架桥作用，使颗粒逐渐变大，胶体与胶体本身并不直接接触，它们直接的架桥作用形成肉眼可见的粗大絮体。

网捕作用：当投加混凝剂后会水解形成沉淀物，借助沉淀物界面静电黏附能力，在降解的过程中能够卷席、网捕水中的胶体，使胶体体颗粒，使胶体粘结。

压缩双电层是混凝机理中最重要的电性中和作用，其他还有高分子在胶粒与胶粒之间的吸附架桥作用，及混凝剂形成的氢氧化物沉淀带来的网捕或卷扫作用。应用最广泛的混凝剂是铝盐和铁盐混凝剂(+3 价金属、带有较高的正电荷)。传统的絮凝剂都是氯化铁、硫酸铁和铝盐等无机盐。选择合适的混凝剂混合、投加方式,迅速使水中的混凝剂保持均匀一致,有利于混凝剂水解时产生更均匀的聚合物,絮凝效果更好。新开发的基于铁、铝的预水解的带有一定羟基的无机高分子絮凝剂(如聚合氯化铁、聚合硫酸铁),与传统无机盐混凝剂相比,水解速度更快,具有更好的成核能力、拥有更宽的工作 pH 值范围、更低的水温敏感性和残余混凝剂浓度。合成的和天然的有机聚电解质与金属混凝剂结合,能够获得更好的混凝效果和絮体特性。

絮凝动力学研究絮凝过程中水中悬浮颗粒(主要是胶体颗粒和混凝剂)浓度随时间减少的速率。颗粒减少的速率取决于颗粒之间的碰撞速率。根据碰撞形式可以分为:“同向絮凝”,即由于水流速度梯度引起水中颗粒相互碰撞聚结过程;“异向絮凝”,即由颗粒本身的布朗运动,由此作用形成的碰撞;而不同尺寸、不同密度的颗粒之间存在沉速差,这种作用引起的碰撞称为“差速絮凝”。

混凝动力学的研究自 1943 年 Camp 和 Stein 提出动力学公式,数学模型的建立始于波兰理论物理学家 Marian von Smoluchowski,1917 年他根据以下几点假设:

a. 所有颗粒碰撞都会引起附着,也就是,碰撞频率系数为 1;

b. 流体为层流剪切运动;

c. 颗粒是单分散性的;

d. 絮凝体形成后不再破碎;

e. 所有颗粒在碰撞前后均为实心球体,且形状不变;

f. 碰撞仅发生在两个颗粒之间作用,基于无机离子混凝动力学方程和扩散理论。

可以得到在布朗运动(异向絮凝)、流体剪切(同向絮凝)和差速沉降下颗粒碰撞频率函数。描述某一级别颗粒数量变化的非线性时变特性,且通过多个非线性微分方程与其他各级颗粒进行时空变化耦合,这致使理论求解很困难;在研究多个絮凝体碰撞-黏附时,也会遇上较为复杂的多体问题;同絮凝过程中水流多处于紊流状态。随着混凝的进行,这种颗粒物的离散分布状态不复存在,颗粒粒径逐渐趋向于连续分布状态。1966 年,Friedlander 等人在此基础上提出了颗粒尺寸连续分布的碰撞模型。

在异向絮凝中，脱稳后的颗粒在外界作用下，相互碰撞而聚结絮凝，颗粒尺寸逐渐增大。假定颗粒为均匀的球体，根据费克定律，颗粒碰撞的速率表达式为：

$$N_p = 8\pi d D_g n^2 \tag{2-1}$$

式中：N_p——异向絮凝时单位体积中颗粒碰撞速率，L/(cm^3·s)；

d——颗粒直径，cm；

D_g——布朗运动扩散系数，cm^2/s；

n——颗粒数量浓度，个/cm^3。

用斯托克斯-爱因斯坦（Stokes-Einstein）公式表示扩散系数化 D_B：

$$D_B = kT/3\pi d Y\rho \tag{2-2}$$

式中：k——Boltzmann 常数，$R/N_a = 8.314/6.022\times10^{23} = 1.38\times10^{-16}$ g·cm^2/(s^2·K)；

T——水的绝对温度，K；

Y——水的运动黏度，cm^2/s；

ρ——水的密度，g/cm^3。

由式（2-2）可得：

$$N_p = (8/3\gamma\rho) kT\eta n^2 \tag{2-3}$$

假设两个颗粒每次碰撞后就会聚结，则颗粒的异向絮凝速度为：

$$\mathrm{d}n/\mathrm{d}t = -1/2N_p = -(4/3\gamma\rho) kT\eta n^2 \tag{2-4}$$

式中：N_p——有效碰撞速率。

布朗运动的影响随着颗粒粒径的增大而减弱，当颗粒粒径大于 1μm 时，异向絮凝停止。

1943 年，甘布-斯坦因（T.R.Camp-P.C.Stein）提出：

$$G = (p/\mu)^{1/2} \tag{2-5}$$

式中：G——速度梯度，s^{-1}；

p——单位体积水消耗功率，W/m^3；

μ——水的动力黏度系数，Pa·s。

单位体积水消耗的功率可由搅拌器提供，也可消耗水流自身能量来提供，故在水力絮凝池中，有式：$V\cdot p = \rho g h Q$；$V = QT$，V 为水流体积。

$$G = (p/\mu)^{1/2} = (\rho g h/\mu T)^{1/2} = (\rho g/YT)^{1/2} \tag{2-6}$$

式中：h——絮凝容器中的总水头损失（包括沿程和局部水头损失），m；

T——水在絮凝容器中的停留时间，s；

Y——水的运动黏度，cm^2/s，按 20 ℃计 $1.029\times10^{-4}(kg\cdot s/m^2)$。

在传统的平均速度梯度理论中，为取得较好的混凝效果，则要提供较大的速度梯度；甘布还提出甘布准数 GT，与平均速度梯度综合判断絮凝效果。G 值指速度梯度，用来表征混凝时的搅拌程度；其中，T 是絮凝反应时间（不含混合时间），GT 值包含了表征搅拌量 G 和反应时间 T，所以 G 值和 GT 值是一个综合衡量混凝实验过程的量值控制指标。G 值能判断搅拌情况下的水力条件，且 G 中反映了絮凝过程中的能耗，因此能在絮凝研究中得到广泛的应用；但在小网孔网格絮凝设备中，网格板后一定距离处，紊流发展为各向同性，时均速度梯度为零，而絮凝效果更好，因此，用这一速度梯度理论评价与实践效果还有一定的距离。

传统絮凝动力学理论假设絮体在形成后是不破碎的，实际情况表明絮体颗粒尺寸是其颗粒自身结构与水力剪切作用之间的平衡结果，颗粒在絮凝过程中，存在成长、破碎、再生长的变化过程。理论和试验两个方面证明在布朗混凝足够长时间以后即使初始单一粒径的粒子分布也会变得非常分散，与初始分布有关的特征被平滑掉而倾向于独立于初始分布。这也就意味着粒子粒径分布在混凝开始后的架桥以后有相似性，利用分形学理论对絮体的研究也证明了这一点，然而这方面的研究在实际工作中还难以得到突破。矾花颗粒粒径越大，其密实度越差，沉降速度越差，强度也越差。矾花会因不合理的粒径增长，导致总表面积迅速减小，限制尚未反应完全的小颗粒继续进行絮凝反应，导致不能被沉淀池与滤池去除的极小尺度颗粒比例增加。

速度梯度是在层流条件下提出的，当流速很小时，流体分层流动，互不混合，称为层流；逐渐增加流速，流体的流线开始出现波状的摆动，摆动的频率及振幅随流速的增加而增加，此种流况称为过渡流；当流速增加到很大时，流线不再清楚可辨，流场中会有许多小旋涡，称为湍流，又称为乱流、扰流或紊流。紊流（turbulent flow）是流体的一种流动状态。其特点是流体质点相互混掺，运动无序，运动要素具有随机性无序性；除了黏性耗能外，还有更主要的由于紊动产生附加切应力引起的耗能；以及除分子扩散外，还有质点紊动引起的传质、传热和传递动量等扩散性能。

微涡旋自身相似理论中指出涡旋黏性作用等同于惯性作用时的涡旋尺度，称为最小涡旋特征尺度 $\lambda_0=(\varepsilon^3/\gamma)^{1/4}$。只有颗粒直径近似等于 λ_0时，水力条件最好，混凝反应最充分。因为大涡旋中的颗粒跟随流体整体移动，相互间不会碰撞，尺度过小的涡旋，其紊动强度不足以推动颗粒碰撞，只有涡旋尺度与颗粒尺寸相近的涡旋才会引起颗粒间的碰撞。

实际上，紊流中大量分布着不同尺寸、轴向随机的涡旋，包括尺寸与最小涡旋特征尺度相近的微小涡旋；由于惯性作用，尺度大的涡旋破碎形成尺度较小的涡旋，进而形成尺度更小的涡旋，同时伴随着紊动能量的逐级传递。紊流的实质也即连续不断的、随机的涡旋运动。

单位质量矾花颗粒在涡旋中受到的惯性力为：

$$F=(\rho_s-\rho)/\rho\cdot v_0^2/r \tag{2-7}$$

式中：v_0——计算点的切向速度；

r——计算点到圆心的距离。

假设矾花为球形，则单位质量球形矾花颗粒径向运动所受阻力为：

$$f_z=3C_z\rho v^2/8\rho_s r_0 \tag{2-8}$$

式中：C_z——球形颗粒绕流阻力系数；

v——矾花颗粒径向运动速度。

对于微小颗粒非球体，可以近似看作球体，通过比较单位质量矾花颗粒受到的离心力均相等，而阻力却随着尺寸的增大而减小。颗粒尺寸在絮凝过程中由于相互碰撞而不断变化，当达到离心力与阻力相等之后，阻力减少的速度快，离心力减少的速度慢。因此，涡旋径向新进入的矾花颗粒其切向速度比已在涡旋中的矾花颗粒小，这一速度差为混凝的发生提供了水力条件，同时持续的离心作用导致矾花颗粒浓度在涡旋外侧逐渐增大，也为小颗粒与大颗粒的碰撞提供了条件。王绍文等将物质在湍流水体中垂直该地区流速方向的邻域内的扩散定义为亚微观传质；亚微观传质主要研究紊流中的微涡旋对反应中传质速率的影响。湍流水体中，惯性效应引起体积质量与水中不同物质相对于水体的迁移，特别是湍流微涡旋引起体积质量与水中不同物质沿微涡旋径向迁移，很大程度上增大了湍流中的亚微观传质速率；而湍流中惯性力随涡旋尺度减小而增大，当尺度为时，惯性作用最强，因此亚微观传质速率也最大。

当设置多层网格之后，水流的紊流流速小，水流经过网格板扰动获得能量之后，再没有获取其他能量，这种各向同性紊流的能量逐渐衰减，可以有效地消除大尺度涡旋，涡旋尺度也小，絮凝效果更好。实际上絮凝过程与絮体所处的微环境相关。该理论采用沿絮凝池水流方向增设网孔，可起到以下几点作用：① 促使水流速度剧烈变化，惯性效应最强，颗粒碰撞概率最高；② 促使大尺度涡旋数量减少，产生大量微小涡旋，惯性效应增大，导致颗粒碰撞次数增大；促使矾花产生强烈变形有利于增加密实度，同时在网格板后一定距离处时均速度梯度为零，紊流变成各向同性。然而仅仅研究物理状态显然不是实际过程，而在微观尺度上考虑表面化学的性质才可能真实地描述实际过程。

实际过程要比上述理论复杂得多。由于混凝剂、絮凝剂都是高分子物质，同一产品中大大小小的分子都有，所谓药前“分子量”只是一个平均概念。所以，在用某一混凝剂或絮凝剂处理水时，“电中和”和“架桥”作用会交织在一起同时发生。絮凝过程是多种因素综合作用的结果，与药剂分子结构、电荷密度、平均分子量有关，与悬浮颗粒表面性质、颗粒浓度、比表面积有关，与介质(水)的 pH 值、电导性，水中其他物质的存在，水温，搅动情况等因素有关。

药剂进展：混凝剂是分子量低而正电荷密度高的水溶性聚合物，可分为固态和液态，又分为无机和有机两大类。无机混凝剂主要是铝盐、铁盐及其聚合物，有机混凝剂主要是高分子有机物。絮凝剂为有机聚合物，多数分子量较高，并有特定的电性(离子性)和电荷密度(离子度)。

2.1.1.1 无机金属盐絮凝剂

铝系的金属盐絮凝剂常用的是硫酸铝和聚合氯化铝[$Al_n(OH)_mCl_{3n-m}$](通式)，简写为 PAC，含无水硫酸铝 50%~52%，适用水温为 20~40 ℃；当 pH 值为 4~7 时，主要去除水中有机物；当 pH 值为 5.7~7.8 时，主要去除水中悬浮物；当 pH 值为 6.4~7.8 时，处理浊度高、色度低(小于 30 ℃)的水。

铝系金属盐絮凝剂净化效率高，耗药量少，过滤性能好，适用于各种工业废水；温度适应性高，pH 值适用范围宽(可在 pH 值为 5~9 范围内)，因而可不投加碱剂；使用时操作方便，腐蚀性小，劳动条件好；设备简单，操作方便，成本较三氯化铁低。

铁系的金属盐絮凝剂有三氯化铁和聚合硫酸铁(分子式：[$Fe_2(OH)_n(SO_4)_{3-n/2}$]$_m$，其中 $n<2$，$m=f(n)$，简写为 PSF)。对金属(尤其对铁器)腐蚀性大，对混凝土亦腐蚀，对塑料管也会因发热而引起变形；受温度影响小，矾花结得较大，沉淀速度快，效果较好；易溶解，易混合，渣滓少；适用最佳 pH 值为 6.0~8.4。湿式投加时一般先溶解成 10%~20%的溶液。

铁盐的优势是 pH 值和温度适应范围广、反应快、絮体密实，缺点是腐蚀性强，2 价铁一般需要与氧化剂同时使用。

由于传统的无机絮凝剂可能带来诸多问题，它的使用受到了限制。大量文献报道，铝和铁盐絮凝剂的使用对环境的影响非常严重，它们所产生的淤泥量较大，增加了水样处理的工作量。另外，残留在水体中的 Al^{3+} 等金属离子给人类健康带来很多问题。神经病理和生物化学研究表明，铝金属与神经中毒等发病机理之间可能存在某种联系。铁盐理论上比铝盐具有更为宽的 pH 值适应性，水中的一些有机物易与铁离子络合，加入量过多则会出水色度增加，往往与管道的“黄水”“红水”现象联系在一起。除此之外，传统无机絮凝剂还存在低温条件下除浊效率低、絮凝条件要求高等缺点。

2. 1. 1. 2　有机絮凝剂

许多聚合物被用作单体来合成絮凝剂，例如丙烯酰胺和丙烯酸等。大多数情况下，它们的原材料都来自石油类不可再生资源，常见的合成聚合絮凝剂包括聚丙烯酰胺、聚丙烯酸、聚胺等。

聚丙烯酰胺代号 PAM，属于合成有机高分子絮凝剂，为非离子型；通过水解构成阴离子型，也可通过引入基团制成阳离子型。是目前最有效的高分子絮凝剂之一，在水处理中常被用作助凝剂，与铝盐或铁盐配合使用；应按一定的顺序先后投加，以发挥两种药剂的最大效果；聚丙烯酰胺固体产品不易溶解，宜在有机械搅拌的溶解槽内配制成 0. 1%～0. 2%的溶液再进行投加，稀释后的溶液保存期不宜超过 1～2 周；聚丙烯酰胺有极微弱的毒性，用于生活饮用水净化时，应注意控制投加量。

合成有机絮凝剂的优势是可以根据处理对象的特性来选择絮凝剂的性质，受絮凝 pH 值的影响较小以及絮凝效率高。另外，合成有机絮凝剂形成的絮体更牢固、紧密，利于沉降，其投加量较无机絮凝剂减少一半左右，絮凝后生成的污泥量也更少。虽然合成有机絮凝剂的处理范围更广泛，但由于价格较高等原因限制了它的发展和应用。合成有机絮凝剂会导致环境污染问题和健康危害，因此它的使用饱受争议。随着人们在环保方面的需求越来越高，越来越多的环境友好材料被开发并应用到水处理中。淀粉(St)、纤维素、壳聚糖(CTS)等天然有机高分子材料因为它们天然环保的特性受到很大关注。天然植物改性高分子絮凝剂 F691(刨花木、白胶粉)安全无毒，由华南理工大学萧锦教授提出和化学改性制得，取材于野生植物，制备方便，成本较低；其特点是可溶于水，适用水质范围广，沉降速度快，处理水澄清度好；性能稳定，不易降解变质。

微生物絮凝剂主要包括天然有机高分子和絮凝剂产生菌，前者包括单宁、壳聚糖、天然果胶以及其他次级代谢产物，后者主要存在于活性污泥中并通过活性污泥发挥絮凝作用。相比传统的化学絮凝剂，天然有机絮凝剂具有诸多优点，它们安全稳定、可再生、可生物降解、不会产生“二次污染”等。因此天然有机高分子物质不仅在食品、制药、化妆品领域得到广泛应用，在水处理领域同样具有很高的发展潜能。

2.1.1.3　复合絮凝剂

传统的无机金属盐絮凝剂广泛应用了几十年，在水处理过程中，无机高分子复合絮凝剂常常比单一的无机絮凝剂处理效果要好得多，具有高效低耗、价格低廉的特点，有一定的理论和实际意义。为了使絮凝剂兼备价格低廉、絮凝能力强、污泥量少等优点，将无机絮凝剂和有机絮凝剂结合起来制备出的无机-有机复合絮凝剂，综合了两者的优势，大大提升了絮凝效果，同时也扩大了其使用范围，絮凝性能较单一絮凝剂明显增强。在整个开发过程中，铝盐和铁盐是最常见的金属盐材料，通常与活化硅酸（$Na_2O \cdot xSiO_2 \cdot yH_2O$）进行复合。使用复合絮凝剂可缩短混凝沉淀时间，节省混凝剂用量；原水浑浊度低、悬浮物含量少及水温较低（在 14 ℃以下）时使用，效果更为显著；可提高滤池滤速，但必须注意加注点；要有适宜的酸化度和活化时间。聚硅酸铝镁作为高分子无机絮凝剂体现出了高效率、无污染等优点，主要原料羧甲基纤维素（CMC）、淀粉（St）、壳聚糖（CTS）相对分子质量较大，分子链上分布有大量的羟基、羧基等活性基团，多糖分子与聚硅酸金属盐接在一起，可延长絮凝剂分子的分子链，增加吸附网捕能力，对水中的污染物有良好的吸附络合作用，可提高絮凝性能。聚硅酸金属盐-多糖复合絮凝剂的合成，将无机、有机絮凝剂结合在一起，使产品兼具无机絮凝剂的电中和能力强和有机絮凝剂吸附架桥能力强的优点，扩大了絮凝剂的使用范围。有研究表明，此类絮凝剂用于松花江生活原水处理，色度浊度去除率均可达 98%以上，解决了低温低浊低用量情况下的水处理问题，对聚硅酸金属盐-多糖复合絮凝剂的生产应用具有一定的参考意义。

2.1.2　沉淀（澄清）过程与方式

水处理工艺中，沉淀即为水中悬浮颗粒受重力作用，从水中分离出来的过程。沉淀一般分为自由沉淀、拥挤沉淀及压缩沉淀。当颗粒的密度比水的密度大时颗粒下沉；相反的情况下，颗粒上浮。通常沉淀构筑物中，水中的悬浮颗粒为经过絮凝之后，粒径和质量更大的絮体颗粒。沉淀池中的水流存在速度梯度，加上颗粒间的沉速差，会导致颗粒相互聚结。

日本、苏联学者提出絮凝颗粒在净水中的自由沉淀速度：

$$u_j=(4/135\mu)(\rho_s-\rho)gd^2 \tag{2-9}$$

式中：μ——水的黏度；

ρ_s——颗粒物的相对密度；

ρ——水的相对密度；

d——颗粒物的半径。

当悬浮物浓度较高时，沉速大的颗粒沉到下层，水被挤出并向上涌出，干扰上部颗粒的沉速，发生拥挤沉淀。对于高浊度水的拥挤沉淀，浑液面等速沉淀转变为降速沉淀之后，发生压缩沉淀。压缩沉淀基于孔奇理论，该理论假定，在均质颗粒群体成层沉降时，某层污泥的沉降速度仅是该层颗粒浓度的函数。随着颗粒沉降底部浓度高于上部浓度而形成由下至上的扩散，与沉降作用相反。由 Stokes 公式，沉降阻力 $F=3\pi\mu ud$，由此推出的沉降速度 $u=(18\mu)^{-1}(\rho_s-\rho)gd^2$。沉淀池是利用重力沉降作用将密度比水大的悬浮物颗粒从水中去除的处理构筑物，是污水处理中应用最广泛的处理单元之一，按水流方向划分，沉淀池可分为平流式、辐流式和竖流式 3 种，还有根据“浅层理论”发展出来的斜板(管)沉淀池，平流沉淀池分成出水区、积泥区、沉淀区和进水区 4 个部分。20 世纪初，哈真(Hazen)开发了斜板/斜管沉淀池，该理论认为，在沉淀池容积一定的条件下，池深越浅，沉淀面积越大，悬浮颗粒去除率越高，可被去除的悬浮物颗粒越小，将沉淀池分成 n 层就可以把处理能力提高 n 倍。逐步发展有沉降管的水平放置的水平管沉降池。

沉淀池包括进水区、沉淀区、缓冲区、污泥区和出水区 5 个部分。进水区和出水区的作用是使水流均匀地流过沉淀池，避免短流和减少紊流对沉淀产生的不利影响，同时减少死水区、提高沉淀池的容积利用率；沉淀区也称澄清区，即沉淀池的工作区，是可沉淀颗粒与污水分离的区域；污泥区是污泥贮存、浓缩和排出的区域；缓冲区则是分隔沉淀区和污泥区的水层区域，保证已经沉淀的颗粒不因水流搅动而再行浮起。

其实广义上来讲，澄清池也算沉淀池中的一种，但它又不同于沉淀池。因为沉淀池一般只包括颗粒物(团)在水中由于重力大于浮力而下沉，进而脱离来水的过程。而澄清实际上就相当于“混凝”+“沉淀”两个部分(其中还有过滤的成分在)。澄清池集絮凝、沉淀作用为一体，具有占地面积小，操作管理方便等优点，一直受到国内外学者的关注。在理想沉淀池中，沉速等于 E_j 的颗粒去除效率为：$E_j = u_j/(Q/A)$。可见，增大絮凝颗粒沉速 u_j，便可提高杂质颗粒去除效率。可通过改善絮凝条件、使用新型絮凝剂增大絮凝颗粒沉速。澄清池就是利用该原理使构筑物内已经形成的絮凝颗粒和新进的颗粒碰撞聚结成较大的颗粒，从而提高沉降速度。

在 20 世纪 60 年代以前，沉淀池主要采用平流式、竖流式和辐流式，60 年代起各种澄清池盛行一时，70 年代后，主要是斜板、斜管及“复合型”的沉淀池。沉淀构筑物型式的改进提高了沉淀效率。通过研究分析，沉淀效率提高的原因有：沉淀面积增大，主要体现在斜板与斜管的运用上；水流流态的改变，使水流稳定性增强（体现在费劳德数 *Fr* 的增大和雷诺数 *Re* 的减小上），如平流沉淀池；沉淀动力因素的增多（从单一依靠颗粒自身重力到综合利用重力、水流阻力和离心力等）。

沉淀池的设计要以提高沉降效率为目的。所谓提高沉降效率就是使矾花颗粒在最短时间内的去除率最高。机理有两个方面：一是缩短颗粒的沉淀距离，斜板、斜管沉淀池属这一类（此方面已有大量的研究且比较完善）；二是增大矾花颗粒的下沉速度（高效絮凝剂及絮凝工艺的研究属于这方面内容并且已有大量的研究，但沉淀工艺在这方面的研究不多）。要使矾花颗粒的下沉速度在最短的时间内达到最大值，也有两种途径：一是增大颗粒的密实度；二是增大作用在颗粒上的下沉合力。前者属于絮凝方面的研究范畴，后者则属于沉淀工艺方面的研究范畴。美国 Infilco 公司 1920 年发现已沉淀的絮粒混入原水有较好的净水效果，于 1925—1932 年进行了长期试验，到 1935 年才正式建造第一座机械搅拌澄清池。逐步以节省化学药剂，产生低浊度的出水以及操作维护简单为目标设计了旋流（HFR）澄清池。该装置采用水力驱动的系统，用以形成和保持一个旋流的锥体形污泥层，水流以不断扩展的旋流方式上升流过污泥层。苏联在 1931 年前后发现泥渣悬浮层可以大大提高净水效果，至 1937 年切尔金创设了第一个扩散式澄清池。匈牙利学者以高分子聚合物活化了的粉砂作絮凝的悬浮接触介质，进行了强化絮凝的试验研究，提出了循环絮凝澄清池（CF 澄清池）和快速絮凝澄清池，澄清速度可提高 3 倍。国外其他对澄清池的研究，重点多为澄清池悬浮泥渣层的优化、污泥循环与排放及澄清池自动控制。最著名的是法国威立雅水务推出的专利产品 ACTIFLO 高效沉淀池及德利满公司开发的高密度澄清池（DENSADEG），两种产品在欧洲及我国均有应用。DENSADEG

高密度澄清池使污泥外部循环，从而提高处理效果，而 ACTIFLO 高效沉淀池在絮凝池加入微砂来提高处理效果。高密度澄清池将混凝、沉淀、浓缩融为一体，同时配套泥渣外回流及外部投药混合，形成完整的净水系统；其出水水质得到了提高，降低了运行成本，占地面积减小；但是通过数值模拟等技术发现高密度澄清池仍然存在絮凝与沉淀配水不均匀等现象。我国多个城市的水厂引进 DENSADEG 高密度沉淀池，运用于老水厂的改造及扩建。但是国内对高密度澄清池工艺的机理研究才刚刚开始。黄廷林等通过试验，优化高密度澄清池的运行条件之后，对低温低浊水具有较好的处理效果。上海市政工程研究总院研制出新型中置式高密度沉淀池，综合了机械搅拌澄清池与 DENSADEG 高密度沉淀池的优点。在澄清池中一般需要加入药剂，生成矾花(这是混凝的过程)，然后通过机械或水力搅拌使矾花悬浮，起到一定的过滤作用，之后再将固液通过沉淀的原理分离，出水就相对澄清了。澄清池是利用池中积聚的泥渣与原水中新生成的沉淀物颗粒相互接触、吸附，以达到泥渣较快分离的澄清装置。

法国 Degermont 水与废水处理公司也开发研制了新型高密度澄清池并获得该项专利，这种澄清池在欧洲已经应用多年，比如法国的 MOUT 水厂、德国的来格朗等诸多欧洲水厂均采用该工艺，具有处理效率高、产水率高、适应性强、处理效果稳定等优点。国内已有工程采用该处理工艺，西安建筑科技大学围绕上述高密度澄清工艺，对处理西宁市低温低浊水开展了系统的试验研究。研究显示泥渣回流高密度澄清池由于采用了泥渣回流技术，同时利用了高分子助凝剂的吸附架桥作用，大大提高了低温低浊水的混凝反应效率，克服了低温低浊的不利影响，能够降低混凝剂用量，适宜作为西宁市低温低浊水处理工艺。高密度澄清池应用于乌鲁木齐市石墩子山水厂工程，设计规模 $20\times10^4\ m^3/d$，原水取自乌拉泊水库，水库主要靠天山冰雪融水补给，原水特性主要为低温低浊，年水温变化范围：2~19 ℃，4 ℃左右持续 5~6 个月，浊度一般小于 50 NTU(10 月到次年 5 月间)，雨季浊度在 200 NTU 左右(雨季，5—9 月)，7—8 月间暴雨期间高峰浊度可达到 5000 NTU。

2.1.3　过滤与过滤介质

过滤是指水体流过有一定厚度且多孔的粒状物质的过滤床，这些粒状物质的滤床通常是由石英砂、无烟煤、磁铁矿、石榴石、铝矾土等组成，并由垫层支撑。杂质被截留在这些介质的孔隙里和介质上，从而使水得到进一步净化。滤池不但能去除水中的悬浮物和胶体物质，而且可以去除细菌、藻类、病毒、油类、铁和锰的氧化物、放射性颗粒、在预处理中加入的化学药品、重金属以及很多其他物质。

过滤过程一直采用由 Wasaki、Mnizt、Ives 等人逐步发展的宏观经验理论，即依据过滤过程中存在的颗粒泄漏（T_c）与水头损失（T_H）两个不同过滤周期而寻求 $T_c = T_H$的最佳条件而建立的理论模式，宏观经验理论主要研究过滤工艺的宏观现象，其优点在于对过滤全过程进行了模型化，基本符合实际状况。因此，对滤池设计和操作具有重要的指导作用。研究混凝与过滤的微观物理化学作用机理并强调混凝、过滤的微观物理化学过程的理论得到迅速发展。研究人员相继提出电中和/吸附凝聚、吸附架桥理论和微涡旋混凝动力学理论，强调了凝聚絮凝过程中的化学作用，尤其专属化学吸附作用，以及水流紊流微涡旋对絮凝颗粒碰撞结合的贡献。同时将源于气体过滤中的轨迹（trajectory）理论引入水质过滤中，其突出特点是将滤池中单个滤料作为研究的对象，研究其在流场中的运动轨迹，颗粒向其传送及黏附的微观物理化学过程，先后提出了过滤过程中的轨迹理论模型及计算模式，着重研究颗粒沉积的内部机理、沉积过程发生的物理化学变化及介质结构和特性对沉积过程的影响。

依据过滤的基本动力学方程

$$-\mathrm{d}N/\mathrm{d}L = 32(1-f)\,d\alpha\eta N \qquad (2-10)$$

式中：α——接触效率因子；

$1-f$——滤料实际容积；

η——滤料传送效率；

L——滤床深度；

d——滤料的平均直径。

混凝与过滤动力学过程基本包括两部分，即流体力学和颗粒传送的物理（速度梯度 G 与颗粒向滤料的传送效率 η）以及界面与胶体化学方面（碰撞或接触效率因子 α）。颗粒传送率或效率都是通过流体动力学作用进行的，即涉及颗粒表面特性、絮凝剂及溶液化学条件等化学作用，而颗粒间碰撞黏附或颗粒与滤料间接触黏附的概率则分别取决于 G 或 L/d，即涉及颗粒表面特性、絮凝剂及溶液化学条件等化学作用。一般来讲，颗粒间或颗粒与滤料间的相互作用都是通过上述两个连续过程完成的。此外，絮凝反应时间 f 大致与 η（L/d 比值）有关。因此，无论混凝还是过滤过程中，如容积浓度过小时，可以通过助凝剂或改变滤料粒径来完成。减少停留时间即反应器容积，就要选择适宜的絮凝剂(α-1)或改变输入能量(G)。

颗粒间或颗粒与滤料间的黏附主要取决于胶体化学作用力，包括双电层静电引力和范德华引力。黏附因子(α)取决于颗粒的 ZETA 电位，当颗粒间或颗粒与滤料间的 Zera 电位相差较大，甚至反号时，颗粒间或颗粒与滤料间的双电层作用力为引力。即传送到一起的颗粒都将发生黏附作用，此时 α-1，而相差较小或同号时，将不利于黏附作用发生，此时 $0 \leqslant \alpha \leqslant 1$。

直接过滤传输效率(轨迹理论)-布朗扩散效率

$$\rho_s - \rho = 4Pe^{-2/3} = 0.9(kT/\mu d_p d_c u)^{2/3} \tag{2-11}$$

式中：Pe——Peclet 常数；

k——Boltzmann(玻尔兹曼)常数；

μ——水的黏度；

d_p，d_c——颗粒物和滤料的半径；

u——滤速。

水力阻截效率：

$$\eta_i = 1.5A_s(d_p/d_c)^2 \tag{2-12}$$

式中：A_s——常数滤床中流态化参数。

重力传递效率：

$$\eta_G = (\rho_s - \rho)gd_p^{\ 2}/18\mu A_s u \tag{2-13}$$

式中：ρ_s，ρ——悬浮颗粒与水的密度。

$$\eta_0 = \eta_D + \eta_I + \eta_G \tag{2-14}$$

过滤过程的胶体化学作用力，包括双电层作用力和范德华力，过滤黏附效率即黏附因子 $\alpha = \eta/\eta_0$。

采用直接过滤，将滤料作为大而静止的微粒，这就使悬浊微粒间的接触碰撞概率显著增大，既节省絮凝剂用量，同时也满足絮体颗粒太少的水中对附加微粒的要求。由于接触絮凝所产生的絮体很小，因此，接触过滤与直接过滤实际上就是微絮凝-过滤过程。但普遍认为直接过滤主要考虑处理低温低浊的水质，认为阳离子有机聚合絮凝剂与双层滤料组合是直接过滤的最有效方法，因此，早期典型的直接过滤大都采用双层过滤介质，研究也主要着眼于滤池中滤料与颗粒的相互作用。

凝聚过程对过滤的影响不可忽视，同时也考虑利用直接过滤处理低浊微污染的原水。美国 AWWA 报告指出：直接过滤理想原水为，色度小于 40 色度单位，浊度小于 5 NTU，藻类小于 2000 个/mL。近年来一些研究建议直接过滤法适用于 3 类原水：浊度和色度分别低于 25 单位；低浊时色度不超过 100 色度单位；或低色度时浊度不超过 200 NTU；大肠杆菌和硅藻类物质不超过 90 个/L 和 1000 asu/mL。对于浊度 0~10 NTU，色度 1~15，藻类密度 0~1000 个/L 的源水，直接过滤出水浊度可小于 0.1 NTU。

同时建议以 3 种污染的季节性最坏时所需的混凝剂总量作为评价标准，认为需用 15 mg/L 以上硫酸铝才能得到浊度和色度合格的滤后水的原水难以用直接过滤进行处理，而硫酸铝投加量小于 6 mg/L 或 7 mg/L，再加少量聚合物就能产生合格滤后水的原水，是直接过滤最理想的水源。

采用过滤方式去除水中杂质，所包括的机理一般可分为吸附、絮凝、沉淀和截留等方面。过滤中的化学条件及颗粒脱稳作用与絮凝过程基本一致，而且前期絮凝化学过程对直接过滤效能具有十分显著的影响。滤前水中絮体颗粒的电荷特性及粒径对直接过滤效果具有十分重要的作用，只有在滤前水中的絮体粒径分布达到最适合过滤过程的最佳状况时，才能得到最佳处理效能，并降低处理成本。因此，在选择确定最佳絮凝药剂的条件下，絮凝装置设置对控制前期絮体颗粒增长起到十分重要的作用。

目前应用较广泛的滤料是石英砂滤料，它的孔隙率大，含污能力高，从不同的工艺角度发展了其他形式快滤池。按滤料和滤料组合分，可分为单层滤料滤池、双层滤料滤池、三层滤料滤池等 3 种。为充分发挥滤料层截留杂质能力，出现厂滤料粒径循水流方向减小或不变的过滤层，例如，双层、多层及均质滤料滤池，上向流和双向流滤池等。为了减少滤池阀门，出现了虹吸滤池、无阀滤池、移动冲洗罩滤池以及其他水力自动冲洗滤池等。在冲洗方式上，有单纯水冲洗和气水反冲洗两种。各种形式的滤池，其过滤原理基本一样，基本工作过程也相同，即过滤和冲洗交错进行。滤池按其水力条件，可分为重力式和压力式两种；滤池按其运行方式分，可分为恒压过滤、恒速过滤、降速过滤。滤池配水系统可分为小阻力配水系统、中阻力配水系统和大阻力配水系统 3 种。按过滤的滤速分，可分为快滤池和慢滤池。在饮用水的净化工艺中，有时沉淀池或澄清池可省略，但过滤是不可缺少的，它是保证饮用水卫生安全的重要措施。影响滤层杂质分布的主要因素有滤速、滤料粒径及滤料级配的影响，滤池运行的技术指标有滤速及水头损失、过滤周期及冲洗强度和滤层膨胀率。

过滤介质起着支撑滤饼的作用，并能让滤液通过，对其基本要求是具有足够的机械强度和尽可能小的流动阻力，同时，还应具有相应的耐腐蚀性和耐热性。工业上常见的过滤介质如下。

① 织物介质：又称滤布，是用棉、毛、丝、麻等天然纤维及合成纤维织成的织物，以及由玻璃丝或金属丝织成的网。这类介质能截留颗粒的最小直径为 5~65 μm。织物介质在工业上的应用最为广泛。

② 堆积介质：由各种固体颗粒(砂、木炭、石棉、硅藻土)或非纺织纤维等堆积而成，多用于深层过滤。

③ 多孔固体介质：具有很多微细孔道的固体材料，如多孔陶瓷、多孔塑料、多孔金属制成的管或板，能拦截 1~3 μm 的微细颗粒。

④ 多孔膜：用于膜过滤的各种有机高分子膜和无机材料膜。广泛使用的是醋酸纤维素和芳香酰胺系两大类有机高分子膜。可用于截留 1 μm 以下的微小颗粒。

滤饼过滤：悬浮液中颗粒的尺寸大多都比介质的孔道大。过滤时悬浮液置于过滤介质的一侧，在过滤操作的开始阶段，会有部分小颗粒进入介质孔道内，并可能穿过孔道而不被截留，此时滤液仍然是混浊的。随着过滤的进行，颗粒在介质上逐步堆积，形成了一个颗粒层，称为滤饼。在滤饼形成之后，它便成为对其后的颗粒起主要截留作用的介质。因此，不断增厚的滤饼才是真正有效的过滤介质，穿过滤饼的液体则变为澄清的液体。

深层过滤：此时，颗粒尺寸比介质孔道的尺寸小得多，颗粒容易进入介质孔道。但由于孔道弯曲细长，颗粒随流体在曲折孔道中流过时，会在表面力和静电力的作用下附着在孔道壁上。因此，深层过滤时并不在介质上形成滤饼，固体颗粒沉积于过滤介质的内部。这种过滤适合于处理固体颗粒含量极少的悬浮液。

另一个技术，就是改性滤料的除污染技术。利用滤料来强化对污染物的吸附，主要利用现有的常规给水处理工艺流程，不改变现有处理工艺流程，不增加基本建设的投资，或者设备投资。这种方法既适合于现有水厂的改造，也适合于新水厂的建设。石英砂滤料通过一定的改性，表面具有较高的吸附性能，对水中的多种污染物具有强化去除作用。

2.1.4 消毒过程与方式

消毒是灭活或去除病原生物、杀灭病原微生物的方法，其目的是切断传染病的传播途径，预防传染病的发生或流行，是保障饮用水水质的主要途径。常规化学药剂消毒的核心是 Ct 值(消毒剂浓度与接触时间的乘积, mg·min/L)即足够的消毒剂浓度(C)和足够的时间(t)。《生活饮用水水质标准》要求消毒指标细菌总数 1 mL 水中不超过 100 个,另外,水的细菌学指标是总大肠菌群和细菌总数。一般致病菌最易生长的温度为 37 ℃,据研究,可污染饮用水的致病微生物有上百种,为杜绝水传染病的发生和流行,保证人体健康,生活饮用水必须经过消毒处理方可供饮用。微生物具备繁殖快、易培养、分散广、种类多等特点。目前我国用于饮用水消毒的方法主要有氯化消毒、二氧化氯消毒、臭氧消毒和紫外线消毒。

2.1.4.1　氯气和氯化物

基于氯的消毒剂仍在为全世界提供微生物安全饮用水方面发挥着至关重要的作用,是目前应用最为广泛的消毒技术。即便是在经济发达的美国,截止到 1998 年,自来水厂中仍约有 94.5%采用氯消毒,而我国估计 99.5%以上自来水厂采用氯消毒。在氯消毒工艺中,氯气(液氯)和次氯酸盐(尤其是次氯酸钠)是最为主要的消毒药剂。2012 年,Intratec Solutions 的一份报告中指出,当时美国采用含氯消毒剂的饮用水行业大约有 31%采用次氯酸钠消毒,63%采用氯气消毒,其余为次氯酸钙或现场生产次氯酸钠。西欧约 98%的水是氯化的(欧元区,2012 年)。近几年,出于使用、储存、运输等环节安全的考虑,次氯酸钠和二氧化氯消毒逐渐受到重视。当前大量研究和文献认为次氯酸钠的消毒机理同氯气一致,主要是通过水解形成次氯酸。不同的是氯气水解会降低水溶液的 pH 值,大量的氯残留和 pH 下降,会造成管道的腐蚀,出现红水等现象,而次氯酸钠和二氧化氯则会减少这种情况的产生,更有利于应用。

(1)折点加氯

水中加氯量,可以分为两部分,氧化消耗包括杀灭细菌、微生物和氧化有机物等还原物质,还有部分管网中保持部分余氯即可以抑制水中细菌再度繁殖。在有氨氮(包括溶解性的 NH_3 和 NH_4^+)存在下,向水中通入氯气,氯气与水反应生成次氯酸,次氯酸与水中氨氮反应生成一氯胺,随着氯气投加量的增加,氨氮被完全转化。生成的一氯胺继续与次氯酸反应,最终生成氮气。

反应方程式表示为:

$$Cl_2+H_2O \longrightarrow HClO+HCl \tag{a}$$

$$NH_4^++HClO \longrightarrow NH_2Cl+H^++H_2O \tag{b}$$

$$NH_3+HClO \longrightarrow NH_2Cl+H_2O \tag{c}$$

$$2NH_2Cl+HClO \longrightarrow N_2\uparrow +3HCl+H_2O \qquad (d)$$

总反应为：

$$3Cl_2+2NH_3 \longrightarrow N_2\uparrow +6HCl$$

折点加氯的反应可用图 2-1 表示，在第一折线段主要发生(a)式、(b)式反应，与氨发生反应的成分是 NH_2Cl，总氯为化合性氯。

在第二折线段，总氯(化合氯)开始降低。当加氯量继续增加时，使氯胺被氧化成 N_2，进行(d)式反应，总氯逐渐减少，最后达到折点，总氯最小、理论上氨氮为零。超过折点进入折线第三段，总氯继续上升，出现自由性余氯，即进入线性加氯阶段。

根据上述反应计量数计算得出理论上达到折点加氯量的氯氮比为 7.6：1。反应体系 pH 值为 7，如果利用次氯酸钠代替氯气，当 $m(Cl_2):m(N)=8.2:1$，由于存在起始需氯量消耗及其他副反应，实际折点对应的加氯量将后移，往往达到(9~10)：1 左右。国内部分水厂的生产实践中，由于氯和有机氮反应、自身氧化分解、氧化杀菌等一系列反应的存在，在前加氯过折点需要的氯氮比大约为 9：1。

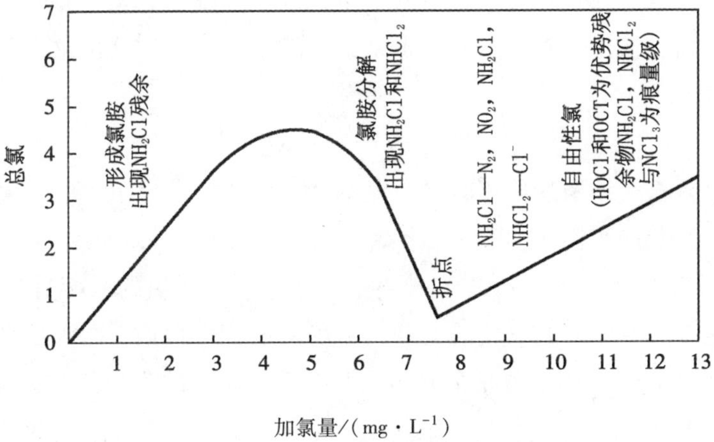

图 2-1　折点加氯反应趋势图

(2)二氧化氯

二氧化氯是由英国化学家 Humphry Davy 于 1811 年制备的，主要用作纸浆和造纸中的漂白剂，其在饮用水消毒中的用途仅在 1944 年在尼亚加拉瀑布实施。1956 年，比利时布鲁塞尔开始大规模使用二氧化氯。二氧化氯是一种有效的消毒剂，其通过渗入细胞内将核酸氧化，从而阻止细胞的合成代谢。作为饮用水消毒剂在国外应用已有70多年的历史，在北美洲和欧洲的发达国家已经普遍应用。到1977年，美国有84家饮用水处理厂使用二氧化氯，而在欧洲，有近500家工厂使用二氧化氯。我国应用二氧化氯消毒剂的饮用水水厂已有数百家，多为日供水量20万t以下的中小型水厂，涵盖范围非常广。黑龙江省住建厅统计资料显示，黑龙江省的二氧化氯消毒水厂已有近百家。二氧化氯有很强的反应活性和氧化能力，在饮用水处理中表现出良好的消毒效果，二氧化氯还可以进行预氧化和中间氧化，投加在原水沉淀池前或过滤池前，可以控制臭味，防止微生物滋长，去除水中铁、锰、色度和藻类，氧化硫化物，逐渐成为氯替代消毒剂而被应用于饮用水处理中。

由于二氧化氯在水中几乎100%以分子状态存在，所以易透过细胞膜。同时二氧化氯有效氯含量为263%，它的氧化性是液氯的2.6倍，杀菌效果明显高于液氯。二氧化氯消毒可使水中三氯甲烷生成量减少90%，而且可系统地阻止氯酚气味的生成。除对一般细菌有杀灭作用外，对芽孢、病毒、藻类、铁细菌、硫酸盐还原菌和真菌等均有很好的杀灭作用。二氧化氯具有较高的氧化电位，它对细菌有很好的灭菌效果，在pH值为6~9范围内均能有效地杀死细菌，而液氯只有在接近中性条件时才能有效地杀灭细菌。而且相对于液氯，二氧化氯具有所需投加量较少、杀菌速率快的优点。在饮用水中二氧化氯灭菌的反应式如下：

$$ClO_2+e^- \longrightarrow ClO_2^- \qquad (2-15)$$

二氧化氯杀灭细菌的作用较同浓度氯强。在相同条件下，5 mg/L的氯气作用6 min后，其杀菌率为90%，残余氯为2.25 mg/L；而2 mg/L的二氧化氯在作用30 s后就能杀死近乎100%的微生物，残余二氧化氯的浓度为0.9 mg/L。

二氧化氯因有较强的氧化能力和较为稳定的化学性质，在水处理中经常表现出以下突出优点：① 消毒杀菌效果明显，且在较大的pH值范围内仍能表现出高效性；② 脱色能力强，去味除臭效果显著；③ 不会与水中有机物质反应生成致癌的卤代烃，危害人类健康；④ 由于二氧化氯制法的不断改良，其成本逐渐降低。二氧化氯虽然具有上述优点，但在水处理中也有许多不足之处，其最大的缺点就是当投加过量的二氧化氯时，会和水中有机物及其他还原成分反应，生成对人体有害的ClO_2^-及ClO_3^-。虽然这两种酸根也都具有氧化能力，能起到消毒杀菌的效果，但饮用水中不宜含量太高。我国饮用水标准尚未对ClO_2^-及ClO_3^-专门列项提出要求，而美国要求饮用水中两酸根总量不能超过0.5 mg/L，瑞士的标准更为严格为 0.3 mg/L。二氧化氯氧化能力不够强，不能和稳定的芳香族有机物、链烷、链烯等化合物起反应，而且二氧化氯不易与水反应，在水中曝气时很容易将其吹脱。Korn 调查了 7 个地方的原水，结果显示消毒副产物中有 70%亚氯酸盐、9%氯酸盐；Andrews 等人在英国当地饮用水水厂进行分区域研究，发现亚氯酸盐含量为 60%~70%、氯酸盐含量为 5%~10%；Narkis 等人研究了当地污水处理厂的排水，其中亚氯酸盐占 60%~70%，氯酸盐未检出。针对二氧化氯消毒副产物的控制逐步受到人们的关注。研究表明二氧化氯消毒副产物在管网中存在明显的转化，说明二氧化氯消毒副产物在管网中存在其他转化途径。而在实际水厂中，保证管网水中存在消毒浓度的余氯的同时控制消毒副产物浓度是操作关键。

二氧化氯氧化能力仅次于臭氧，对水中的细菌、病毒有较强的杀灭能力，能消除水中的有机微污染物。但加到水中的二氧化氯有一部分转化为 ClO_2^- 和 ClO_3^-，对于人体的代谢和生理活性有抑制作用。因此，如果二氧化氯用于管道直饮水的消毒最好与除去 ClO_2^- 和 ClO_3^- 的装置配合使用。

(3)次氯酸盐

次氯酸钠是一种高效、广谱、安全的强力灭菌、杀病毒药剂。它与水的亲和性很好，能与水任意比互溶，操作安全，使用方便，易于储存，可以在任意环境工作状况下投加。而且，次氯酸钠消毒液在水中不会产生游离态分子氯，在消毒过程中一般难以发生因存在分子氯而引发的氯代化合反应，生成不利于人体健康的有毒有害物质。次氯酸钠投加系统由储存槽、计量泵投加系统和原水加注点组成，具体流程见图 2-2。

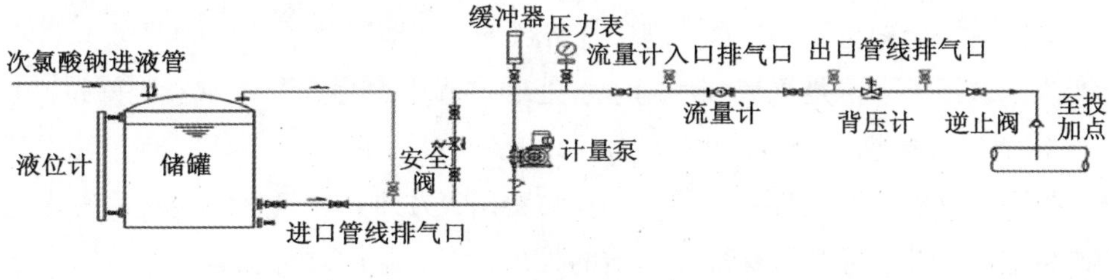

图 2-2　次氯酸钠投加系统流程

次氯酸钠投入水中会迅速水解并发生分解，其中次氯酸根会与水中氢离子结合生成次氯酸。次氯酸是很小的中性分子，会很快吸附在细菌或病毒的表面，通过渗透细胞壁进入细胞内部，并在强烈的氧化作用下使细菌或病毒内部的蛋白质变性，从而起到杀菌和消毒的作用。研究发现，采用次氯酸钠消毒生成的消毒副产物量低于液氯，产生消毒副产物的量远低于《生活饮用水卫生标准》（GB 5749—2006）的限值。液氯溶于水后会产生大量的自由氯，性质活泼，极易与水中的有机物发生卤代反应，生成消毒副产物；而次氯酸钠水溶液中自由氯含量很低，因此生成的消毒副产物也较少。但是次氯酸钠消毒也存在局限，研究发现，当水中含有藻类较多时，藻类本身和沉积物会增加消毒副产物的产生，同时会增加出水的致突变活性。其次，次氯酸盐的稳定性较低，在运输和使用过程中容易分解，降低消毒活性，因此也限制了其发展。

除此之外，由于某些病原体的持久性和抗药性增加，新的水传播病原体的出现，以及消毒副产物的产生，并出现影响饮用水品质的现象，尤其令人厌恶的气味，氯消毒本身存在着诸多局限。到20世纪70年代中期，已经证明游离氯与水中的天然有机成分反应产生的氯化有机化合物，特别是三卤甲烷（THMS），对人体健康构成潜在风险，所以研究人员也正在重新评估氯消毒优劣，并进行替代品、新兴饮用水消毒技术的研究。

2.1.4.2 臭氧化技术和金属氧化物催化臭氧化

1857年，西门子公司建造了第一台放电臭氧发生器，1893年在荷兰的乌德肖恩市和1906年在法国投入商业使用，对饮用水进行消毒，原理是利用臭氧发生器产生的臭氧扩散通过细胞膜，使细胞酶发生不可逆的氧化而进行消毒。其特点是：消毒效率较高，而且可以给水体补充氧气。在水环境中 O_3 与水中物质发生的反应状况很复杂，存在很多种机理，通常认为有3种：一是 O_3 从溶解状态变为非溶解状态，这种情况属于单纯的物理逸出；二是氧化剂 O_3 在水中与溶解的物质发生化学反应；三是 O_3 在水中分解生产各种各样的自由基。O_3 在水处理中的应用历史悠长，在水处理中优势已明确，即氧化反应能力高效并且不会产生二次污染。但是臭氧技术用于水处理过程中也存在一些缺点：首先，由于 O_3 需要通过臭氧发生器产生，增加了电耗和造价，所以 O_3 在水处理单元中的应用提高了臭氧化水处理操作单元的操作费用，另外其强氧化性会对一般水处理设备造成腐蚀，所以需要特殊材质的处理设备；除此之外，臭氧化技术在水处理过程中会产生一些副产物，如溴酸、乙二醛等，这些副产物有的甚至比原污染物的毒性更大。

臭氧化技术的缺点：臭氧发生器设备复杂，投资高，运行耗电大，而且臭氧的残余不能持久存在等。臭氧除了杀菌消毒，还可以氧化有机物，促进有机物的氧化分解，这分解的小分子量有机物会为微生物的生存提供食物，促使微生物的生长。

因此臭氧消毒一般不用于末端消毒，而与其他的方式联合使用，它的联合消毒主要有两种方式：一是臭氧消毒—超滤(或精滤)—出水超滤(或精滤)，主要为滤除水中被臭氧杀死的细菌尸体以及繁殖的微小细菌等；二是臭氧对纯水桶里的水消毒—泵—紫外消毒—出水。

2.1.4.3 过氧化氢氧化技术及其金属离子催化氧化

H_2O_2常与其他物质结合以便发挥出更强的氧化效能，例如H_2O_2在水中或在紫外光照射下或在其他一些氧化剂(如O_3)的作用下，会产生羟基自由基·OH，而·OH的氧化电势远远超过普通的化学氧化剂，这就代表着羟基自由基的氧化能力比一般的化学氧化剂要强得多。催化H_2O_2氧化就是通过催化H_2O_2产生·OH来氧化水中的有机污染物质。目前为止，H_2O_2参与的高级氧化技术大多数应用于废水处理，很少被应用于饮用水处理，即便是在饮用水处理应用的相关研究中，这种技术也主要用于卤代烃污染处理方面。H_2O_2高级氧化技术在深度净化饮用水中的应用大多数小于中试规模或者很少用于实际水处理中。

2.1.4.4 硫酸根自由基

应用过硫酸盐活化产生硫酸根自由基($E^0=2.5\sim3.1$ eV)的高级氧化研究始于20世纪中期，随着研究的不断深入，应用硫酸根自由基的氧化能力降解有机物已成为高级氧化领域发展的焦点。由于硫酸根自由基带有极高的标准电极电势，几乎与氢自由基($E^0=2.7\sim2.8$ eV)有着同等的氧化能力，更强于臭氧($E^0=2.07$ eV)，仅略低于氟($E^0=3.06$ eV)，因此硫酸根自由基被认为在理想的条件下可以氧化绝大多数的有机物并使其分解。而且硫酸根自由基在溶液中的适用范围较为广泛，在pH值为2~7的条件下，硫酸根自由基能在水中较稳定地存在；而在pH值大于8的碱性环境下，一部分硫酸根自由基开始与水中的OH^-反应生成羟基自由基，此时溶液中硫酸根自由基和羟基自由基共存；在pH值超过10时，溶液处于强碱条件下，大部分硫酸根自由基被氢氧根离子转化生成羟基自由基。另外，有研究表明硫酸根自由基产生后能持续存在更长时间，这可加长其与有机物持续接触并提升降解的效果，使氧化进行时间延长，理论上比同样情况的羟基自由基的降解效果高，并且硫酸根自由基还会氧化部分羟基自由基无法氧化的有机物，去除能力更广。

文献报道的数据主要针对病原微生物的消毒灭活 *Ct* 值，对于微生物的综合指标(细菌总数、大肠杆菌和异养菌总数)99%灭活所需 *Ct* 值的游离氯为

0.034~0.05 mg/L，氯胺为95~180 mg/L，二氧化氯为0.4~0.75 mg/L，臭氧为0.02 mg/L；常规消毒剂在常规剂量下对贾第鞭毛虫灭活能力很差，而对隐孢子虫更是无能为力，臭氧和紫外线消毒是对以上两种原虫和孢子灭活的较好办法。臭氧灭活贾第鞭毛虫 *Ct* 值为 1.43 mg·min/L，隐性孢子虫卵囊为 5~10 mg·min/L，所以用0.5 mg/L 的臭氧消毒的分别在3 min 和 20 min 以上。

美国环境保护署实施了地表水处理法，要求贾第鞭毛虫卵囊总的灭活率为3个logs(99.9%)，病毒的去除率为4个logs(99.99%)，至少95%的配水系统的水样分析中能达到适当数量的消毒剂残留。臭氧和二氧化碳的化学性质不稳定，所以不能满足消毒剂残留量的要求。类似的TCR(总大肠杆菌法)要求重视消毒过程以减少配水系统中细菌的生长。近几十年来，化学消毒剂在技术的安全性和适用性方面存在些问题，当某些有机化合物存在于水中时，使用化学消毒剂可能产生有害的DBPs，有些自来水厂为了达到THMs的规范进行了投氯消毒工艺的改进；应用二氧化氯作氧化剂或消毒剂会形成副产物亚氯酸盐($MClO_2$)，引起动物肝中毒；含溴化物的水经臭氧氧化后，形成致癌物质溴酸盐。隐孢子虫这种主要的水传染病源原生动物的出现，及有研究者发现在饮用水源水中的贾第鞭毛虫出现的数量远高于最初的想象的数量，这打乱了DBPs法规执行的计划。某些病原体如隐孢子虫、贾第鞭毛虫和病毒的抗性逐渐增加，到常规化学消毒需要应用剂量非常高的消毒剂，加重了DBP的形成并提高了操作成本。通过混合消毒剂可以实现更加高效且副作用小的水消毒，荷兰阿姆斯特丹水厂采用紫外-过氧化氢的方式，在消毒副产物风险与微生物疾病风险之间找到平衡点。另一种已流行的方法是使用臭氧或二氧化氯作为主要消毒剂，然后使用氯作为二次消毒剂，这种方法称为顺序消毒。其他新兴的饮用水消毒方法包括使用太阳能(UV)辐射、超声波处理、膜技术、银电化学、溴、二氧化钛和高锰酸钾。目前而言，WHO也明确表示消毒灭菌优先于消毒副产物的控制。

2.2 常规工艺面临的问题与挑战

长途输水给城市集中供水的净水工艺带来了一些优势，但也出现一些问题。目前主要体现在管网系统作为一个长期相对稳定的生态系统，管壁积累一些优势生物的附着物和水体中浮游生物，随着季节的变化会产生低温低浊问题，在我国北方水厂进水温度在 2~4 ℃时持续时间达 3~4 个月，在 10 ℃以下的温度会持续接近半年左右，给受水区的净水工艺带来一定的问题。

2.2.1　管壁附着物：贝类与氨氮

长距离输水工程中管网内壁往往附着滋生着贝类。规模为每天 350 万 m^3 的全封闭式输水管线，线路总长约 74 km 的西江引水工程，由两条 DN3600 PCCP 管从佛山市三水区思贤滘下陈村取水，输送原水至广州市白云区鸦岗配水泵站。管壁附着的优势物种是金贻贝，又称淡水壳菜和沼蛤（limnoperna fortunei），是一种东南亚常见的亚洲淡水贻贝，见图 2-3。沼蛤以滤食水体中的硅藻、原生动物和有机碎屑等为生，常团簇生长并形成层叠群体，厚度可达 3~5 cm，壳面成棕褐色、黄绿色或深棕色，足丝发达但壳质较薄，易碎，为群栖性软体动物。海水管网中常见的有紫贻贝，也有其他的栉孔扇贝、长肋日月贝（amusium pleuronecte）、马氏珠母贝（pinvtada martensii）和青蛤（cyclina sinenssis）等。紫贻贝是管壁附着生物主要优势物种，其特有的足丝可以使之牢固地胶黏在各种固体表面。附着型滤食性贝类个体大小不一，团簇生长，以藻类、原生动物和有机碎屑等为生并在繁殖季节排产大量游动型幼虫。水中 POM（颗粒有机物）经双壳贝消化后以粪便形式排出，经滤取而未摄食的 POM 则经鳃聚集成假粪排出，经微生物降解，沉积物中有机碳氮被分解为无机碳氮，并返回水层。有研究证实，双壳贝滋生区底质的氨氮浓度远高于非滋生区。同时向水层释放的无机氮营养盐能促进初级生产者的生长，从而加快有机氮颗粒向无机氮的转变过程。

图 2-3　海水管网中的紫贻贝（海虹）和淡水中的金贻贝（沼蛤）

淡水贝类的生长一般受到水温、流速和溶解氧等因素的影响，尤其是幼体，最低水温为 16~17 ℃，而较缓的流速利于浮游幼体和稚贝的附着。当 pH 值和 DO 值较低时，沼蛤的存活率则大幅降低，同时受到水中的食物源和藻类繁殖所释放的有毒物质的影响。由于管道内天然敌害少，且某些环境条件较天然环境中更适宜于贻贝的生长，例如水流速度大，食料多；温度高且稳定，光线暗、氧气供应条件较好等，延长了贻贝的生长及繁殖季节。

管网防污技术分为三大类，即物理防污法、化学防污法和生物防污法。物理防污法是指采用物理手段如流水冲刷、机械过滤、超声波等去除或阻止生物附着。物理防污法主要有人力或机械清除法、机械过滤法等。缺点是不能预防污损的发生，只能在污损发生后进行清理；并且该方法费时费力，防污效率相对比较低。化学防污法是指采用化学物质抑制或杀灭生物，可分为直接加入法，如将液氯、次氯酸钠溶液和臭氧等直接加入，还有电解法和设施表面涂料法。对于直接加入法，液氯在储存、运输和使用过程中存在极大的安全隐患和环境污染问题，而次氯酸钠溶液极易分解因而存在时间短。臭氧防污具有良好的应用前景，但臭氧分解速度极快，需现场制备，很大程度上限制了这项技术的发展。

贝类能分泌一种称作足丝黏附蛋白，具有高的强度、韧性和防水性。该蛋白含有多巴氨基酸，结构比酪氨酸多一个羟基，这种蛋白可以发生交联反应，产物具有很强的黏附性，可附着在其他物体上。幼体依靠足丝附着在硬基质表面，由足伸展产生足丝器官，固定附着后便变态成为沼蛤成体。幼体对光线比较敏感，喜好在黑暗中生长；成贝进入附着状态后一般不再移动，以鳃滤食水中有机颗粒和藻类等物质。

在长距离输水工程中经常会不同程度地滋生一些滤食性双壳贝类水生生物。滤食性贝类是生态系统中初级消费者类群的重要组成之一，它们会改变水质中的化学-生物因子，有机物迁移转化和氮转化-迁移过程以及浮游生物的种类和数量。

氨氮作为反映水源是否被污染的指示性指标，季节性地波动并影响水质。水体系中 NH_4^+很容易转变成 NO_2^-，NO_3^-和 N_2。硝酸根因为其稳定性和高迁移性成为水溶液中的主要存在形态，存在于地表水和灌溉用水中。硝酸盐主要来自人工化肥、生活污水、人畜粪便等。从 20 世纪初开始，随着工业的发展，水中的 NO_3^-浓度逐渐增加，我国也在 20 世纪 80 年代就对地下水污染情况进行过调查，多个城市的地下水都有不同程度的硝酸盐氮超标现象。饮用水中的硝酸盐可以引起甲氧基红蛋白血症而影响人类胃肠道健康。亚硝酸盐还能与血液中的血红蛋白反应形成高铁血红蛋白，影响血液中氧的传输，使细胞组织缺氧，严重者甚至会导致呼吸循环衰竭。由于硝酸盐的污染会危害到人类的健康，因此，世界各国都对饮用水中的硝酸盐含量提出了控制标准，其中，世界卫生组织规定硝酸盐不大于 11 mg/L(NO_3^--N)，亚硝酸盐不大于 0.91 mg/L(NO_2^--N)，美国 EPA 规定的最高极限值为 10 mg/L(NO_3^--N)，亚硝酸盐不大于 1 mg/L(NO_2^--N)。尽管各国都对硝酸盐和亚硝酸盐的限值做了规定，但是仍有大量的硝酸盐存在于雨水体系，包括人类饮用水体系，所以人类饮水健康仍然受到它们的威胁，据统计，全球大约有 2300 万人口受到了硝酸盐存在的威胁。在中国和欧洲，地下水的硝酸盐污染很普遍。因此，需要高效的硝酸盐去除技术。近年来为了转化和彻底去除水体中过量的硝酸盐，发展了各种各样的水处理脱氮技术：物理化学脱氮法(离子交换法、反渗透法、电渗析法)、生物脱氮法(反硝化细菌代谢)、催化还原脱氮法(光催化、液相催化还原、电催化)。

饮用水中氨的存在不仅会对人体健康造成影响，还存在潜在的水生生物毒性，影响生物化硝作用系统效率，增加对消毒剂的要求。自 1990 年以来，有关电化学还原的研究快速发展，也从侧面说明了电催化还原硝酸盐逐渐成为研究的热点，以下将从材料、机理和影响因素几个方面综述近几年的电催化降解硝酸盐的研究成果。

在饮用水领域，硝酸盐的去消除和降解过程中 N_2都是最佳产物，因为其他产物如 NO_2^-、NH_4^+等都具有一定的毒性。但是很遗憾的是目前氯体系的降解产物一般为 NH_4^+。按照产生 N_2的需求，在电催化降解硝酸盐反应过程中，引入膜将阴阳极分开形成两个隔室，这样就同时发生硝酸盐的阳极氧化和阴极还原。有关研究结果表明，活性氯的存在可以使 NH_4^+在被氧化成 NO_2^-之前，被活性氯捕获并定向氧化为 N_2，并且在此过程中活性氯可以直接由体系中的氯酸盐电氧化产生，减少了余氯的产生。

在水处理中，活性氯组分($HOCl/OCl^-$)被广泛地应用于水中低浓度的氨氮的氧化降解。因为活性氯具有一定的氧化能力，可以和水中低浓度的可溶有机物生成有机氯副产物。在近几年，美国采用氯胺代替接近一半的传统氯氧化过程用于水处理。因此，余氯问题在一定程度上已经不是问题。

催化还原去除水中致癌阴离子主要以氢气作为还原剂。中国科学院金属所李琦研究员及研究团队采用甲酸作为还原剂前驱物，在催化作用下甲酸分解产生的活性氢气作为还原剂实现硝酸根的催化还原，通过引入银元素对纳米钯颗粒进行功函的调整，提高了其催化还原的效率以及反应选择性。制得的催化材料连续催化 10 d，可以稳定将矿泉水中的溴酸根完全去除。基于此，已经在矿泉水生产线的催化还原溴酸根设备得到应用。晶面对催化选择性和活性具有重要影响，因为均相反应趋于在表面的原子上发生。因此，晶面的调控直接影响着硝酸根的还原，前期实验证明在铂电极上发生的硝酸根还原过程是结构控制的。但是，其反应动力学表明其他离子在表面的竞争影响。不同的催化反应对于不同的晶面敏感，取向晶面可以选择性地还原 NO_3^-到 N_2，例如(111)平面可以选择性降解还原 NO_3^-产生氮气，通过 Duca-Feliu-Koper 机理作用，晶体缺陷可以再次将 N_2还原。更好地理解晶面在硝酸根还原过程中的作用，可以更好地调控材料的合成，促进其应用。

电催化还原硝酸根可以发在一个很宽的 pH 值范围内，通过能斯特方程可知氢气的产生调控着反应体系的 pH 值。在酸性和碱性条件下氢气产生效率不同直接制约着其电流效率。而 pH 值的变化不仅影响着电子在电极体系中的传递和转移，同时也制约着氮物种的分配，如图 2-4 所示。

图 2-4　水中含氮物种的 pc-pε 图与商业化电解脱硝酸盐装置

此外，溶液 pH 值还制约着产物的转化选择性，Xing 等研究表明，在碱性条件下，NO_3^-的还原产物主要为 N_2，N_2O 和 NH_4^+。在 Pt/Sn 电极研究过程中，Koper 课题组发现，当 pH 值为 1 时 NO_3^-的还原产物主要为 NO，当 pH 值大于 3.6 时 NO_3^-的还原产物主要为 N_2。因此在实际应用中要研究不同 pH 值体系探究其最佳应用条件。

2.2.2　浮游生物：藻类与剑水蚤

《中国气候变化初始国家信息通报》调查结果显示，中国北方湖泊水库及湿地的数量和面积在不断减少，蓄水和调洪能力持续下降，为藻类的繁殖提供了条件。藻类是一种低等植物，它们的种类很多，有单细胞，也有多细胞。按照其形态构造、色素组成等特点，藻类可以分为十纲。湖泊藻类主要涉及蓝藻门、绿藻门、甲藻门、硅藻门、裸藻门、金藻门、黄藻门和隐藻门等，一般来说北方典型水源地水体中所含的藻类主要为蓝藻和绿藻。

蓝藻以单细胞或丝状的群体(由许多个体聚集而成)存在，其细胞中除含有叶绿素等色素外，还含有许多蓝藻素，因此藻体呈现蓝绿色，有时带黄褐色甚至红色。在水池、湖泊中生长茂盛时，能使水色变蓝或其他颜色，有时蓝藻能发出草腥气味或霉味。蓝藻能适应的温度范围很广，在温度高达 85 ℃的温泉中能大量繁殖，在多年不融化的冰上也能生长，但一般喜欢生长在较温暖的地区或一年中温暖的季节。湖泊中常见的蓝藻有铜绿微囊藻、曲鱼腥藻等。在污水中或潮湿的土地上常见的有灰颇藻和大颤藻。

蓝藻是引起水体富营养化的主要藻类之一。7—9 月的供水高峰期也是其生长旺期，它是过滤装置的主要障碍物，可以穿透滤层恶化水质。有些蓝藻大量繁殖时，对牲畜有毒害作用。

绿藻是一种单细胞或多细胞绿色植物。有些绿藻的个体较大，如水棉、水网藻等，有些则很小，必须用显微镜才能看见，如小球藻等。其细胞中的色素以叶绿素为主，并含有叶黄素和胡萝卜素。有的绿藻有鱼腥或青草的味道。绿藻大部分生长在微碱性环境中。常见的绿藻主要有小球藻、栅藻、衣藻、空球藻和团藻等。

硅藻为单细胞或多细胞的群体，细胞内含有黄色素、胡萝卜素和叶绿素等。它的主要特点是细胞壁中含有大量的硅质，形成以各有两片合成的硅藻壳体。水中常见的硅藻有纺捶硅藻、丝状硅藻、旋星硅藻和隔板硅藻等。其适宜在较低的温度中生长，在春秋两季和冬初生长最好。硅藻能大量穿透滤层，恶化水质。在混凝过程中，这种藻类能阻止絮凝体的生成，影响混凝效果。

一般的微污染水源中所含的藻类为蓝藻、绿藻和硅藻，随季节和温度的变化呈现明显变化，春秋季节，绿藻会急剧增生，而在温度较高的季节蓝藻和绿藻的数量会占优势。大量未除去的藻类进入滤池，会黏附在滤料表面，使滤料结块或堵塞滤池，缩短滤池过滤周期；由于水中大量藻类、有机物和氨氮的存在，使得混凝剂和消毒剂用量大大增加，提高了制水成本。此外，藻类及其代谢产物、水生腐殖酸是饮水氯化消毒生成致突变物的重要前体物。消毒剂用量的增加会导致水中消毒副产物含量的进一步增加，造成制水成本的增加和饮用水卫生学等诸多问题，具体如下。

① 臭味：富营养化的湖泊都存在着不同程度的臭味，不同藻类会引起不同的臭味。

② 藻毒素：某些藻类在一定的环境下会产生毒素，主要包括作用于肝脏的肝毒素，作用于神经系统的神经毒素，位于细胞壁外层的脂多糖和内毒素，引起炎症的皮肤毒素等。

③ 消毒副产物的前体物：水中有机物是产生消毒副产物的母体物质，在氯消毒过程中不但会产生挥发性较强的三卤甲烷，而且会产生危害更大、沸点较高的卤乙酸等三致性更强的卤代有机物，使饮水致突变性提高，饮水安全性下降。加氯前实验呈阴性的藻类培养物在加氯后呈阳性，氯化后离心上清液的致突变强度高于细胞培养物的致突变强度。穿透滤池进入管网的藻类和水中残留的生物可同化有机物作为微生物繁殖的基质，促进细菌生长，甚至可能在管网中滋生较大的有机体如线虫和海绵动物等。

就我国北方而言，天然水中的藻类国内发现较多的是绿藻中的大型水绵藻，容易造成常规水系统的堵塞；硅藻中脆杆藻对混凝沉降影响较大；蓝藻中的铜绿微囊藻、水华鱼腥藻和水华束丝藻易产生藻毒素。同时藻类与放线菌、真菌等属于致臭的微生物，不论是硅藻还是绿藻(如针杆藻、颤藻等)都被发现会引起水体的臭味。在北方一般春季发现硅藻比较多，夏季的绿藻比较多，蓝藻比较少。

参考各地应急处理有效方法，对低浓度藻类可以利用二氧化氯预氧化，在进水厂时加入即可，加入量在 2 mg/L 左右；采用高锰酸钾和粉末活性炭联用，高锰酸钾的加入点最好在取水口，加入量在 1 mg/L 以下，粉末活性炭在 80 mg/L，可以在水厂加入，时间差控制在 2 h 以上效果比较好，具体的加入量需要由试验确定。预氧化法的缺点是化学氧化导致藻体破裂，60%～80%藻内毒素释放到水体中。常规工艺比较有效的是利用预氧化和强化混凝联合使用。而采用二氧化氯预氧化结合铁盐作为混凝剂在国内外研究报道和实践中被认为比较有效。

近年来，由于水源水体日益恶化，导致原本是普通种群的剑水蚤类浮游动物开始季节性快速、大量滋生，穿透滤池进入城市管网，给城市水处理带来困扰。在东北有记载的淡水桡足类生物有哲水蚤目、剑水蚤目和猛水蚤目，至少发现有 24 属，50 多种。哲水蚤在黑龙江和吉林较多而辽宁省较少，辽宁比较多的是剑水蚤和猛水蚤。三者体型上的区别为头大的是剑水蚤和哲水蚤，而前后等宽的为猛水蚤。辽宁省淡水剑水蚤文献记载 1932 年于沈阳发现剑水蚤、1934 年皮口地区地下发现剑水蚤，1965 年抚顺劳动公园荷花池内有剑水蚤（见图 2-5）。剑水蚤个体较小，体壁坚实，呈肉白色，是诸如裂头蚴、绦虫等寄生虫幼体的中间宿主，是一种致病微型生物。在天津、石家庄、哈尔滨宾县、吉林等城市都曾出现过剑水蚤污染水源水，威胁饮用水安全的事件，不仅污染水质、水构筑物附着，甚至尸体发出臭味等，危害较大。

剑水蚤作为生物多样性和生态系统食物链的重要环节，在“TEP→绿藻→剑水蚤→蜻蜓的幼虫→小鱼→大鱼”这条食物链中，既是生产者也是消费者。是水体中的自然生物，尤其在温度和水体营养合适条件下会自然存在。一些国家水源水体富营养化时间早于中国，剑水蚤的污染问题也是先在国外水厂中发现的，虽然采取了一些措施，但是对剑水蚤的去除效果有限。在阿根廷 Potableillisation 水厂里，通过澄清及过滤工艺来去除浮游生物。为了有效地去除水中的剑水蚤，各国研究人员还研究开发了许多不同的灭蚤方法。尼日利亚西部为控制几内亚蠕虫的中间寄主剑水蚤，运用了不同的方法组合，使用一种有机磷化合物来杀死剑水蚤，并使用织物类过滤器来去除剑水蚤。在印度，为控制致病寄生虫的中间寄主剑水蚤，研究出一种有效地去除井水中剑水蚤的水过滤器，但只对较小水量有一定作用。有人认为采用超声波技术也是一种有效的去除方法，但其应用性还有待研究。

我国研究人员通过氧化杀灭、改变和完善水处理工艺技术、生物操控技术等对去除剑水蚤进行了研究。林涛等人重点研究了液氯、臭氧、二氧化氯、高锰酸钾等预氧化剂在不同药量、pH 值、有机物浓度等条件下对剑水蚤的灭活效能，发现二氧化氯投加量在 1.0 mg/L 时可达 100%的灭活率，且灭活效果受水体 pH 值、有机物浓度的影响较小，采用二氧化氯预氧化与水处理澄清工艺联合作用能安全彻底去除剑水蚤。崔福义课题组研究发现，与氯气相比，二氧化氯对剑水蚤具有更显著的灭活作用，在较低的投加量（1.0 mg/L）下，接触 30 min 就可以达到 100%的灭活率。当水体 pH 值为 5.7~8.0 时，灭活效果不受影响，但 pH 值为 9.8 可以导致灭活率降低 10%。有机物含量对灭活率产生显著影响，有机物含量增加，则灭活率降低。混凝烧杯试验表明，二氧化氯投加量为 0.9 mg/L 时，其二氧化氯预氧化与混凝沉淀的协同作用将完全去除原水中的剑水蚤。有研究指出适宜剑水蚤繁殖的水体条件是：COD_{Mn} 5.8～11.4 mg/L、TN 0.53～0.77 mg/L、TP 0.025～0.042 mg/L、水温 15～20 ℃、光照 12 h/d，影响剑水蚤繁殖速度的因子重要程度依次是：温度、水中营养物质、光照。有文献认为藻类、氨氮和总磷丰富的水体出现剑水蚤更多，也有人认为比较干净时的水体剑水蚤的比较多。某些地方发现两种情况均存在，有些体型大的剑水蚤达到 4～6 mm。

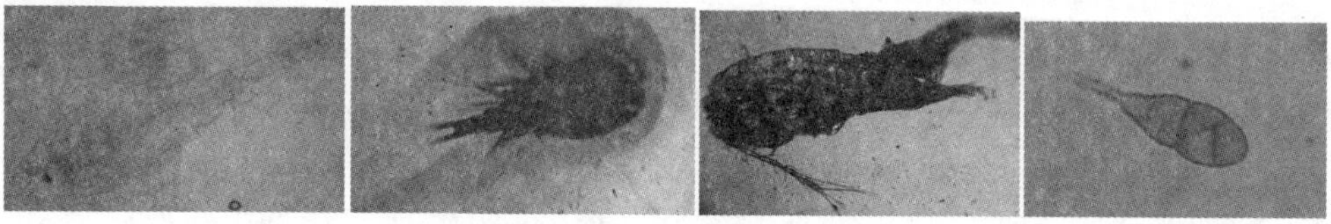

图 2-5　辽宁某水厂的剑水蚤活体和杀灭后显微镜照片

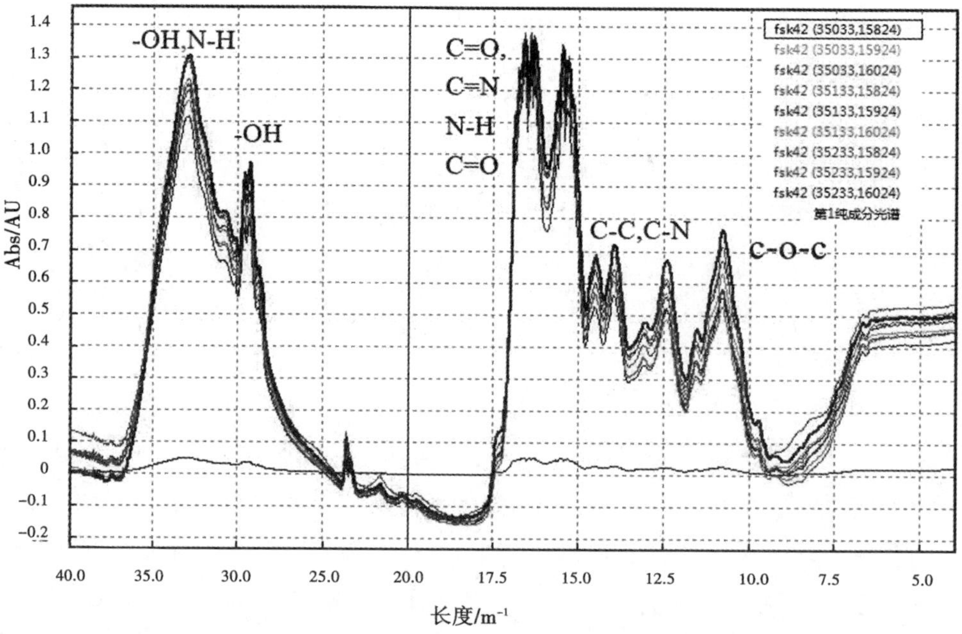

图 2-6　剑水蚤单体的 ATR-IR 分析（主要是白蛋白和角质蛋白组成）

剑水蚤的处理方法有以下 3 种：生态处理、物理拦截和化学灭杀。其中生态处理从水质安全角度比较合适，但是主要依靠水源地治理，难以实施和控制；化学方式最为方便，但潜在的危害最大。相对而言物理筛网过滤比较安全，最早作为鱼食捕捞方法，在水厂中使用也比较多，比较有效。首先是水源地与取水点的源头控制，剑水蚤作为水生物食物链的一个重要环节，主要可以通过养鱼的生态护理和增加拦网，完善取水点等方式减少其进入管网流入水厂。也有报道使用适量的药剂，在进行管网前一定区域内加药杀灭处理。其次是管网中处理，主要以加入化学药剂为主，有高锰酸钾、二氧化氯、次氯酸钠和臭氧等氧化剂和硫酸铵、氨水、氯胺等抑制剂，其不利因素主要是药剂对管网化学腐蚀和影响。最后是水厂处理，采用管路绢网过滤，有效的过滤网目在 80～100 目(150～180 μm)，过多的剑水蚤可以考虑 40～60 目(250～450 μm)预处理，针对更小可以进一步采用细沙或多层过滤的方式。加药处理氧化剂主要考虑药剂浓度与时间关系，二氧化氯、氯气和臭氧的时间短，但气味扩散影响环境，次氯酸钠和高锰酸钾味道小，作用时间长；化学法产生三氯甲烷副产物危害水质是另一问题。氯胺法相对比较安全，尤其是采用在氨水或胺盐原先加入抑制剑水蚤的活性，采用混凝或吸附混凝强化沉降进入污泥，采用细沙或多层过滤强化过滤和折点加氯脱氨消毒。辽宁省某市水厂利用 60～80 目的筛网进行预处理取得了较好的效果。水温在 15～20 ℃波动上升是剑水蚤大量滋生的征兆，通过监测水温变化可以预警水蚤污染暴发，从而提前准备并采取控制措施。

2.2.3　季节性问题：低温低浊水与化学污染

浊度是生活饮用水卫生标准基本指标之一，低于 1NTU 的水有利于防止致病微生物(病菌、病毒、致病原声动物)的传染，保障供水安全的措施之一就是降低出水浊度。作为水源水，较低的浊度则加大了水处理难度。一般认为浊度在 20 NTU 上下的水为低浊水。上海市政工程设计研究院提出将水源依据浊度高低分为高、中、低三类，其中，目前较多的文献中都认为低浊度水源指的是浊度低于 30 NTU 的地表水。

常规水处理工艺受到水源水质和地理因素等的限制，具有参差不齐的净化效果。我国北方地区入冬后气温急剧下降、地表径流量随之大幅减少及水体进入长时间封冻状态等因素，造成了北方地区水体在冬季的长期低温低浊状态，低温低浊水由于其特殊的水质条件，对混凝、沉淀、过滤、消毒 4 种最基本的常规给水处理工艺均存在着不同原因与不同程度的负面影响。

(1)低温低浊状态对混凝的影响

低温条件对混凝剂水解程度具有影响，由于无机金属盐混凝剂的水解过程是吸热反应，低温条件下混凝剂水解不完全，为达到常温状态下的相同效果，需增大混凝剂投量，同时由于低温状态下混凝剂投量的增加，使得水中未发生有效水解的残余金属离子浓度升高并具有超标的风险。另一方面是低温低浊状态对混凝动力学条件所产生的影响，由于低温低浊水具有黏度大、颗粒物少且胶体稳定性较高等原因，使得水体中颗粒物碰撞概率降低、胶体难以脱稳、同向异向絮凝与絮体的形成和生长均受到抑制，进而影响混凝效能，降低净水效果。

(2)低温低浊状态对沉淀的影响

低温低浊状态对混凝工艺所产生的不利影响会随着水处理工艺之间的客观连续性发生传递，并对后续工艺的处理效果继续产生影响。由于低温低浊状态下混凝效能不佳，混凝过程中形成的微小絮体之间难以相互团聚成为大絮体，且由于低温状态下水的黏性较大，水体对絮体运动产生较大的阻力，进一步影响絮体的聚集沉降性能，降低絮体的截留沉速，从而对沉淀效果产生不利影响。

(3)低温低浊状态对过滤的影响

滤池主要通过截留及吸附作用对沉淀处理后的水体进行过滤，以去除其中没有沉降下来的微小颗粒与絮体。在低温低浊条件下，混凝中所生成的大量微小絮体在沉淀过程中不能够得到高效沉降，使得进入滤池的沉后水中携带有大量的微小絮体，由于絮体颗粒粒径很小且低温水的剪切力较大，使得滤池难以有效截留或吸附水中的小颗粒絮体，增大了絮体穿透滤层的可能性，降低了过滤效果，影响滤后水的水质。

(4)低温低浊状态对消毒的影响

低温低浊状态往往伴随着水体有机物含量升高等水质特点一同出现，此时前序处理工艺因低温低浊状态而不能达到正常处理效果，会导致即将进入清水池进行加氯消毒的滤后水中有机物浓度仍处于较高水平，若在此种有机物含量较高的条件下进行消毒，为维持水中余氯浓度符合标准中的限值需增大氯消毒剂的投加量。同时由于消毒过程中活性氯对水中的有机物发生的复杂氧化反应，滤后水中有机物浓度越高，其对应的消毒副产物生成势越大，造成三卤甲烷(THMs)、卤乙酸(HAAs)等消毒副产物的生成量增大，随之带来更高的健康风险。

水源特性：湖库水、山区溪流被越来越多的城市选为饮用水水源，而这些水源大多属于低浊度水源，常年浊度都很低，低浊度水源水水质的物理化学特性具有颗粒物浓度低、耗氧量低、碱度低、Zeta 电位低、黏度高等特点。在我国北方冬季，水源水处于低温低浊状态，在南方地区，低浊度水源水中大部分有藻类滋生，而近年北方低温季节的氨氮、铁、锰等污染物等也对水源水造成不同程度的污染。总体上在低浊条件下，江河水碱度、pH 值偏低；水库水氨氮、有机物、微生物、铁、锰和藻类含量往往较高。尤其东北地区在 12 月到来年 4 月之间，水质总体良好，原水除大肠菌群外，其余水质指标符合Ⅱ类水标准。原水中氨氮含量在每年 12 月到来年 4 月处于较高水平，并在 4 月份达到最大值，在低浊期原水 COD_{Mn}相对稳定且保持较低水平。由此，大体上目前低浊度水源又可以分为三类，常规低浊水、低温低浊水和微污染低浊水。

低浊度水源水难处理的原因：低浊水之所以难处理，主要与其浊度低、温度低、低浊水中污染物以及波动的浊度有关。

水温低会导致水的黏度、水中气体的溶解度、微粒布朗运动、胶体颗粒水化作用、混凝剂水解反应效果和 Zeta 电位等发生改变而影响处理效果。低温低浊，从化学或动力学方面都会影响混凝和沉淀效果。低温时，气体溶解度增大，絮凝体周围吸附大量溶解气体，使形成的絮凝体密度降低，难以沉淀；低温时，水的黏度增加，水流增大的剪切力对絮体的撕裂作用增加，絮体变得细小松软，密度变小，沉降速度减慢，混凝效果变差；低温时，微粒布朗运动减弱，碰撞机会减小，难以凝聚形成大矾花。胶体的溶剂化作用也增强，水化膜加厚，黏附强度降低，影响凝聚；混凝剂水解吸热，根据范特霍夫法则，低温反应水解平衡常数小，水解反应速度慢，混凝剂水解不完全；低温时，胶体颗粒 Zeta 电位高，排斥势能大，相互接近需克服较大位能，不利于碰撞凝聚脱稳，加之碰撞概率小，高分子空间网格交联键也容易被破坏，难以形成絮凝体。

污染物的不利影响：除一般杂质颗粒外，低浊原水中往往还含有溶解性有机污染物。溶解性有机物使胶体表面电荷显著增加，影响颗粒间的结合，由于低浊水中微粒尺寸较小，这种作用就更为明显。

目前国内外部分地区采用加强混合反应、接触过滤和直接过滤工艺处理低浊水。Zouboulis 采用常规工艺与微絮凝直接过滤两种工艺比较 PAC 与 $Al_2(SO_4)_3$对低浊水的除浊效果，PAC 处理低浊水效果更好，出水浊度低至 0.1 NTU，且微絮凝工艺效果要好于常规工艺。Ali 采用天然混凝剂来处理低浊饮用水原水，处理效果好，药剂用量少，生产成本低。西宁市采用增效澄清池处理低温低浊水，在 PAC 投量为 7~9 mg/L，PAM 投量为 0.45 mg/L，搅拌强度 600 r/m，污泥回流比为 1.47%~1.9%的条件下，澄清池出水浊度低至1 NTU

左右，处理效果较好。

同时膜技术的发展给低浊水处理带来了较大的发展空间，瑞士 Jurassic 山区水源浊度低(5 NTU 以下)，时有突变，并有 NOM 的泉水，Piantad 等学者采用微滤、超滤膜及投加粉末活性炭的方法，结果显示，经该处理工艺处理，滤后出水水质较好并且十分稳定。Sohn 等对韩国部分水厂运用 DAF 工艺现状进行了调查，结果显示，2003—2006 年 DAF 在这些水厂运行效果较好，出水浊度稳定在 0.02~0.09 NTU。Pryor 等针对浊度 10 NTU 以下，含有大量 NOM、无机物和金属离子低温低浊地表水进行超滤中试实验，3 年的连续实验运行结果显示超滤处理后出水水质完全达到生活饮用水卫生标准。

Green 在原水温度 3.3~20 ℃，浊度 0.6~15 NTU 的条件下对 4 条水源水质相近的河流进行中试研究，采用聚砜中空纤维膜超滤处理后出水水质稳定且浊度在 1 NTU 以下。有报道采用膜生物反应器处理低温低浊的松花江水，在不使用混凝剂的条件下，膜反应器除浊率达到 90%以上。而近年的无机陶瓷膜发展对低温低浊水的处理实验结果表明也可以满足国家标准。膜处理技术中不论是微滤、超滤还是反渗透技术，渗透率下降影响产水效率和装置负荷影响水量已成为主要问题。

当然，常规工艺的低温低浊处理的经验表明，增加药剂量和改善药剂的品质也是一个有效的办法，同时可以通过废水回用和污泥回流，充分利用废水中的胶体颗粒和剩余药剂，改善混凝效果，从运行经验中以低温低浊水为原水的净水厂回用比例最高为 87.5%。但是废水回用并非稳定的、定量的。生产废水并非每天都回收利用，一般是回收水池有排泥水时静沉一段时间后回用上清液，且回用比例不固定。

目前的主要问题是含有微污染的低温低浊水处理，如果采用废水回用或污泥回流的方法，会增加处理负荷，采用高密沉降池和中置式高密池，一般只回用很少一部分污泥。有专家提出加强对生产废水的具体水质特性研究，尤其是从回用水水质安全性。

而直接过滤或慢滤处理，牺牲水量并不是关键因素，因为冬季北方的用水量偏少，一般水厂可以应对。主要问题是微污染水时，藻类水会堵塞滤池，缩短过滤周期，增加反冲洗次数和水量，其混凝络合物易穿透滤池，影响出水水质，腐蚀管网引起二次污染，还会产生臭味物质和藻毒素(见图 2-7)。

单独过滤处理低温低浊水，含有微污染导致的新问题，而预氧化法会导致

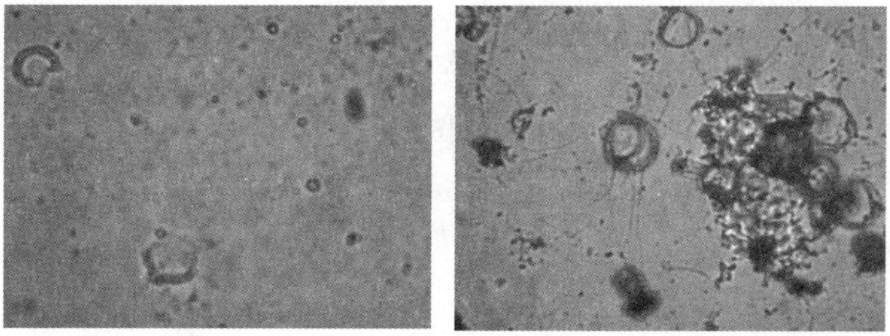

图 2-7　辽宁某水厂利用水库水源的水中藻类和滤池藻类镜检分析

藻毒素的升高，所以目前的难点实质上不是单独的低温低浊水处理问题，而是同时面临的长途引水问题，应加以注意。直接过滤的缺点在于受截污量的限制，不能处理高浊度、高色度或浊度及色度都较高的水质，而且由于原水经混凝后直接过滤，没有传统的沉淀缓冲作用，滤床熟化慢而停留时间短，因此，对絮凝及其化学条件要求严格。

藻类代谢物尽管浓度很低，但是会产生臭味物质，净水厂水样中 2-甲基三硫醚、2-甲基二硫醚和吲哚是造成腥臭味物质，而 2-甲基异莰醇和土臭素是土霉味的主要致臭化合物。

2.3　深度处理技术

饮用水的质量对公共卫生至关重要，水污染引起的感染会造成腹泻。化学污染仍然是一个令人关切的问题，接触饮用水中的化学品可能导致一系列慢性疾病（如癌症和心血管疾病）、生殖不良后果和对儿童健康的影响（如神经发育），以及其他健康影响。

高级氧化技术是强化分解水中高稳定性有机污染物（例如农药和卤代有机物）的一种有效方法。针对目前面临的水源污染现实，结合我国水源水质的特点，深度处理技术是可考虑的处理工艺。

2.3.1　活性炭臭氧技术

臭氧-活性炭工艺将臭氧氧化、活性炭吸附、生物氧化降解、臭氧消毒等功能合为一体，因其除污高效性而成为当今各国饮用水深度处理的主流工艺，该工艺能有效去除水中的总有机碳和氨氮。1961 年，德国慕尼黑第一次使用了臭氧-生物活性炭联合技术，自 20 世纪 60 年代以来，臭氧-生物活性炭已被美国、日本、加拿大、欧洲等技术先进国家和地区广泛应用到饮用水的深度处理工艺中，并且取得良好的净化效果；在南非、纳米比亚、中国等发展中国家的应用也较为广泛。

德国慕尼黑多奈水厂为了解决折点加氯带来的 THMs 和总有机氯化物超标的问题，以臭氧活性炭为核心进行水厂工艺改造。改造工艺后，活性炭滤池前预投加臭氧替代原有折点加氯，提高有机物和氨氮的去除率，降低出水有机氯化物，延长活性炭再生周期。为解决活性炭污染严重，易吸附饱和等问题，有些水厂采用多级臭氧与活性炭联合使用工艺，提高出水水质，并延长活性炭使用寿命。如巴黎 Choisy-Le-Rei 水厂在已有的沉淀和 BAC 前两次分别投加臭氧，大幅度提高出水水质，降低水中的 DOM 含量。巴黎 Mery-Sur-Oise 水厂在处理系统中分别在进水、源凝和活性炭 3 个位置投加臭氧，可提高 DOM 的可生物降解性，有助于提高混凝效果，提高活性炭对 DOM 的吸附效果。多次投加臭氧替代了原有的预氯化工艺，大幅度降低了出水有机面化物含量。在日本，北谷净水厂、金町净水厂和柏井净水厂等水厂为去除异嗅、异味、霉味、DOC、COD_{Mn}和 THMs 前驱物质等不同目的，均采用了臭氧-活性炭联用工艺。

臭氧-活性炭联用深度处理技术是首先从欧洲发展起来的，经过多地长时间检验。该法采取先进行臭氧氧化之后再进行活性炭吸附，在活性炭吸附中又继续氧化的工艺过程。臭氧活性炭是保证饮用水安全的有效技术，臭氧和活性炭两者联用，可以在活性炭上浓缩氧气，浓缩有机物、微生物，使活性炭成为生物炭，也即在炭的凹洼处、大孔处由微生物结群与分泌物一起形成生物膜，活性炭的生物膜有降解水中有机物的作用，在活性炭吸附与脱附有机物过程中起着再生的作用。该方法能充分发挥两者的优势，同时提高了处理效率，延长了活性炭的使用寿命。北京田村山水厂是国内臭氧活性炭应用的典型代表，田村山水厂原水受农药、氨氮等污染，在考虑到若单独臭氧氧化处理，需要臭氧投加量(大于 4 mg/L)，能耗高，处理成本高，不经济。若单独活性炭吸附处理，对活性炭污染严重，使用周期短(2~4 个月)，活性炭再生或者更换成本太高。最终采用臭氧-活性炭联用改造原有工艺，不仅达到了较好的出水水质，而且经济可行。昆明市第六水厂应用臭氧活性炭，出水色度与臭味有显著的降低，出水 DOC 等也均有明显的降低。近年来国内有多家，水厂采用该工艺，大部分集中在南方。

总体而言，臭氧-活性炭工艺对总有机碳(TOC)的去除率为30%~75%，对氨氮的去除率为70%~90%，同时对除草剂、水体中的霉臭味也有很好的去除效果。臭氧可使水中的大分子有机物转化为小分子有机物，改变其分子形态结构，这不仅能提高有机物进入较小孔隙的可能性，还可以提高有机物的可生化性，能充分发挥活性炭吸附作用和生物降解作用，同时提高溶解氧含量以促进附着微生物的代谢活性，从而达到提高出水水质的目的。

2.3.2　膜技术

膜技术是在1920年以后逐渐形成的，目前在多个领域里中都得到了广泛的应用，兼有分离、浓缩、纯化和精制功能，而且与萃取、沉降等传统的分离技术相比具有高效、节能、环保、分子级过滤以及易于控制等特点。

水处理行业中，膜技术的应用已经涉及海水淡化、工业废水处理以及城市废水资源化等，最广泛的就是饮用水的净化。目前世界上许多发达国家如美国、法国、澳大利亚、日本等国家在饮用水处理时已把膜分离作为优先考虑的方案。有资料统计，如今全世界每年的膜产品消费金额高达百亿美元，且年增长率在20%左右。鉴于膜分离技术的举足重轻的地位，国内外把它的发展称为“第三次工业革命”。

分离膜既有固体形态膜，也有液体形态膜，其中大部分是有机高分子固体膜。无论何种形态，首要条件是所被分离物质对其具有选择性的滤过性。膜技术运用相当灵活，可以根据不同的材质或结构而选择不一样的操作系统。膜技术最大的特点是利用动力操作，推动力也呈多样化，或是压力差，或是温度差，或是浓度差，亦或是电位差，根据不同的分离体系和用途可以选用相适应的膜分离技术。膜分离技术一般根据所需能量进行分类，一般来说，可以分为以下几种：微滤、超滤、反渗透、纳滤、透析、电渗析、渗透气化等。

(1)微滤

微滤(micro filtration，MF)又称微孔过滤，属于精密过滤，能够截留较大的颗粒，如砂土、黏粒等，同时较小的物质如隐孢子虫、贾第鞭毛虫等也会被截留。膜的物理结构、孔径的大小、孔的形状是决定分离效果的主要因素。目前所应用的MF膜有近20种规格，孔径为0.025~14 μm，膜厚度为120~155 μm。

目前微滤技术在全球的应用市场非常大，去除微生物可以应用MF技术，制备纯水也能应用微滤技术。微滤-臭氧活性炭工艺在净水厂中应用较多，目前在澳大利亚就建有拥有这样技术的大规模净水厂。用陶瓷膜错流微滤在饮用水和城市污水处理应用逐步增多，与臭氧结合的工艺逐渐被人们研究和深入的了解，应用将会更加普遍和广泛。

(2)超滤

超滤(ultra filtration，UF)可截留水中胶状分散体大小的颗粒，但是水、低分子溶质却不会被膜截留，以筛滤为主。19 世纪中期，Schmidt 在有一定压力的条件下，使用棉花胶膜进行溶液的过滤，截留蛋白质等物质，达到了溶液与其分离的效果，其过滤精度远超滤纸，于是他提出超滤这一概念。到了 1896 年，世界上第一张人工超滤膜由 Martin 制造出来；20 世纪 60 年代，分子量级概念的提出，是现代超滤的开始，70 年代和 80 年代进入高速发展期，90 年代以后超滤技术开始趋于成熟。我国对超滤技术研究则较晚，在 70 年代还处于研究阶段，直至 80 年代末，超滤技术才进入工业化生产和应用阶段。超滤是在一定压力下生成动力而实现分离的膜技术，它的本质是加压膜技术，截留大分子物质，允许小分子物质和溶剂通过。超滤微孔一般要求孔径小于 10 nm，能够滤除水中绝大部分的胶状分散体及微生物等物质，而水体中原有的矿物质及微量元素却不会被滤除。

在水处理方面，由于超滤技术具有操作过程简单、可常温操作、低耗能高效率、低压运行并且设备占地面积小等优点，已经被广泛应用于溶液的分离与浓缩、水质净化、从废水中提取有用物质以及废水净化再利用等领域。

(3)反渗透

反渗透(reverse osmosis，RO)与超滤不同，它的推动力是利用压力差，分离溶剂与溶液。操作过程中只对膜一侧的液体加压，在压力大于渗透压的条件下，溶剂会逆向渗透，最终在膜的低压侧与高压侧分别得到渗透液与浓缩液的过程。利用 RO 分离海水，分离操作后在膜的高压侧和低压侧分别得到浓度高的卤水和淡水，操作简单，设备经济，是目前脱盐和淡化海水的有效手段之一。

(4)纳滤

纳滤(nano filtration，NF)是利用压力驱动，介于 RO 和 UF 之间的一种膜分离过程，纳滤膜的孔径范围约为几个纳米单位。纳滤分离技术类似于机械筛分，但纳滤膜的本体具有电荷性，这是其即使处在低压条件下，脱盐能力依然较高的重要原因。纳滤技术是基于反渗透技术，多应用在在抗生素、多糖、水软化、染料等的纯化、浓缩和分离等领域。近年来纳滤技术在生物分离中的研究逐渐成为热点，在水处理方面，NF 主要应用于工业废水的处理，如处理金属加工业、电镀工业以及纺织业的废水，其对一般重金属的截留率能达到 90%以上，同时能去除各种染料成分；NF 还可以用于处理饮用水，特别是对有机物的去除效果显著。NF 是由 RO 的研究发展而来的，如二醋酸纤维素(CA)和三醋酸纤维素(CTA)膜、芳族聚酰胺复合膜和磺化聚醚砜膜等。小分子的有机物能被纳滤膜去除，此外，纳滤技术特别适合用来分离硬度较大、色度较深、臭味指标严重超标的水体，例如纳滤技术已经应用在日用化工废水处理、石油工业废水处理、杀虫剂废水处理、化纤和印染工业废水处理、生活污水处理、电厂废水处理、酸洗废液处理以及造纸污水处理等。但是目前由于纳滤膜的制备技术尚未成熟，造价较高，因此，寻找价格更低、性能更优、参数更准确的材料，是 NF 在各个领域能否得到广泛应用的关键所在。纳滤的膜孔径一般为 1~2 nm，能够截留分子量在 80~1000 范围内的物质，常用于去除地表水的有机物和色度，脱除地下水的硬度，部分去除溶解性盐等。同时，应用纳滤膜分离技术后，能够有效地减少余氯含量、三卤甲烷以及 DOC 水平，还可以降低生物降解型溶解有机碳的含量，因此在饮用水、工业用水的纯化和废水净化处理中被广泛使用。

微滤、超滤、纳滤和反渗透的作用示意图如图 2-8 所示。

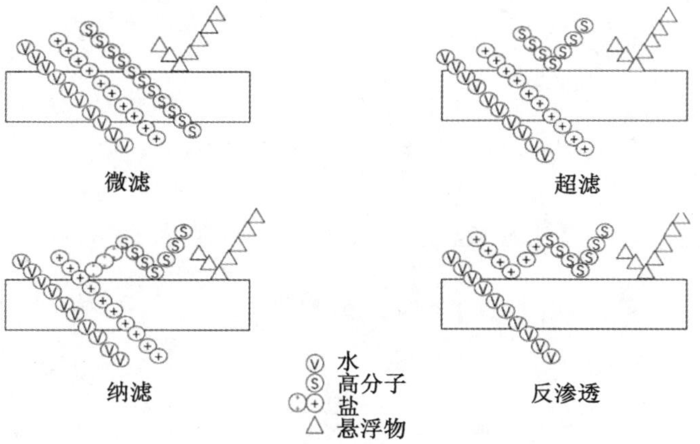

图 2-8　各种膜渗透过程示意图

纳滤与反渗透的区别主要是对二价以上的离子进行净化，而对一价的离子部分净化。综上所述，在选择净水工艺之前，需要先了解当地自来水的水质，依据不同的水质，选择不同的工艺。虽然纳滤工艺是推荐使用的工艺，但针对不同的水质，纳滤工艺的选择和纳滤膜的选择会有所不同，法国 Merysurise 水厂用纳滤去除杀虫剂，然后与臭氧-生物炭出水勾兑后供水。

在饮用水的深度处理中，膜技术得到了越来越多的应用。国内外最新的膜处理技术主要是微滤、超滤、纳滤和反渗透。单独微滤、超滤膜主要依靠物理截留作用，较好地去除尺寸大于膜孔径的颗粒物、微生物、藻类等污染物。超滤能够满足更广泛的水源水质要求，对各类有机物有较高的截留作用。

国内经济发达的地区水厂已经实施深度处理如臭氧-活性炭、膜技术和高级氧化技术消毒等，供水、净水和经济发展息息相关。随着人们健康认识和需求提高，在饮用水处理中逐步形成常规饮用水处理工艺落后于需求的特点，需要考虑成本承受能力下的技术发展，以满足人们日益增长的健康要求。中国工程院院士曲久辉提出“物理技术是值得关注的清洁水处理方法”的观点，新型吸附剂和过滤材料的发展和实施有利于提高水质安全。同时以物理方法为主的绿色制水工艺，应当是未来水厂发展的趋势。

第 3 章　强化混凝与吸附-混凝协同技术

基于现在普遍采用的常规处理工艺，经常面临多水源变换、水质污染的问题，同时饮用水水质标准逐步提高，水质问题已成为制约经济发展和社会稳定的重要因素。经过多年的研究和实践证明，采用强化混凝和适当的预处理以及吸附-混凝等工艺组合技术不仅可以解决水质问题，同时在设备和基建投资费用方面以及运行成本方面较膜法等也有一定的优势。如增加混凝剂投加量、调整 pH 值、预氧化处理投加高锰酸钾复合药剂和二氧化氯以及投加粉末活性炭(PAC)等吸附剂，其特点是易与现行处理工艺结合。而要求普遍增加深度处理大幅度的技术更新，结合经济实力和时间等因素难以在短期内实现，因此强化混凝与吸附-混凝技术仍然是相当长一段时间内解决水质问题的重要技术之一。

3.1　预氧化处理

预处理技术或者单独使用，或者与其他技术联用，被广泛地应用在现阶段的水处理工艺中。预处理氧化法中又可以分为化学氧化法和生物氧化法。在北方低温环境下常用的方法是化学预氧化技术。化学预氧化技术是指依靠氧化剂的氧化能力，分解破坏水中污染物的结构，达到转化或分解污染物和将低价金属离子氧化成高价而便于转化为不溶解物质的目的。目前采用的方法有氯气预氧化、臭氧预氧化、高锰酸盐预氧化等。

3.1.1　预氯氧化预处理

预氯氧化是应用最广泛的方法，强氧化剂包括漂白粉、液氯、次氯酸钠和二氧化氯等。净水厂一般在原水输送过程中或者进入常规工艺构筑物之前，投加一定的氯气或氯化物，可以达到氧化一些有机物和提高混凝效果的目的。这些强氧化剂在水中都能产生 ClO^-有很强的氧化能力，可以将有毒有害的物质转化为无毒害的物质。其优点是可以控制因水源污染而引起一些藻类、细菌、微生物等在构筑物中或管道内的生长。其缺点在于研究发现在水源水中过量投加氯会与水中某些有机物质发生反应产生氯代烃，如三氯甲烷和释放藻毒素等，且在后续的常规处理工艺中很难去除，给饮用水的安全带来了极大的隐患。

3.1.2 高锰酸钾氧化预处理

高锰酸钾是一种强氧化剂，20 世纪初，首次在英国应用于水质净化中，之后陆续被人们广泛应用。高锰酸钾在国内外净水工艺中主要用于除臭、除味、除铁、除锰等，而且使用规模越来越大。在太湖蓝藻爆发引发的无锡水危机中，由于水源中溶解氧指标急剧下降，水体发黑恶臭，在取水口投放大量的高锰酸钾氧化剂，使原本恶臭的自来水逐渐变成了无色无味的清洁水。高锰酸钾投加技术的另一个优点是不需要改变水处理工艺和增设大型水处理构筑物，经济有效，简便易行。但值得注意的是随着高锰酸钾投加量的增加，出水浊度池会随之增高，而且高锰酸钾具有较重的颜色，投加后容易使水中的色度增加甚至超标。

3.1.3 臭氧氧化预处理

1906 年，在法国尼斯，臭氧第一次被人们用于水处理过程。臭氧具有较强的氧化性，可以杀灭细菌，应用于水的色度和臭味的去除，同时可以降低 BOD、COD、杀菌，去除铁、锰、氰、酚等有害物质，且不易引起二次污染；而且可以有效地氧化分解有机物，其反应的接触时间短，受温度和 pH 值的影响小。

臭氧氧化处理对于常规工艺还有助凝作用，其对水质的改善程度取决于原水水质和臭氧氧化条件等。该技术主要优点是改善水的色度这一感官指标，致色有机物的特征结构是带双键和芳香环，如腐殖酸和富里酸，臭氧通过与不饱和官能团反应，破坏碳碳双键等分子结构，使大分子有机物转化为小分子结构的有机物；臭氧可将铁、锰等无机呈色离子氧化为难溶物，与絮凝或过滤单元一起可去除由于氧化生成难溶性物质的金属离子，氨氮可以被臭氧氧化而部分去除；预臭氧氧化产生微絮凝，起到助凝作用是由于增加水中含氧官能团有机物如羧酸等，使其与金属盐水解产物、钙盐等形成聚合体，降低无机颗粒表面的静电作用，形成具有吸附架桥能力的聚合电解质，产生共沉淀。

但有研究发现预臭氧氧化同时会产生一定的醛类、溴酸盐等有害副产物，且对氯化产生的三氯甲烷没有明显去除效果，剩余臭氧还会产生刺激性气味，同时也有研究者发现由于溶解性有机物的生物降解性提高了，使管网中的生物结垢现象更为严重，而一些研究者认为臭氧氧化对给水管路结垢有抑制作用，其主要原因是臭氧的氧化作用，所以需要结合水质情况选择预处理方法。

3.1.4　预生物氧化及其他

受生活污染的微污染水源水，达到Ⅲ类水质标准却没有满足饮用水水质标准，可采用预曝气生物接触氧化和臭氧-活性炭工艺。预生物氧化采用陶粒接触生物滤池，气水比 1∶1 左右，底部通入空气，滤速在 6 m/h 左右。加拿大的 S.Dikshan 等利用陶粒滤料/石英砂与活性炭/石英砂利用臭氧与 DOC 比 1∶1.2 进行了研究，认为采用直径 1.0~1.2 mm，比表面积 139.278~200.560 m^2/m 处理 DOC 和消毒副产物的能力低于与活性炭/石英砂，使用周期可以由 45 天延长到 6~7 个月，成本更低，在温度低于 10 ℃的情况下好于无烟煤/石英砂。辽宁某沿海城市的备用水源水属于微污染水源（高锰酸盐指数和氨氮超标），考虑进口的滤料成本高于国内活性炭而选择活性炭，采用空气净化，高锰酸盐指数去除率仅为 20%，而氨氮去除率可以达到 50%（吹脱作用），采用臭氧代替空气的效果并不好；后采用预氧化（高锰酸钾或二氧化氯）-浮沉-生物活性炭滤池-砂滤工艺处理，生物活性炭滤池运行稳定性有些波动，但总体效果较好，高锰酸盐指数和氨氮都可以达到 70%~80%。

其他的氧化剂如单过硫酸氢钾复合粉也逐渐在研究中有所报道，它是一种粉末状无机过氧化物，其中的主要成分是单过硫酸氢钾（PMS），是活性成分和氧化势能的来源；氯化钠作为消毒助剂，另外辅以其他的络合剂、表面活性剂和稳定剂。

3.2　强化混凝-沉降-过滤单元操作

强化常规处理工艺主要是通过强化混凝和强化过滤两个方面来实现的，主要优点表现在投资省、不增加构筑物、占地小和运行费用低等，所以，在水处理工艺强化过程中有着重大的意义。

强化混凝主要是通过一些措施确定最佳混凝条件，如混凝剂种类、pH 值、混凝剂投加量、混凝剂投加点等。大连理工大学李新勇课题组实验证明，低温低浊（4~8 ℃，4~10 NTU）条件下，4 种混凝剂（聚合氯化铝、聚合氯化铝铁、聚硫氯化铝、聚硅酸氯化铝铁）均表现出良好的混凝去浊效果，去浊效率都在

70%以上，最高可达到94%。水中胶体稳定性较强，通过投加混凝剂、助凝剂来使水体中胶体脱稳，进而降低其动力学稳定性，提高其凝聚共沉效率，从而使出水水质得到保障。由于常规混凝处理工艺对低温低浊水处理效果不好，同时水体的低温低浊往往伴随着有机物超标，而强化混凝的最初目的正是在保障浊度去除效果的同时最大限度地去除水中的有机物。

预氧化处理外，主要有合理选择使用混凝剂与助凝剂等药剂优化、污泥(水)回流等方法。药剂的优化主要考虑无毒、高效混凝剂及助凝剂的应用和混凝净化操作条件的优化，具体通过小型试验进行调整。一般水厂利用烧杯进行药剂的筛选，有条件的进行药剂的复配，如高锰酸盐复合混凝剂、铁铝盐混凝剂、复合型生物絮凝剂等，从而根据水质的变化制定出药剂投加方案。

污泥回流技术是近几年各个水司比较重视的方法，可以强化处理效果，同时具有节省药剂和提高水收率的优点。有的水司利用污水回流，处理低温低浊水，采用污泥(水)回流后水浊度和COD_{Mn}明显下降。回流工艺运行效果与原水浊度、混凝剂投加量以及回流污泥浊度均密切相关。污泥回流比对混凝和沉淀效果有较大影响，最佳污泥回流比与固体含量相关，不同原水浊度的最佳含固率是不同的，在小于60 NTU时的最佳含固率随原水浊度的升高而增加，在大于60 NTU时的变化趋势则相反。当含固率小于1%时，在澄清池污泥直接回用可以改善混凝条件，节省投药量10%~40%。

与常见的高密度沉淀池、机械搅拌澄清池、增效澄清池等方式不同，污泥回流可实现污泥外循环，因而抗冲击负荷能力较强，可以根据原水水质条件来确定或调整污泥回流运行工况，不增加占地面积。马旭、张良纯等报道了利用水平管进行强化混凝-沉降用于老水厂的改造，提升了出水质量和处理效能，对低温低浊处理能力也有很大提升。

污泥回流技术的潜在风险性是值得注意的问题，否则会得不偿失。美国工程协会的专题报告指出，滤池反冲洗水和污泥中所含有原生动物包囊浓度明显高于原水，滤池反冲洗水和污泥直接回流时对滤池出水水质的影响并不明确，但在回流前通过澄清预处理去除悬浮物可以减少回流工艺对TOC的影响。Cocchia和Carlson发现生产废水中浓缩累积了隐孢子虫和甲第鞭毛虫，所含的AOC、镁和三卤甲烷前体物的浓度也远高于原水，还发现直接回流时原水中悬浮物浓度及颗粒物数量会急剧增加，沉淀池出水中的颗粒物数量浓度也有一定程度的增加，但滤后水中的颗粒物数量浓度变化不大。Tobiason等研究认为，回流比例控制 10%以下，并强化混凝、优化过滤，会降低直接回流出现的安全风险。李田等分析了沉淀池污泥腐化对回用水质的影响，发现排泥水上清液中锰、COD 和 NH_3-N 的含量均远高于原水，且随着污泥腐化时间的延长而升高，而上清液色度、COD_{Mn}、氨氮和总细菌数与无回用时相比，污水回流的风险会降低。由于回流污泥中包含有大量的消毒副产物前体物、重金属和致病微生物等，且在回流过程中水流和机械剪切力作用下污泥絮体会破碎，破碎絮体的再絮凝过程会直接影响沉后水和滤后水的水质。所以净水厂污泥回流工艺的预处理技术在实施前也要通过预实验进行评估。

强化过滤单元主要有改性滤料和复合滤料，其中炭砂滤池是将常规处理工艺的普通砂滤池改造为加有活性炭和石英砂双层滤料的滤池。炭砂滤池在没有提前加氯的情况下发挥生物滤池的作用，处理效果得到加强。生物过滤技术所采用的滤料层滤料粒径一般较细，或虽然采用较粗的滤料，但是却与粒径较细、密度较大的滤料相搭配，来组成双层滤料，如活性炭与石英砂组成的双层滤料，无烟煤与石英砂组成的双层滤料。哈尔滨工业大学的崔福义教授课题组在处理低温条件下氨氮去除的研究表明，该滤池具有稳定的净化能力。

混凝去除大分子有机物，而炭砂滤池通过吸附和生物降解作用去除中小分子有机物。从而发挥了炭砂滤池去除中小分子有机物的功能。同时强化混凝下沉淀池出水浊度低，也使得滤池有更好的传质效果，强化混凝有利于炭砂滤池对有机物的去除。

3.3　粉末活性炭吸附-混凝耦合工艺

活性炭是水处理中常用的吸附剂，根据活性炭的形态和使用方法可分为粉末炭（powdered activated carbon，PAC）和颗粒活性炭（granular activated carbon，GAC），在水处理上可以采用粉末炭投加和颗粒碳构建的碳砂滤池法。

活性炭是碳原料在几百摄氏度炭化后，再活化而成，经过高温气化使得产物具有发达孔隙和高比表面积，形成与石墨类似的微晶交联的微孔结构。氧化锌和氢氧化钾是常用的活化剂，最高的比表面积可达 3000 m^2/g，常见的为 800~1300 m^2/g。按照国际纯化学联合会（IUPAC）规定孔隙直径小于 4 nm 的为微孔，4~100 nm 的为中孔，大于 100 nm 的为大孔，空容积为 0.15~0.90 mL/g。

20 世纪 50 年代，美国南卡罗来纳大学 Yeomin Yoon 教授在 *Journal of Hazardous Materials* 上报道了应用活性炭吸附联合絮凝技术处理腐殖酸和单宁酸的水样，研究结果表明通过活性炭吸附联用明矾絮凝可以有效降低水质中有机酸的含量。粉末活性炭吸附技术已经在西欧、美国等一些国家和地区的水厂得到广泛应用，重点用于去除水中的色度和臭味物质。国内给水处理厂常规运行的各个环节都能用到粉末活性炭，而当水域发生突发性污染和季节性污染时，粉末活性炭也可以作为相应的应急处理措施，作为应急处理的主要备品列入国家清单当中。

活性炭具有发达的孔隙结构见图 3-1，是公认的去除水中多种有机物的高效材料。活性炭的吸附作用大部分靠微孔来完成，并且吸附量受微孔的数量来决定。但大孔和中孔的作用也不能忽视。Dubinin 等人的研究显示，只有少数的微孔直接通向表面，在大多数情况下活性炭的孔隙结构是按以下方式排列的：大孔直接透到活性炭的外表面，而过渡孔是大孔的一些分支，微孔又是过渡孔的部分分支。微孔所发挥的吸附作用主要是通过大孔通道作用和中孔过渡来实现和完成的。因此，吸附性能好的活性炭应当具有充分发育的微孔、一定数量及排列适宜的过渡孔和大孔。

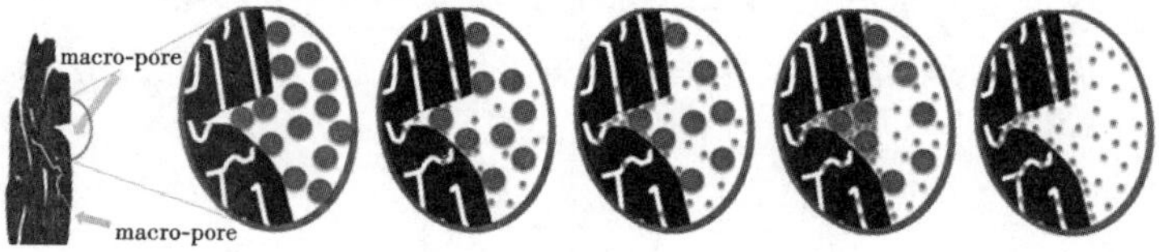

图 3-1　活性炭的孔道分布

活性炭的优点是具有发达的细孔结构、巨大的比表面积，对水中的溶解性有机物如苯类化合物、酚类化合物、石油以及石油产品等都具有较强的吸附性能。活性炭对水质、水温以及水量的变化有较强的适应能力，性质稳定仅含有 C 和 H 元素，不会引入其他杂质。影响吸附效果的主要因素是吸附质在水中的极化程度和分子大小。活性炭主要去除的分子量小于 1000 kDa，而饮用水中分子量在 500 kDa 左右的非极性物质不易被活性炭吸附。其次是平衡浓度、初始浓度越高越有利于吸附量的提高。还有温度的影响，吸附一般属于放热过程，温度升高吸附量下降，温度的升高也会导致一些物质的溶解度增加。在 0~30 ℃范围内，吸附效果差异很小，因此活性炭在水处理中受温度的影响很小，吸附效果受等温吸附曲线和吸附速率曲线对目标物的浓度、溶液与界面间酸-碱作用(pH 值)、溶液的盐效应和离子效应(TDS)的影响。

粉末活性炭吸附与混凝的组合工艺对水中的溶解性有机物有很好的去除作用，一般认为混凝沉淀主要去除水中的大分子有机物，而活性炭吸附则主要去除水中的小分子有机物，将两者结合，水中有机物的总体去除效果会得到明显提升。

吉林建筑大学李俊民、林英姿等证明利用活性炭吸附强化混凝对水中臭味物质土臭素(Geosmin 或 GSM)、2-甲基异莰醇(2-methylisoborneol 或 2-MIB)的去除率较高，分别可达到 90%和 77%以上，在此过程中，活性炭吸附去除率占主要比例；在 20~40 ℃的范围内，温度对活性炭吸附过程影响较小，但从整体情况看，低温有利于活性炭的吸附；活性炭在碱性条件下对 GSM 及 2-MIB 的去除率较高；随着水力条件的增强，活性炭对臭味物质的去除率提高；水中天然有机物会与臭味物质产生竞争作用，其含量越高，活性炭对臭味物质的去除率越低。活性炭具有微孔结构，有丰富孔隙、大的比表面积和较强的吸附性能。活性炭可有效去除水中的臭味，对农药、小分子芳香族物质、重金属离子(Hg，Cr)有很好的吸附去除效果。活性炭吸附能力与活性炭种类、投加量及投加点选取有关。活性炭吸附工艺一般置于常规处理之后。当常规处理工艺处理水的效果不佳时，水中的大分子有机物和某些悬浮颗粒会堵塞活性炭的大孔和过渡孔，影响活性炭对小分子有机物的吸附效果，也就在一定意义上缩短了活性炭的使用寿命。李大鹏等人的研究表明，活性炭除臭效果与活性炭投加量有正相关性。将活性炭吸附作为预处理放在混凝之前，达到相同去除效果，活性炭投加量需额外提高 10 mg/L。混凝主要去除胶体、颗粒物等物质，而活性炭可利用其丰富的孔隙吸附氨基酸、蛋白质等物质。当活性炭放在混凝前面或者和混凝一起使用时，水体中本来可被混凝去除的有机物不可避免被活性炭吸附。这些吸附的大分子物质不仅占据了活性炭的吸附位点，并且可能堵住活性炭的微孔，降低其饱和吸附量。对 UV_{254}的去除率大于 DOC 去除率，这说明加入活性炭吸附对芳香类物质的吸附效果比其他的有机物吸附更有效，而芳香类物质是消毒副产物的前驱物的代表物质，由此可推测活性炭吸附可有效降低消毒副产物的生成。不同种类的活性炭，其比表面积不同，孔径分布、碘值及亚甲蓝值等参数的差异，对有机物的吸附强度和吸附容量会产生显著影响。研究表明粉末活性炭(PAC)比颗粒活性炭(GAC)有更大的表面积和吸附位点，同等投加量下，PAC 有更好的吸附效果。

粉末活性炭(PAC)吸附技术是一种应对原水突发性污染和提高出水水质的有效措施，但是因为粉末活性炭造价较高，吸附饱和以后的炭泥如果直接排放会造成浪费。粉末活性炭混合污泥恢复活性不但方法繁琐，而且需增加相关专业设施。有研究表明，在常规处理工艺中，PAC 的有效停留时间仅为 10～20 min，吸附能力并未得到完全发挥，在饮用水处理中，可对粉末活性炭(PAC)和聚合氯化铝(PACL)的混合污泥进行回流，这样既可以提高对有机物的去除效果，又可以减轻污泥处理负担、提高低浊水的混凝效果。更重要的是，混合污泥的回流，可以提高对浊度、DOC 和 UV_{254}的去除率。李圭白院士课题组采用活性炭污泥回流处理季节性微污染东江水，利用炭砂滤池中试系统，将活性炭粉末和聚合氯化铝混合污泥回流至炭砂滤池的絮凝池，考察无炭泥回流与炭泥回流比为 1%，3%，5%时对浊度、有机物和氨氮的去除效果，得出最优回流比。系统稳定运行前提下，炭泥回流工艺会明显提升对浊度、有机物和氨氮的去除效果；在一定范围内(不大于 3%)，去除率随着回流比的增加而增大；回流比为 5%时，受微絮体以及过多回流污泥影响，沉淀池和滤池负担过大，影响各指标的去除效果。杨艳玲、李星等用粉末活性炭混合污泥回流与炭砂滤池相结合的工艺处理受污染的地表水源水，能够节省粉末活性炭和混凝剂等药剂 50%以上。

活性炭对有机物的去除主要是靠微孔的吸附作用，因此活性炭微孔的孔径决定了其对于大分子有机物有限的去除效果。同时粉末活性炭的吸附性能也会随着它们使用时间的增长而降低，这就需要人们定期地更换粉末活性炭，于是就增加了运营成本。

同时，不同种类有机物在活性炭上的吸附特性不同。活性炭对有机物的吸附测试列于表 3-1 中，可以看出对其疏水性有机物具有较大吸附量，但对于亲水性强的有机物吸附性较差。粉末活性炭颗粒较细，容易造成水质纳米污染，产生高毒迁移；活性炭经过高温煅烧，含有较少的官能团，在絮凝中不利于与疏水絮体作用促进絮凝过程。

表 3-1　活性炭对某些有机物吸附的特性

容易吸附的有机物	难以吸附的有机物
芳香溶剂类：苯、甲苯、硝基苯等	醇类
氯化芳香烃：多氯联苯、氯苯、氯萘等	低分子酮、酸、醛

表3-1（续）

容易吸附的有机物	难以吸附的有机物
酚和氯酚类	糖类（含淀粉）
多环芳烃类：二氢苊、苯并芘	高分子有机物、胶体有机物
农药及除草剂类：DDT、艾氏剂、氯丹	低分子脂肪类
氯化烃：四氯化碳、氯烷基醚、六氯丁二烯	
高分子烃类：染料、石油类、胺类、腐殖质	

粉末活性炭吸附法通常是将粉末活性炭制成炭浆，投加在常规净水工艺之前，与受污染的原水混合后，再吸附水中的污染物，从而达到去除污染物的目的。但到目前为止还没找到合理经济的方法对其回收再生，处理费用较高，不利于其广泛应用。

3.4　新型吸附剂发展与常规工艺协同技术

3.4.1　吸附剂种类与作用机制分析

传统的吸附剂有天然矿物、活性炭和合成树脂等，可分为传统吸附材料和新型吸附材料。2005—2017 年，三大期刊出版商 CNKI、ACS 和 Elsevier 发表的水处理吸附剂方面的论文分别有 664200，184823，162949 篇，其中活性炭或改性碳基的有 42588，44083，71670 篇，生物质基吸附剂的有 36340，24366，15819 篇，氧化物基吸附剂的有 18686，34028，53454 篇。可见国内外对基于活性炭优化以及碳基吸附材料研究的仍然较多，氧化物基于良好的稳定性和生物质基吸附剂基于低成本和丰富官能团的研究也受到重视，合成的树脂类吸附剂在水处理方面研究不多；其次在新型吸附剂如 MOF 方面研究逐渐增多。作用机制包括离子交换、氧化还原作用、螯合作用、静电作用等。

3.4.1.1　传统的天然吸附材料和改性氧化物的吸附材料

传统的吸附材料包括天然吸附材料（沸石、硅藻土、高岭土、蒙脱土、木质纤维素等）和人工合成的吸附材料。天然矿物资源储量丰富、来源广泛、价格低廉，对水中溶解性有机污染物和重金属等无机污染物均具有较好的吸附去除效果。鉴于其良好的氨氮吸附能力和吸附速率，被广泛地应用于污染原水的净化处理。目前，常用作吸附剂的天然矿物主要有：膨润土、蒙脱土、硅藻土、海泡石、海绵铁等(见图 3-2)。天然矿物材料的晶体结构中存在诸多可交换的 Na^+，Ca^{2+}等金属阳离子，因此其可以通过离子交换的形式对重金属离子表现出较好的吸附去除能力。刘爱萍等采用斜发沸石作为吸附剂，评价了其对放射性核素 Sr^{2+}的吸附去除特性，实验证明其吸附过程可在 4 h 内达到吸附平衡，吸附作用机制以离子交换为主，最大吸附容量为 38 mg/g。Kalantari 等采用 Fe_3O_4改性蒙脱土作为吸附剂评价了其对 Pb^{2+}，Cu^{2+}，Ni^{2+}这 3 种重金属离子的吸附性能；同时利用磁性利于分离，这一特征被诸多研究者重视，磁性吸附剂的开发和利用已经逐步应用于实践当中。

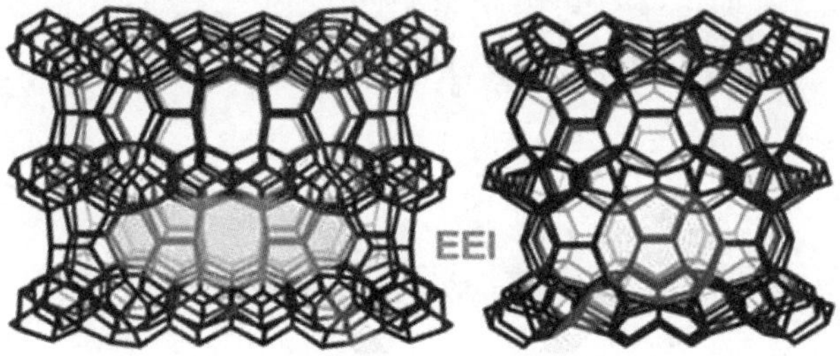

图 3-2　天然沸石、硅藻土孔道结构

用天然矿物做水处理吸附剂时，存在其他离子类物质溶解释放的风险，且吸附污染物后解吸困难、泥渣量大，吸附剂用后的后续处理与处置难度大，容易造成二次污染。

同济大学的于水利教授课题组提出了一种采用改性坡缕石絮凝吸附剂处理低温低浊高色水的方法，将复合铝铁、改性坡缕石絮凝吸附剂同时投加至低温低浊高色水的高密度沉淀池中，然后控制回流比，在 pH 值为 7 左右，絮凝池搅拌条件下进行处理，即在高密度沉淀池出水口得到处理后的低温低浊高色水。坡缕石是一种含水富镁硅酸盐黏土矿物，具有独特的层链状结构和较大的比表面积，是天然纳米材料。研究采用的改性坡缕石絮凝吸附剂是由坡缕石为主体制备，参与了低温高色水源饮用水强化混凝过程中的混合阶段、絮凝阶段与沉降阶段，分别发挥了吸附、助凝与助沉作用。复合铝铁是一种无机高分子混凝剂，以氢氧化铝、硫酸铁为主要原料加工制成。首先基于 SO_4^{2-}与 AlO_4^-结构类似，增强了复合铝铁絮凝剂的电中和能力；二是配位作用，使复合铝铁的分子量增大，而使“架桥”能力提高促使铝铁絮凝剂的絮凝能力增强；三是铁盐的特性决定了在混凝过程中形成的矾花较重，可提高沉淀速度和絮凝效果。

功能化的有序吸附材料如有机膨润土和具有介孔结构的材料最适合做吸附

剂，因为它们具有大的比表面积、可控的孔径、容易结合的功能基团。虽然这些吸附剂在重金属离子去除上起到了一定的作用，但这些材料一般具有较低的水热和机械稳定性，而且在合成过程中，由于模板剂、造孔剂等的存在，可能产生二次污染。如 Zhang X.Q.利用无模板法水热合成了一种具有较大比表面积的 Al_2O_3纳米棒，其比表面积高达 773 m^2/g，表面具有大量的羟基官能团。在酸性条件下，Al_2O_3表面形成质子化的 $Al-OH^{2+}$，带负电荷的 $HCrO_4^-$或 $Cr_2O_7^{2-}$在静电引力的驱使下靠近带正电荷的吸附剂表面，Cr(Ⅵ)可通过与 Al_2O_3表面的 -OH 发生离子交换作用而被吸附，其过程如图 3-3 所示。

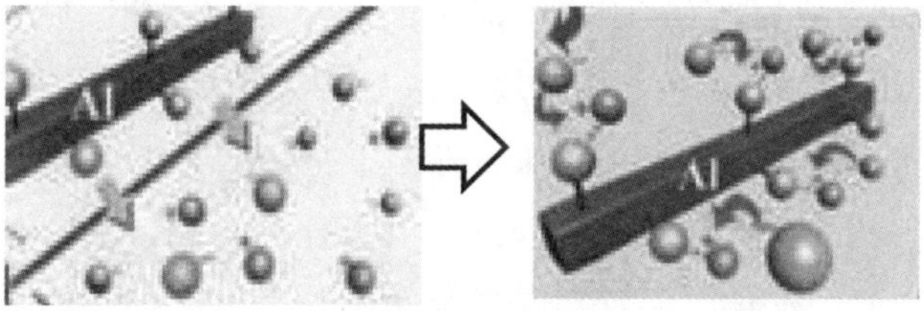

图 3-3　Al_2O_3表面修饰吸附剂的吸附 Cr(Ⅵ)机制

沸石作为一种独特的吸附剂，其内部孔径大小比较均一，且具有再生性。由于沸石孔径大小均一，其对吸附质也具有选择性，对直径小于沸石孔径的吸附质容易吸附，而对于直径大于其孔径的吸附质不能吸附。为了探索出对有机物等有效的吸附剂，J.Ellis 等人就对高硅沸石吸附臭味物质 GSM、MIB 进行过研究，然而研究表明对水中的 GSM、MIB 吸附量不高。

3.4.1.2　碳基吸附材料与新型石墨烯碳材料

活性炭作为吸附材料具有较高的吸附能力，在制备过程中通过活化会产生巨大的比表面积和发达的空隙结构，同时氧化过程赋予其丰富的含氧官能团，使其具有捕捉重金属阳离子的结构优势。文献常见的用于去除重金属类污染物的碳质吸附剂主要有各种方法制备的活性炭、碳纳米管等。碳基表面本身具有特殊的孔隙结构和丰富的表面官能团，可以高效地吸附重金属离子。侯晓等采用城市污水处理厂剩余污泥制备了污泥基活性炭，重点考察了其对重金属离子的吸附去除特性，并与煤质活性炭和椰壳活性炭进行了对比。污泥基活性炭的比表面积和微孔体积仅为煤质活性炭和椰壳活性炭的 1/3～1/2，其对重金属的吸附速率相对较慢、但吸附容量却远大于上述两种商用活性炭，研究表明其含有的酸性含氧官能团较多、对吸附重金属离子发挥关键作用。

自从著名的物理学家 Feynaman 于 1959 年 12 月 9 日在美国加州工学院发

表题为《在材料的微小区域，有着广阔的天地》的经典报告之后，经过近30年的酝酿和准备，纳米科技逐步引起主流科学家的注意和重视，迅速出现“纳米热”的现象。纳米材料也成为净水领域的新宠，纳米吸附剂具有高比表面积，高吸附速率尤为受人关注。纳米材料通常包括纳米粒子、纳米管、纳米棒和纳米线等。清华大学的程镕时课题组应用的氧化石墨烯材料，对水体中的多种有机物进行了去除，均达到了良好的效果。

石墨烯是一种性能优异的二维碳基纳米材料。石墨烯及其化学前体氧化石墨烯(GO)具有比表面积高以及表面官能团丰富等特点，十分有利于吸附水体中不同污染物，是一种具有广泛应用潜力的新型吸附材料。GO表面结构与其吸附行为的依据其与污染物间的构效关系，氧化度的提高促使含氧官能团增多，静电作用增强会极大地促进污染物吸附；另一方面是GO更易剥离，比表面积增大所致。同时亚甲蓝的吸附模式亦受氧化度影响，在氧化度较低时亚甲蓝可能为多层吸附，在氧化度较高时转化为单层吸附。GO本身对亲水性污染物的吸附性能良好，其氧化程度的增加有利于提高其对亲水性污染物的吸附性能，同时对疏水性有机物的吸附有一定的抑制作用。

石墨烯对芳香族有机污染物的吸附过程中其疏水性作用占主导地位，吸附行为对pH值大多并不敏感，同时芳香族有机物的吸附主要是多层异质吸附。基于GO上不同区域结构的含量吸附行为不同，对于芳香族有机物的吸附疏水性作用为主。进行磁性氧化铁改性的石墨烯(MGO)上的GO片层基本保持了原有的结构，同时在磁场作用下能快速从水中沉降分离。MGO对水中的微铁锰污染有快速而彻底的去除效果，其平衡时间在1 min以内，而残留浓度被控制在国家规定的标准之内；对于较高浓度的铁锰溶液，MGO的吸附量在同类吸附剂中达到较高水平；此外，MGO在低浓度铁锰共存溶液中能同时去除铁锰，在高浓度铁锰共存溶液中则表现出对铁的专一选择性，这种行为变化是由于吸附剂表面位点的异质性和吸附质浓度与吸附剂位点含量的相对比例变化造成的。

针对有机污染物，南京大学的杨虎课题组以GO、铁盐溶液和绿色还原剂为原料，通过共沉淀-还原法合成了一种基于还原氧化石墨烯的磁性复合材料(MRGO)，并研究了该材料的性质与其对多种氯酚的吸附性能。MRGO的表征结果表明，MRGO的石墨烯片层得到了有效的还原，同时磁性纳米粒子被成功地负载到RGO片层上，起到抑制各片层结块、防止比表面积缩小的作用。吸附实验结果表明，MRGO对溶解度较小、氯取代数更高、分子量较大的氯酚吸附效果更好，吸附机理主要为 π-π 作用和疏水作用，对氯酚的吸附量随着溶液初始 pH 值的升高而减小；其对氯酚的吸附行为符合 Freundlich 模型，为异质多层吸附，同时在动力学上可能有多重机理共同作用。吸附完氯酚之后，MRGO 在再生与循环利用的过程中对氯酚的吸附量无明显下降。

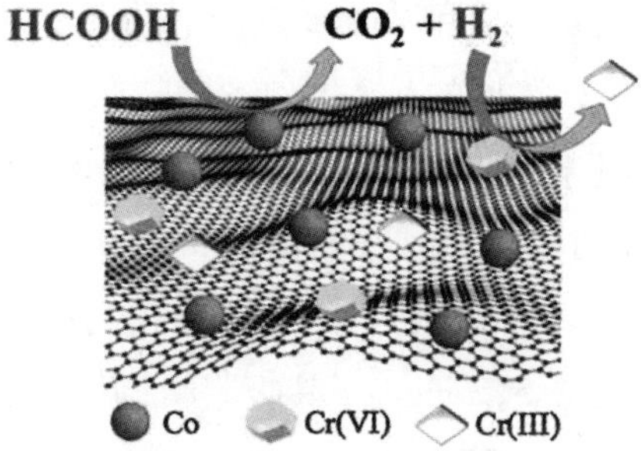

图 3-4 Co-RGO 复合物催化还原 Cr(Ⅵ)的机制

该类吸附剂除了利用丰富的官能团的 π-π 作用和疏水作用外，也利用氧化还原进行吸附作用，如 T.Xu 合成出一种可在室温条件下快速还原 Cr(Ⅵ)的钴负载石墨烯氧化物，以 HCOOH 为还原剂，提出其催化还原 Cr(Ⅵ)的机制，如图 3-4 所示。钴纳米颗粒为催化活性位点，可以催化 HCOOH 在石墨烯表面产生 H_2及 CO_2。吸附在表面的 Cr(Ⅵ)可在 H_2的作用下被还原为 Cr(Ⅲ)。此外，石墨烯可传输电子的优良性能促进了电子从 H_2转移到 Cr(Ⅵ)，加速了 Cr(Ⅵ)在室温条件下还原。

纳米材料由于独特的小尺寸、比表面积大、颗粒表面的原子数目多，在表面会出现许多空键，具有非常高的化学活性和较强的吸附能力。同时，纳米颗粒由于具有明显的极性、配位、亲脂特性，从而可以很容易与生物质进行结合或在水体中形成稳定的胶体体系，通过布朗运动以及涡流运动等在环境中进行远距离传播。上海同济大学的王洪涛课题组，研究了水中纳米颗粒的稳定性，研究表明水中纳米颗粒具有良好的稳定性是因为纳米粒子可以与天然有机物和各种离子结合，形成稳定的体系。然而，在天然水体中同时存在天然有机物和电解质对纳米颗粒的作用，纳米粒子可以在水源水中更加稳定地存在。

3.4.1.3 生物质基及其改性吸附材料

生物吸附技术去除水中的重金属类污染物是一种相对低成本的净化技术。该技术兴起于以加拿大麦基尔大学 Bohumil Volesky 教授研究为基础的 B.V.SORBEX 公司，其利用微生物菌体开发的生物吸附剂，既有广谱的活性炭替代品也有单一高选择性的吸附剂产品。在美国还有生物回收系统公司，主要从事生产硅胶或聚丙烯酰胺凝胶固定淡水藻菌体的生物吸附剂。美国犹他州盐湖城高级矿产技术公司开发了以芽孢杆菌为基础的广谱生物吸附剂。俄罗斯也有报道有公司利用生物吸附剂在水中净化重金属离子并显示出了优良的性能。优势在于具有较强的吸附潜能和低廉的应用成本，多种不同形式的生物质吸附剂被广泛应用于重金属污水的净化，常见的生物质吸附剂有农林废弃物、藻类、微生物菌体等。Bozic 等采用山毛榉木屑吸附水质铜、镍、锌 3 种重金属污染物，实验结果表明当 pH 值大于 4 时获得最佳吸附能力；而当 pH 值低于 2 时其对两种重金属几乎没有吸附去除效率，其对铜、镍表现出较高的吸附能力而对锌的吸附去除能力最低，分别为 4，4. 5，2 mg/g，其吸附机制主要为离子交换。Sooksawat 等采用轮藻（chara aculeolate）吸附去除水中铅、镉、锌 3 种重金属离子，并评价了吸附剂投加量、水质 pH 和接触时间对其吸附去除效率的影响，实验结果表明其吸附能力依次为：铅>镉>锌，其等温吸附曲线符合朗格缪尔等温吸附模型，说明 3 种重金属离子在轮藻上的吸附为单分子层吸附。陶虎春等采用磁性四氧化三铁纳米颗粒对酿酒酵母进行表面修饰，获得了磁性工程酵母菌，通过等温吸附实验和吸附动力学实验证实其对银离子的吸附速率非常快，吸附平衡时间约为 18 min，可以实现快速地吸附去除重金属。

Moussout H.等在 5%膨润土/壳聚糖（5%Bt/CS）对 Cr（Ⅵ）的吸附行为研究中指出，在酸性条件下壳聚糖中的氨基、羟基带正电荷，促进了与 Cr（Ⅵ）阴离子之间的静电作用，如图 3-5 所示，吸附过程主要为静电物理吸附。

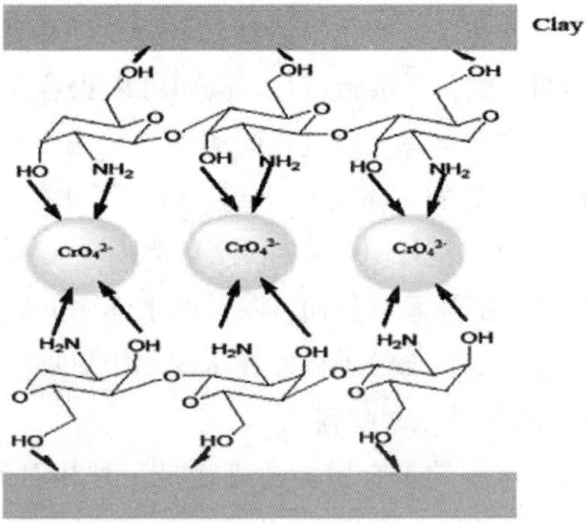

图 3-5　5% Bt/CS 纳米样品吸附 Cr（Ⅵ）的机理

除了上述几种主要机制，还存在配体交换、还原及微量沉淀等作用过程。在吸附过程中，吸附剂与 Cr(Ⅵ)之间可存在单一机制，也可多种作用机制并存。

如 Guo D.M.在聚乙烯亚胺表面修饰形成-NH=及$-NH_2$基团(如图 3-6 所示)，对低浓度的重金属离子 Cr 进行螯合吸附。用于水质净化研究主要集中于去除水中的酚类、苯胺类小分子有机物以及氟离子、阴离子表面活性剂和重金属等离子态污染物，以及低浓度的抗生素等污染物。

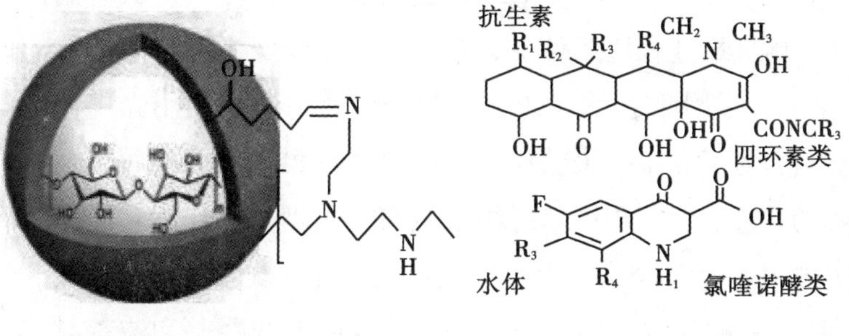

图 3-6　氨基功能化修饰对抗生素的净化作用

目前氨基功能化改性在国内研究的较多，如有研究报道利用啤酒酵母菌(MSC)、表面氨基功能化磁性吸附剂 $Fe_3O_4-NH_2$、纳米 Fe_3O_4负载啤酒酵母菌(NFSC)功能化碳基磁性介孔材料(FCMMC)等吸附性能好，是能重复利用的吸附剂材料。

生物吸附剂在污水净化和有害元素分离上具有一定的成本和技术优势，同时考虑到原料的来源是属于“绿色”材料。但是该材料与合成树脂吸附剂一样，如果用于饮水用方面实际水处理过程中，会受到水中余氯等氧化剂的氧化、油类物质污染以及堵塞等问题的影响，有关安全性和实用性的研究值得期待。

3.4.1.4　几种新型吸附材料与发展趋势

随着材料科学的发展，为克服传统水处理吸附材料的缺陷与不足，新型水处理吸附材料的设计与合成成为水处理吸附技术研究领域的关注焦点，诸多新型吸附剂得以开发，如分子印迹聚合物、介孔材料吸附剂、金属-有机框架类吸附材料等。

(1)分子印迹聚合物吸附材料

分子印迹聚合物吸附材料是一类具有高选择性的新型吸附材料。分子印迹聚合物材料的合成过程是以特定污染物为模板，主要包括有机功能单体聚合、模板污染物去除等，并扩展到了水质净化领域。李绍丽等采用硅烷偶联剂 KH-570 对硅胶表面进行功能改性，并以此为载体，分别以邻苯二甲酸二(2-乙基)己酯(DEHP)和甲基丙烯酸(MAA)为模板污染物和功能单体，通过接枝法合成了分子印迹聚合物，并系统考察了不同制备条件对聚合物性能的影响，实验证明该分子印迹聚合物对 DEHP 具有高的吸附选择性，最大饱和吸附容量为 7.262 mg/g。Kyzas 等研究表明：增加聚合物功能单体与交联剂的比例会降低合成材料对目标污染物的选择性，而引发剂的投加量不会对其吸附能力和选择性产生显著影响，最佳合成条件下，该分子印迹聚合物对活性艳蓝的最大吸附容量为 35 mg/g。湖南科技大学曾坚贤教授课题组提出利用壳聚糖制备的金属离子印迹材料，为了克服壳聚糖作为功能单体易酸溶、交联后对金属离子的吸附能力下降的缺点，引入羧甲基纤维素钠与壳聚糖共同作为功能单体。羧甲基纤维素钠上的羧基易与壳聚糖上的氨基反应，可以改善壳聚糖在酸性介质中的稳定性，并提高机械强度，同时羧甲基纤维素钠上的羟基和羧基对重金属具有较强的亲和作用。制备过程为分别配置壳聚糖乙酸溶液和羧甲基纤维素钠/氢氧化钠复合凝固液，将壳聚糖乙酸溶液滴入羧甲基纤维素钠/氢氧化钠复合凝固液中成球，水洗后置于 Cu^{2+} 溶液中印迹，再用戊二醛交联，然后酸洗脱除 Cu^{2+}，水洗、烘干即得到铜离子印迹复合吸附材料。制备的复合吸附材料为尺寸均匀的毫米级凝胶微球，对 Cu^{2+} 具有良好的选择吸附能力，可再生重复利用。

分子印迹聚合物类吸附材料对目标污染物有较高的选择性，如果能够进一步克服单体泄漏以及强化结构稳定性和耐氧化性方面的问题，有利于在点污染源处理方面的应用。

(2)金属-有机框架类吸附材料

金属-有机框架类(MOFs)吸附材料是一类新型多孔吸附剂，其主要通过金属离子与有机单体形成配合物，进一步通过缩合、聚合等自组装过程形成的具有网络结构的有机-无机复合功能材料，这类新型吸附材料不仅具有巨大的比表面积和规则可调的空隙结构，而且同时拥有金属活性位点和可化学修饰的有机官能团，使其对水中多种污染物具有理想的吸附去除能力。有研究报道利用 MOF 金属活性中心存在的配位不饱和状态，对 HKUST-1 型 MOF 材料进行选择性配位功能化改性，通过合成法将乙二硫醇与不饱和配位的金属活性中心相结合，强化了其对水中汞离子的吸附去除能力，最大去除能力可达 714.29 mg/g，其原因在于表面改性引入的巯基官能团对水中汞离子的高亲和力。MOF 材料虽然具有优良的结构优势，但其金属活性位点和有机单体存在易泄漏的风险，且其合成路径复杂、再生过程易影响其微观结构等不足之处。

除了阴离子交换树脂，某些金属有机骨架(MOFs)类化合物也具有离子交换能力，如 UiO-67 型 ZJU-101 化合物[$Zr_6O_4(OH)_4(L)_6$]，其中 H_2L 为 4，4′-二苯二羧酸及其衍生物。ZJU-101 通过甲基化 MOF-867 母体中的 2，2′-吡啶-5，5′-二羧酸配体中的 N 原子合成的，因此骨架中带正电荷，而带负电荷的 NO_3^-来满足电荷平衡需求，如图 3-7 所示。当 ZJU-101 与 $Cr_2O_7^{2-}$溶液接触后，ZJU-101 中带正电的甲基化配体与 $Cr_2O_7^{2-}$阴离子之间存在库仑引力作用，NO_3^-可与 $Cr_2O_7^{2-}$发生离子交换反应。

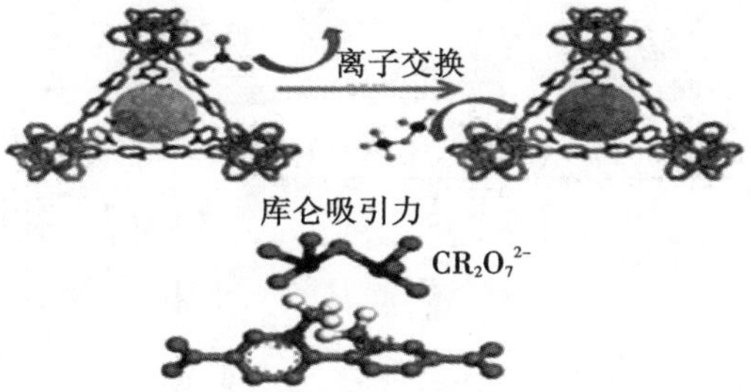

图 3-7　ZJU-101 捕捉 $Cr_2O_7^{2-}$示意图

(3)生物质基多级孔复合吸附剂

近年来，多孔材料作为一种特殊孔结构的新型吸附材料逐渐应用到多种领域。介孔材料具有比表面积大、孔隙率高、结构有序、孔径分布窄等特点，在工业催化和化学分离等化工行业、蛋白质固定和分离等生物医药行业、气体吸附和水质净化等环境保护领域具有广阔的应用前景，成为当今材料科学领域的研究热点和前沿。在诸多水处理介孔吸附剂中，多孔碳材料作为研究广泛的介孔材料之一，被用于水中重金属离子和(类)非金属、无机阴离子、酚化合物、多环芳烃、农药和染料等多种污染物的吸附分离。生物质如纤维素及半纤维素含有大量醇类官能团，Lyu H.H.合成出一种羧甲基纤维素/ FeS 生物质碳复合吸附剂 CMC-FeS，并提出了与溶液中 Cr(Ⅵ)的反应机制：Cr(Ⅵ)通过含氧官能团(—OH，C ═O，O ═C—O，C—O，Si—O)经化学吸附到 CMC-FeS 生物质碳表面；FeS 部分溶解形成 Fe(Ⅱ)及 S(-Ⅱ)，此过程为 Cr(Ⅵ)提供电子；$HCrO_4^-$在生物质碳表面被还原；当溶液 pH 值大于 4.0 时，通过离子交换及表面络合作用形成 Cr(Ⅲ)-Fe(Ⅲ)复合物。

段诗博等利用生物质细胞作为原料，并通过原位合成，制备出了具有选择性的重金属离子吸附剂。该吸附剂呈现出树枝结构，具有丰富的羟基表面，目标离子钒酸根离子在水溶液中可达到 1×10^{-9}级净化效果(如图 3-8 所示)。

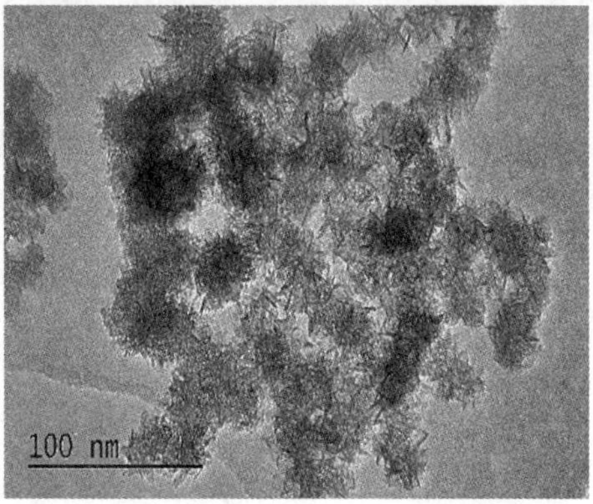

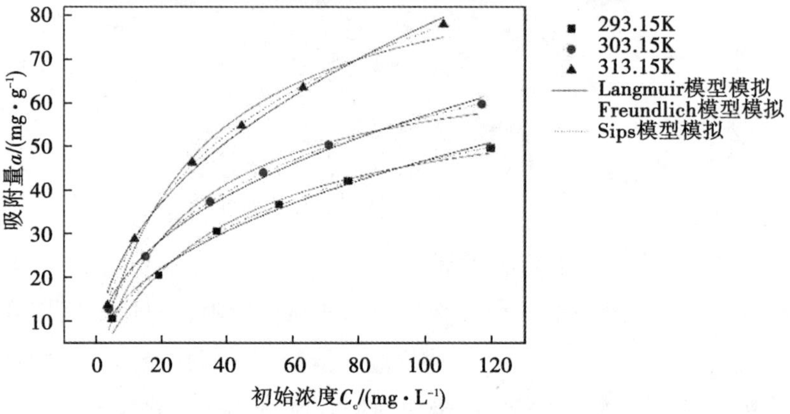

图 3-8　生物质细胞与模板吸附剂电镜图及吸附水中钒酸根离子效率图

大连理工大学化学研究组应用生物质材料作为碳源，合成具有丰富官能团和优异稳定性的碳量子点材料(CQDs)，以传统的水滑石作为基础材料，借助碳量子点的高分散性和富官能团的特点，将合成的 CQDs 材料作为结构控制材料加入到传统水滑石的制备过程中，通过原位自组装得到具有 3D 多孔结构的复合吸附剂材料，复合材料不仅具有 3 维的孔道结构，还具有更薄的层状结构和丰富的孔道结构(如图 3-9 所示)，在一定条件下复合体系中对硼元素表现了良好的选择性吸附性能(如图 3-10 所示)。

图 3-9　原水滑石材料和 3D 多孔 CQDs/LDHs

吸附剂的孔道结构不仅制约着吸附性能，同时也制约着其净化速率，对吸附剂孔道适当地调控可以形成特定的粒子通道，提高其选择性，加速吸附反应的进行。应用生物质大分子作为模板剂，通过共沉淀法制备生物质基复合镁铝材料，制备的复合材料表现出了 3D 的孔道结构，同时通过调控生物质模板的种类和加入量，可以调控复合材料的孔道结构，得到具有多层次可调孔道结构的生物质基复合材料。几种典型的复合材料的孔道形貌(如图 3-11 所示)，同时合成的具有多层次孔道结构的生物质基复合材料对阳离子型重金属表现了较好的去除效果，其中对 Hg，Cd 的吸附量可以到达 23，15 mg/g，可以有效去除水中阳离子重金属，实现快速净化水质的目的(如图 3-12 所示)。

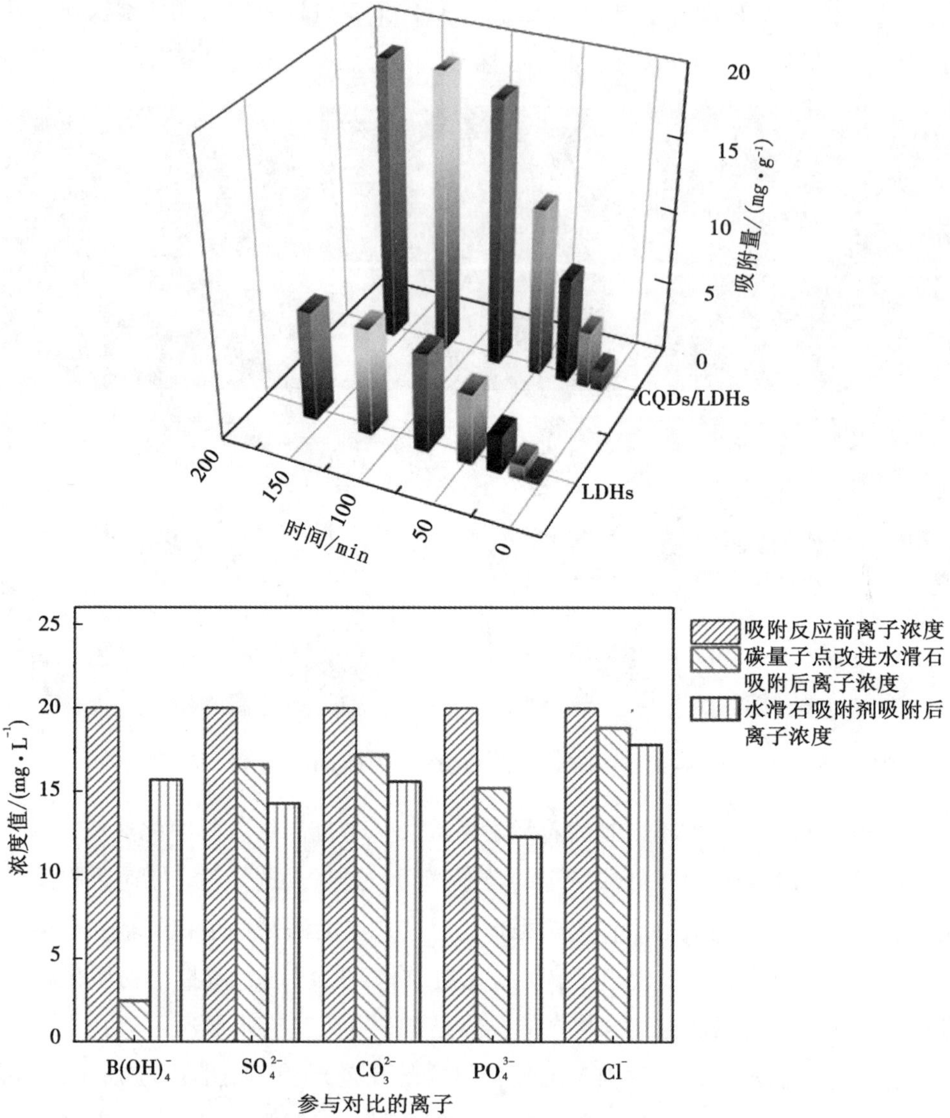

图 3-10　原水材料和 3D 多孔 CQDs/LDHs 对硼的吸附行为

图 3-11　大孔生物质基镁材料 SEM 照片

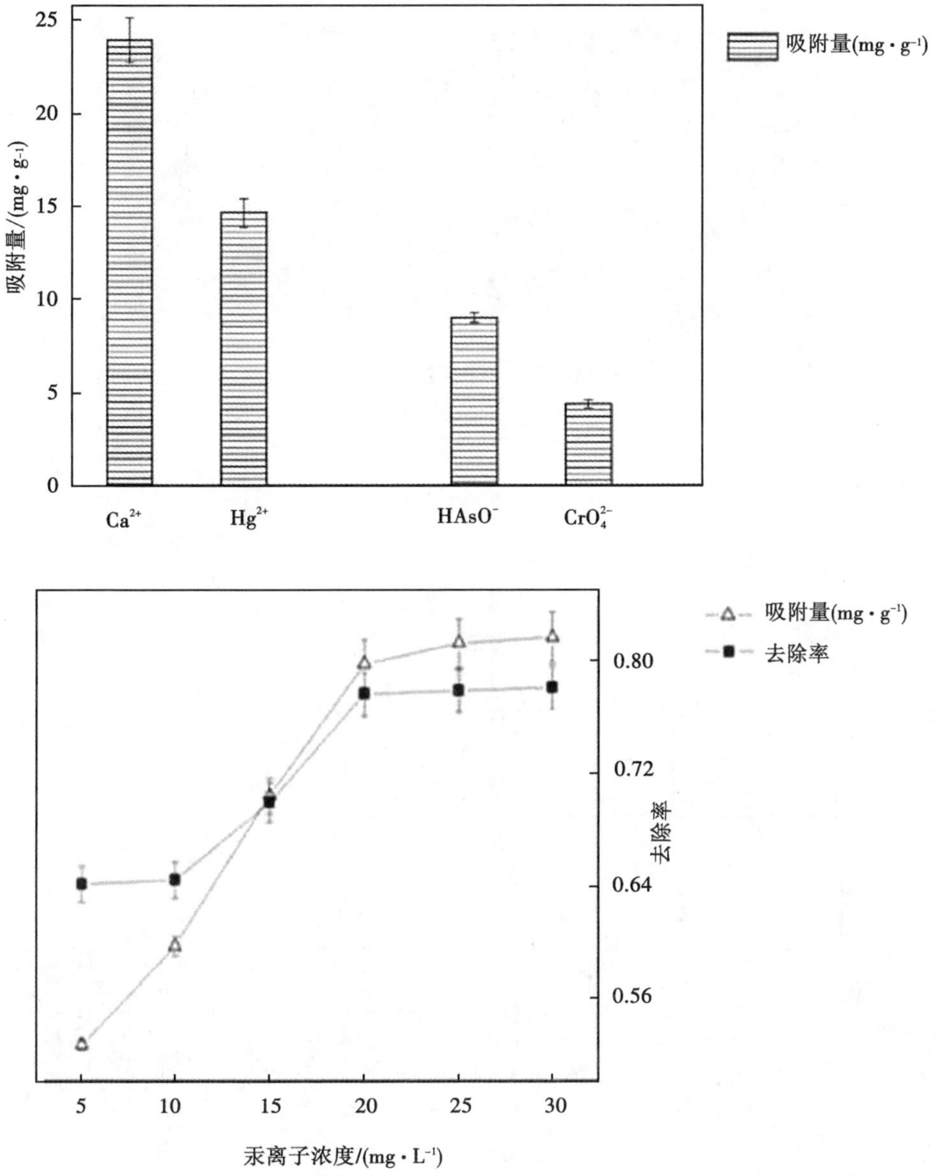

图 3-12　大孔生物质基镁材料对重金属的净化研究

应用来源丰富的废弃果皮作为原材料，通过水热法修饰组装铁基纳米粒子，形成特定的骨架，通过酸性水热刻蚀形成具有多活性位点的枝状吸附剂材料（如图 3-13 所示），制备的铁基复合材料与仅通过水热修饰的生物质材料相比具有不规则的表面结构和官能团，表现出了良好的潜在吸附性能（如图 3-14

所示）。

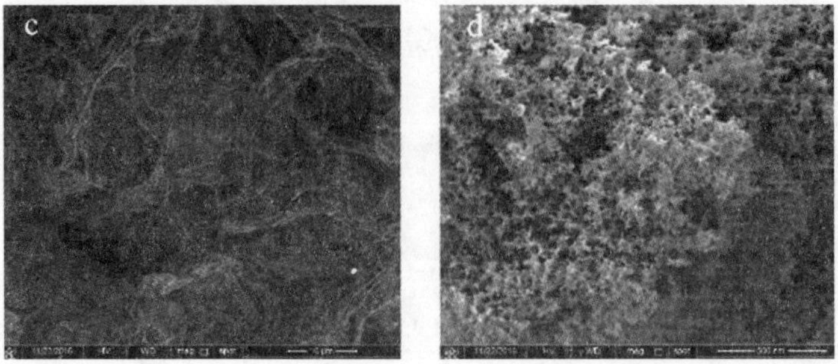

图 3-13　生物质和不规则驱动吸附剂 SEM 照片

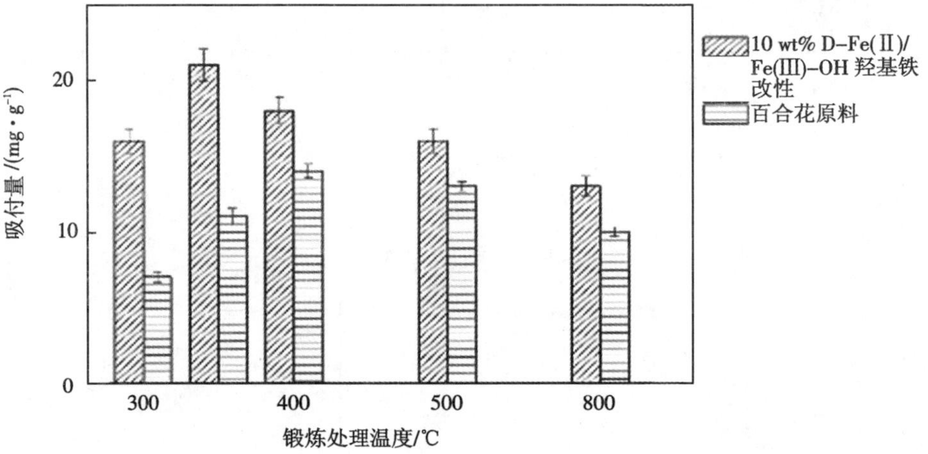

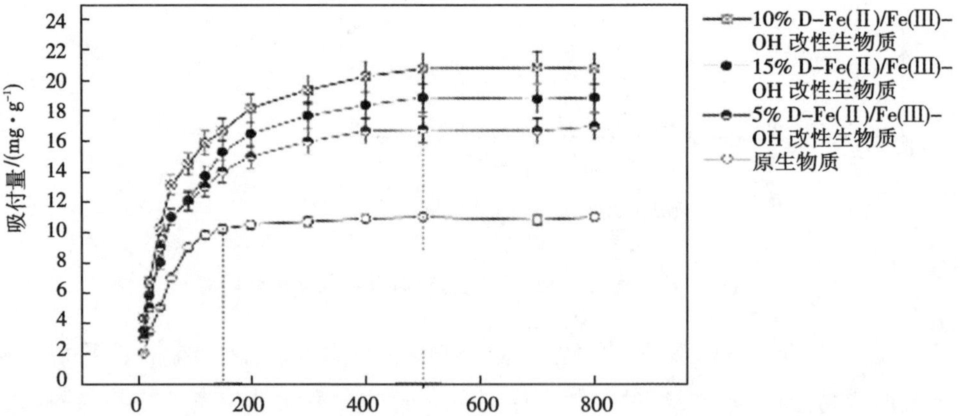

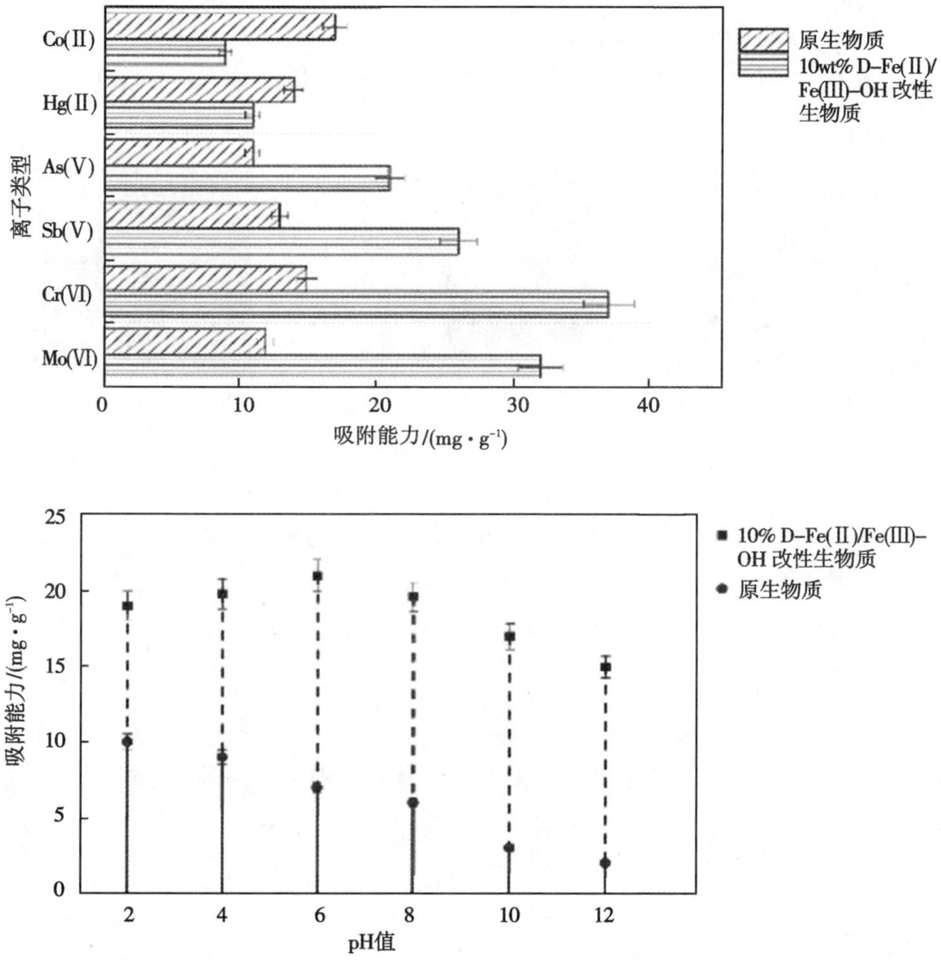

图 3-14　生物质和生物质基多级孔复合吸附剂对 As(Ⅴ)的净化研究

生物质基多级孔复合吸附剂对重金属元素 Mo，As，Cr，As 均表现出了良好的吸附效果，其中对 Mo，As，Cr，Sb 的吸附量分别可以达到 31，25，38，27 mg/g。研究结果表明 As 在吸附剂表面的净化行为包括吸附和还原两步，因此必须研究还原产物 As(Ⅲ)的残留问题，研究表明虽然吸附过程中伴随着砷的还原，但是吸附剂材料对具有更高毒性的 As(Ⅲ)也表现了卓越的吸附性能，因此可以有效地用于吸附净化重金属元素。

在过去的几年中，已经合成并应用了各种类型的基于生物质的吸附剂，由于低成本、现成的可用性、环境友好性和高效率被认为是最有效的吸附剂。各种生物质都可用于生产生物吸附剂，例如苹果皮、棉柴、锯屑、废茶、麦秸、凤尾蕨。原生物质基吸附剂的显著缺点是固体残渣会产生二次污染。通过引入柠檬酸、乙酸、氯化钠和氢氧化钾等化学物质，在生物质改性中应用了几种方法来获得潜在的生物吸附剂。

图 3-15　样品的扫描电镜图

大孔纳米复合生物质是由天然聚合物和硅酸盐合成，由纳米大孔骨架组成的，随着热解温度从 300 ℃增加到 600 ℃，纳米大孔骨架有序排列；此外，吸附实验结果表明，纳米复合材料具有较高的吸附容量，可以从水溶液中去除有毒离子，如汞离子、硼酸盐等。

沸石利用腐殖酸对硅酸盐的界面进行改性，结合吸附-混凝的测试结果，可用于从饮用水中去除抗生素。从图 3-16 可见，pH 值对吸附影响以及 pH 值为 4. 85 和 9. 44 对左氧氟沙星吸附的现场能量分布，计算了吸附现场的能量分布，描述了吸附剂的非均匀表面上的吸附，在较宽的 pH 值范围内具有良好的净化作用。

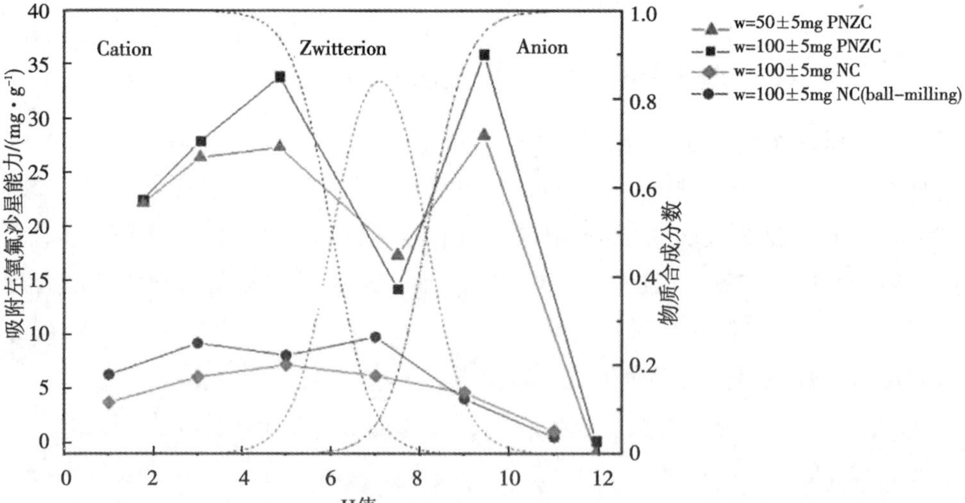

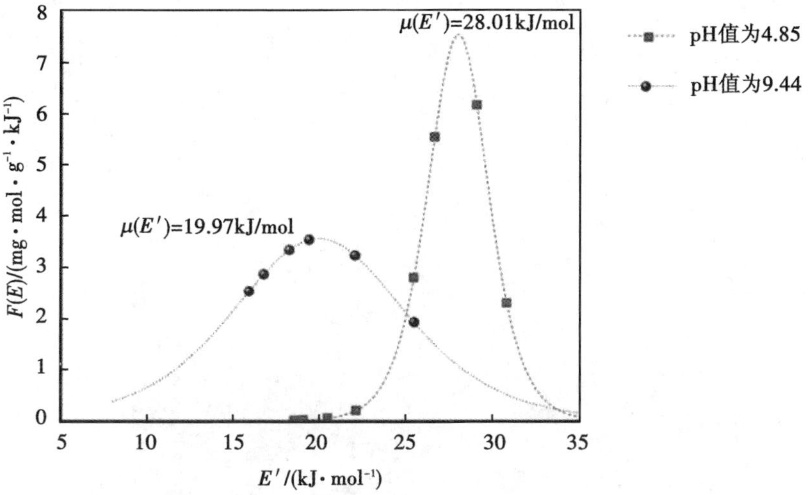

图 3-16　pH 值对吸附影响以及 pH 值为 4.85 和 9.44 对左氧氟沙星吸附的现场能量分布

铁化合物对生物吸附剂的生产具有许多优势。在较低温度(约 180 ℃)下，铁化合物可在大气中对生物质进行改性。铁化合物对生物体的毒性较低，并且铁化合物改性的生物质具有良好的磁性能和物理稳定性，非常适合水处理和分离；有利于生产具有高比表面积的中孔结构(见图 3-17)。

铁基吸附剂与混凝剂结合可以用于去除地表水中的重金属含氧阴离子。对铁磁纳米团簇和铁磁纳米团簇铁絮体复合混凝剂进行了测试，处理原理如图 3-18。比较了纳米团簇铁絮体在不同 pH 条件和不同投加量下的混凝性能，对应效果是铁基混凝剂好于铝基混凝剂也好于钛基混凝药剂，即 $FeCl_3 > AlCl_3 > TiCl_4$，显示出“同质吸附-混凝”过程的优势。

无论是具有离子印迹效应金属氧化物还是金属有机框架结构的材料，其中的强化分子精细识别的是与活性炭的主要区别。MOF 材料利用除去客体分子后留下的选择性多孔的空间形成不同空隙，利用其分子筛效应和性质，对其按分子的大小或相互作用力的不同进行选择净化，以及极大的比表面积。MOFs 材料金属中心的选择几乎覆盖了所有金属，包括主族元素、过渡元素、镧系金属等，其中应用较多的为 Zn，Cu，Fe 等。不同金属的价态、配位能力不同也导致了不同材料的出现。而对于有机配体的选择，则从最早易坍塌的含氮杂环类配体过渡到了稳定性好的羧酸类配体；在解决了 MOFs 材料除去客体分子后坍塌的问题后，由于种类繁多的羧酸类配体可供选择及修饰，人们合成了带有一种或多种目的基团的混合 MOFs 材料，不同官能团的组合大大拓宽了 MOFs 材料的应用范围。加之不饱和的金属位点，未饱和的金属中心与其进行结合来满足配位需求，可以与带有氨基或羧基的物质进行配位，从而使 MOFs 材料作为目标离子分离的有效工具。

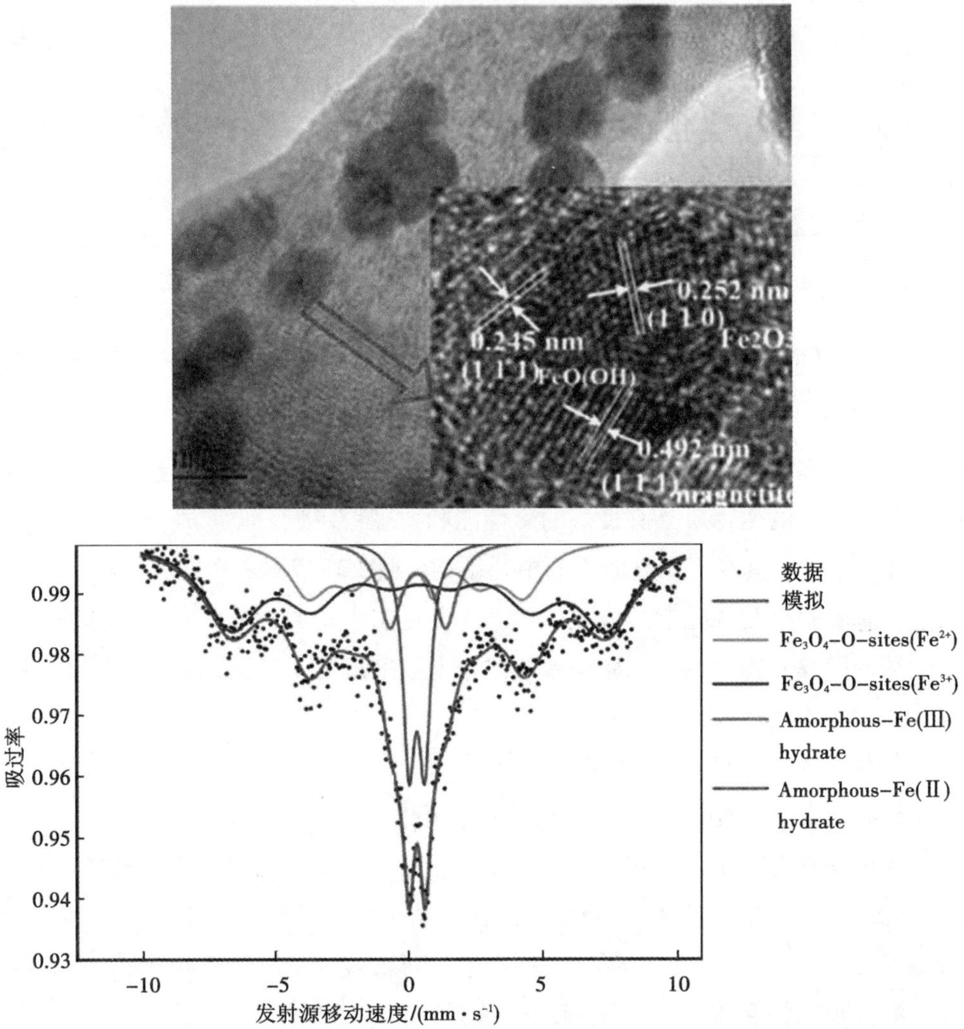

图 3-17　Fe/生物质的扫描电镜及其对砷的(穆斯堡示谱)图

(铁在吸附剂中存在形式及化合态)

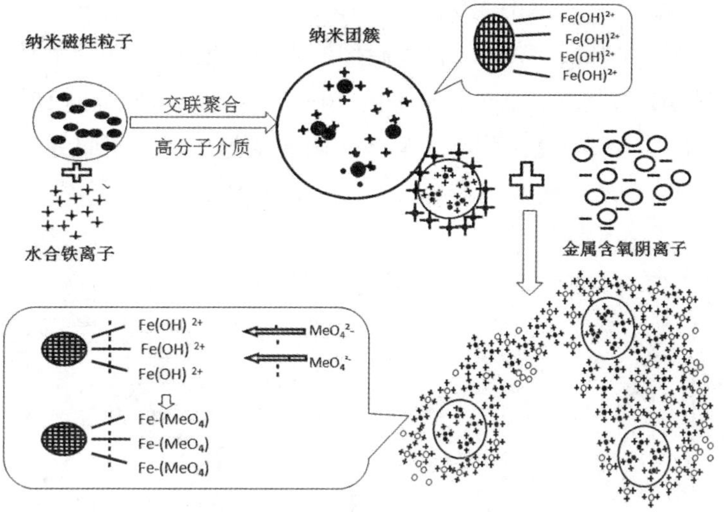

图 3-18 铁基吸附剂-铁基絮凝剂净化机理图

3.4.2 吸附剂在吸附-混凝体系的作用

3.4.2.1 吸附剂界面特性对絮凝作用分析

在吸附过程中吸附剂的微观孔道结构决定了其比表面积和离子扩散通道，直接制约着吸附量。吸附剂的表面官能团与污染物质之间的化学反应是选择性吸附的前提。同时表面官能团还制约着吸附剂的电性和润湿性，也是影响水质净化效果的关键因素。当吸附-混凝技术联用的过程中，吸附剂的表面官能团与絮体相互作用，不仅制约着絮凝效果的好坏，还制约着强化净化水质的品质，无机混凝剂在水处理中常用的有铁盐、铝盐和有机复合剂等。吸附剂的界面成分和结构不仅影响吸附效果，对不同成分絮凝剂在水解过程中也面临这“异质”成核和“同质”成核的影响。

以生物质基铁改性复合吸附剂为例，对水质中重金属表现了良好的吸附性，特别是对 As(Ⅴ)、Mo(Ⅵ)、Sb(Ⅴ)和 Cr(Ⅵ)重金属元素都具有良好的吸附效果。对制备具有不同表面结构的吸附材料，样品 1 和样品 2 通过静态实验探究其对重金属元素的吸附效果如图 3-19 所示，在不同的 pH 值下吸附量有所区别，总体上对砷的吸附比较高，而碱性条件下对铬的吸附下降得比较明显。利用不同条件下吸附样品进行光电子能谱(XPS)分析吸附剂和砷元素的价态变化(见图 3-20 和图 3-21)。过程中会伴随着 As(Ⅴ)的还原，伴随着 As(Ⅲ)的产生。这种差异归咎于界面的电荷密度不同和具体官能团的作用，当在不同界面结构下，样品 1-FSNs-OH 相对与样品 2FSNs 吸附 As(Ⅴ)后，表面羟基由原来的 58.5%降低到 10.3%，同时在吸附剂的表面发生了 As(Ⅴ)的还原，当吸附砷后，FSNs-OH 上的 Fe(Ⅱ)由原来的 70%降低到 61%，而且伴随着 30%的 As(Ⅲ)的出现，说明界面结构变化导致吸附效果的不同。不同的吸附剂、不同条件下对不同污染物的吸附过程显示出不同的趋势。

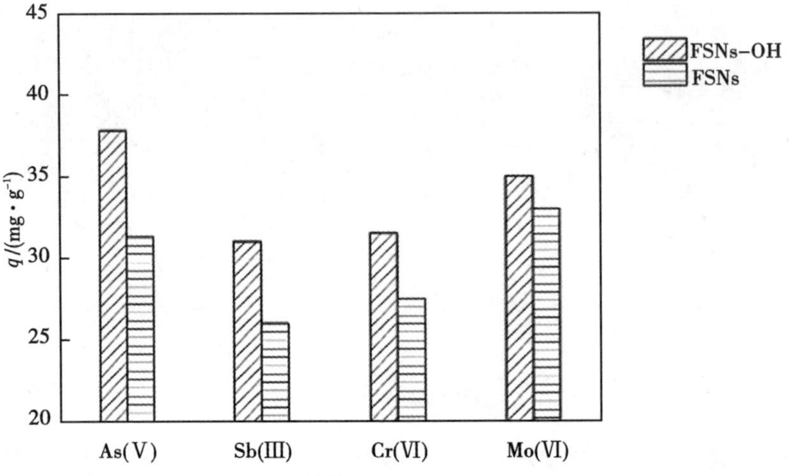

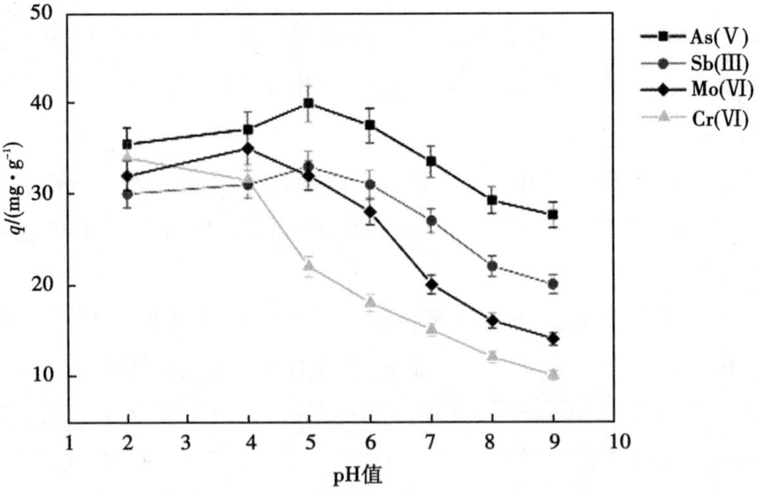

图 3-19 FSNs-OH 和 FSNs 对重金属的吸附效果图

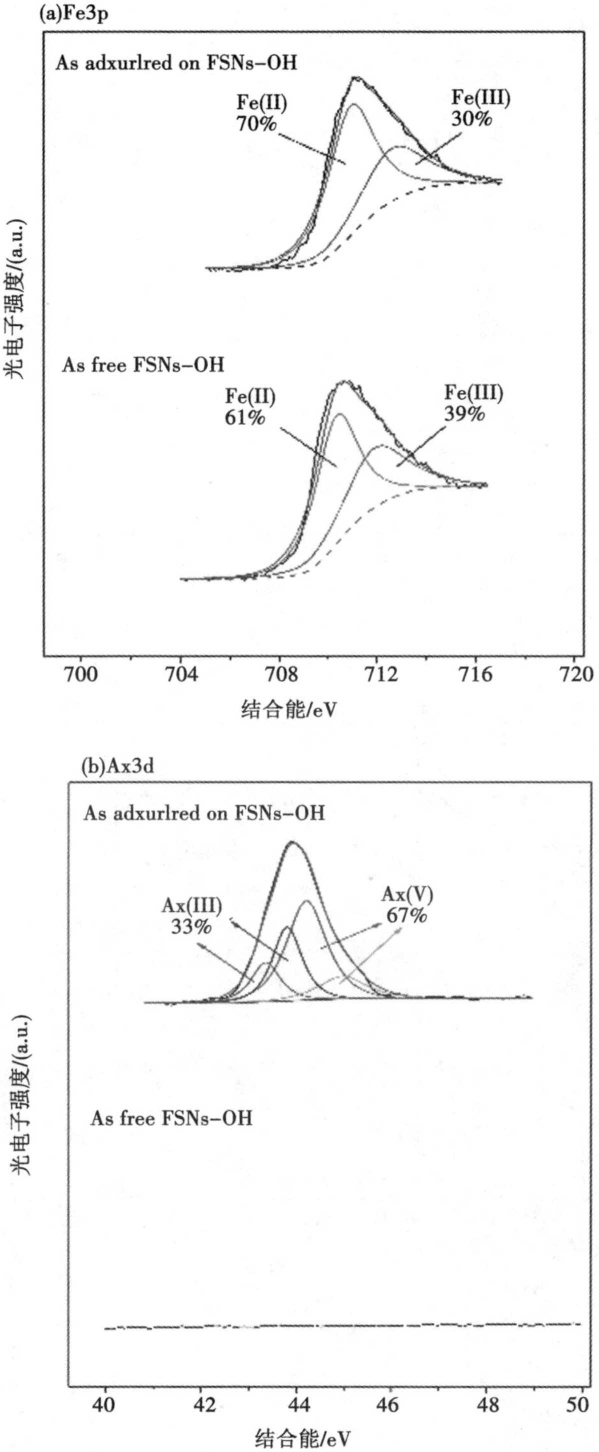

图 3-20　生物质基铁复合吸附剂吸附砷 XPS 分析

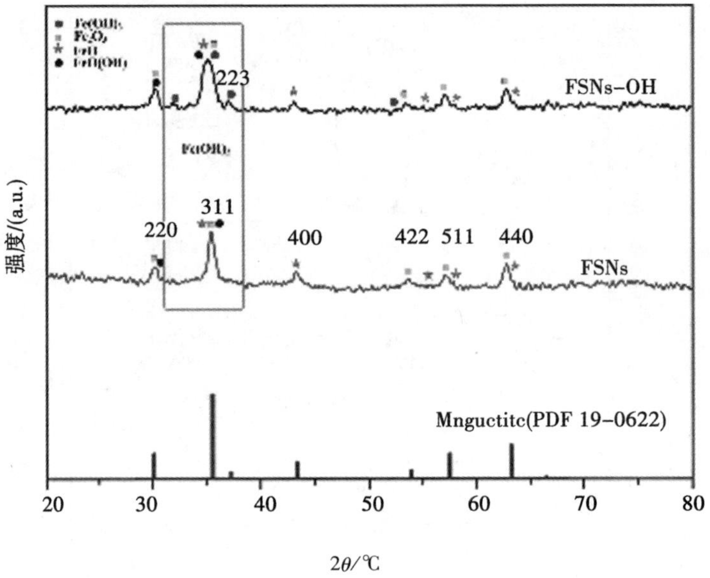
Fe(OH)₃
Fe₂O₃
FeH
FeO(OH)
223
FSNs-OH
Fe(OH)₂
311
220
400
422
511
440
FSNs
Mnguctitc(PDF 19-0622)
强度/(a.u.)
20
30
40
50
60
70
80
2θ/℃

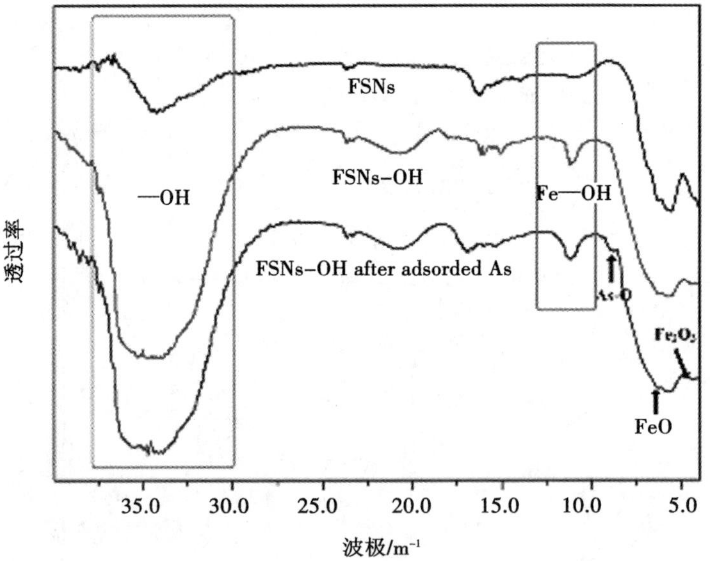
FSNs
—OH
FSNs-OH
Fe—OH
FSNs-OH after adsorded As
As-O
Fe₂O₃
FeO
透过率
35.0
30.0
25.0
20.0
15.0
10.0
5.0
波极/m⁻¹

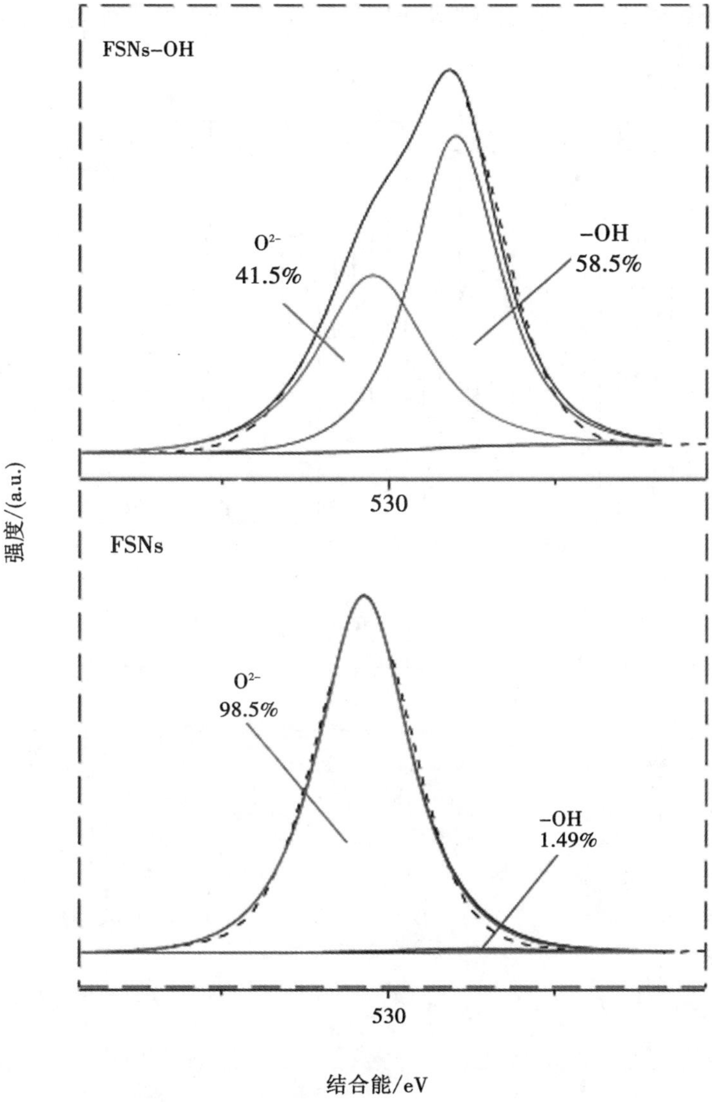

图 3-21 FSNs-OH 和 FSNs 的表征数据图

进一步探讨对絮凝作用的影响，当利用不同的絮凝剂与吸附剂进行吸附-混凝协同作用测试，钛盐(PEPT))、镁盐(MAGEER)、高分子(PAM)聚合硫酸铝(PAC)和氯化铝(PAS)、铝铁复合盐(PFP，PFSI)以及单独聚合硫酸铁(PFS)和氯化铁(PFC)，在相同条件下考察了砷的去除情况，见图 3-22。通过测试结果可以得到，同质絮凝剂对吸附剂纳米粒子的去除效果最好，并且对纳米粒子的去除效果受到体系 pH 值的影响。在总体上可以得出“同质成核”要好于“异质成核”，而不同的“异质成核”效果也不同，与混凝剂主体成分元素间的性质相关。

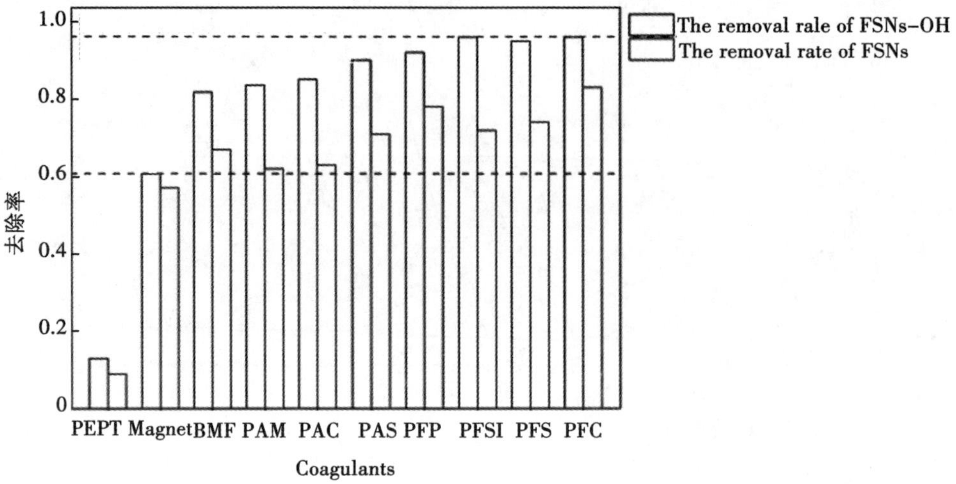

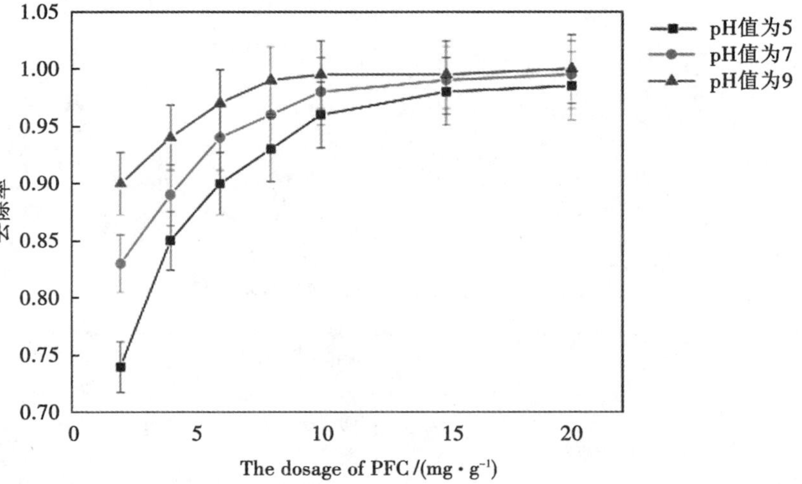

图 3-22　吸附剂成核条件与净化效果关系图

进一步利用相同条件下考察无吸附剂加入、加入样品 1 和样品 2 情况下的吸附-混凝协同净化过程的絮体的大小，如图 3-23 所示。结果显示出吸附剂的加入尽管不同的结构的吸附剂对絮体有很大的影响，但总体趋势是有利的。

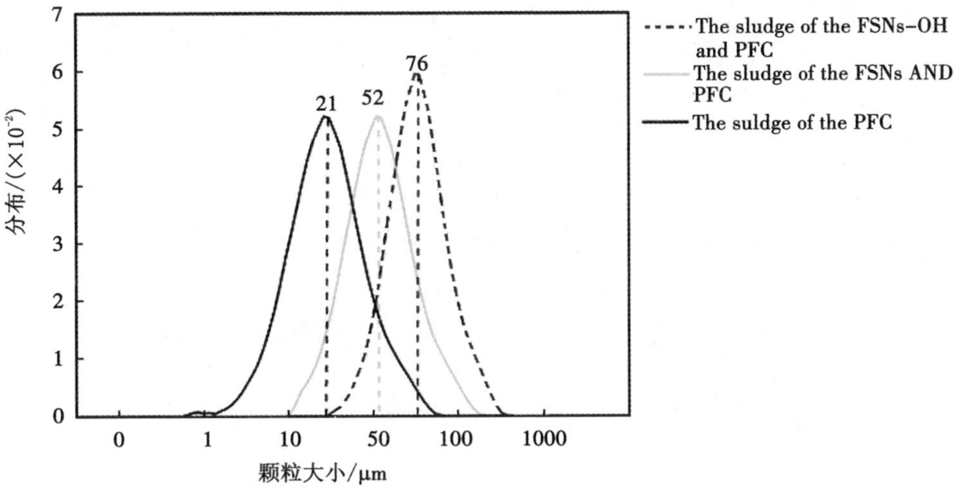

图 3-23　无吸附剂、加入样品 1(FCNs)和样品 2(FCNS-OH)混凝絮体测试

3.4.2.2　吸附剂的粒度与“晶种”作用分析

纳米吸附剂虽然具有较大的比表面，具有吸附污染物的作用，同时也给水厂对纳米颗粒的去除带来了负担，直接关系居民饮用水安全。2012 年 6 月 18—20 日，在德国柏林召开的国际水协(IWA)“颗粒物分离”专家组会议就将纳米颗粒的混凝去除作为一项单独的主题。目前，越来越多的研究着眼于纳米颗粒对水处理系统的影响，Paul Westerhoff 等人对美国亚利桑那州南部至中部的 10 家污水处理厂进水和出水中的纳米 TiO_2浓度进行了测定，发现污水处理厂进水中 TiO_2质量浓度为 181～1233 μg/L。Rajagopalan Ganesh 等人应用活性污泥去除铜纳米颗粒，取得了良好的效果，去除率可以达到 80%以上。但是目前应用的纳米吸附剂吸附法吸附处理水样后，并未将吸附剂做系统的回收处理，会造成一定程度的高毒纳米粒子污染，给水质带来潜在威胁。

在依次加入悬浮吸附剂和絮凝剂后，可以借助悬浮絮体层絮凝动力学理论进行分析，混凝过程是一个多相反应过程。一般情况下，只要保持适宜的 pH 值和搅拌强度，水解聚合和吸附脱稳阶段的速度非常迅速，而絮凝阶段的速度则缓慢得多。絮凝速度主要取决于碰撞效率、碰撞次数和速度梯度等因素。而产生碰撞的动力主要有：布朗运动、流体剪切作用(包含层流和湍流剪切)、差速沉降作用。

当干扰沉降速度随着颗粒浓度的增大而减小的同时，阻力系数是急剧增大的。以苏联学者的两个经验公式：$v_{cm}/v=m^{n/2}$和 $H_{cm}/\eta=1/m^{n}$为基础可以看出，在颗粒的材料、大小和水温不变的条件下，自由沉降速度及其阻力系数是不变的（式中：v_{cm}，v 为颗粒干扰沉降和自由沉降的速度；η_{cm}，η 为颗粒干扰沉降和自由沉降的阻力系数；m 为相应于 v_{cm} 颗粒的孔隙率；n 为系数，其平均值为 6.0）。

关于布朗运动的碰撞频率，Smoluchowski 选取了系统中的一个固定参照粒子，应用 Fick 定律考虑其他粒子对该粒子的通量：

$$\beta_i = 4\pi(a_i + a_j) D_i n_i \tag{3-1}$$

式中：β——单位时间内通过参照粒子周围单位面积的其他粒子数；

D——粒子的扩散系数；

n——粒子的计数浓度；

a_i——扩散粒子半径；

a_j——参照粒子半径。

在实际情况中，中心粒子 j 并不是固定的，它本身也进行着布朗运动，若 j 型粒子的浓度为 n_j，则该体系单位时间单位体积内的碰撞次数为：

$$\beta_i = 4\pi(a_i + a_j) D_i n_i n_j \tag{3-2}$$

因此，在考虑布朗运动时，引入粒子的半径和粒子浓度可以有效地增大体系内碰撞次数，提高混凝效果。

仅靠布朗运动引起的碰撞通常不会快速地形成大的聚集体，而流体的运动可以大幅度提高粒子的碰撞速率。Smoluchowski 假设粒子将随流体沿直线运动，并与相对位置相宜的其他流线上的粒子发生碰撞。这种碰撞的碰撞频率依赖于粒子的尺寸和速度梯度，也就是剪切速率 G。通过设定一个半径为 a_j 的中心固定球形参照粒子，以及半径为 a_i 的流动粒子，它们所在的流线范围是（a_i+a_j）范围之内的。此时，碰撞频率可以借用求解半径为 R_{ij} 的主题的扩散通量求得，则单位时间单位体积内 i，j 粒子发生的总碰撞次数为：

$$\beta_i = \frac{4}{3} n_i n_j \left(\frac{du}{dy}\right) (a_i + a_j)^3 \tag{3-3}$$

式中：du/dy——速度梯度，从方程中可以看出，碰撞速率与离子半径的立方成比例，随着粒子的长大，粒子被捕获的概率也随之增大。

学者一般根据经验，采用直接把不同机理下的碰撞频率直接加和来作为综合碰撞频率，由于在紊流状态下，差速沉降对混凝的影响可以忽略。所以，以布朗运动和剪切作用共同作用的碰撞频率为例，其经验的综合作用频率为：

$$\beta_{total} = \beta_{Br} + \beta_{shear} \tag{3-4}$$

这两种作用对混凝影响程度的相对大小取决于分散介质的流动状态，但这两种作用均与体系中粒子的大小和数量有关，因此，在混凝体系中引入吸附剂，控制其颗粒的大小和数量，可以提高混凝过程中的碰撞频率，进而提高混凝效率。

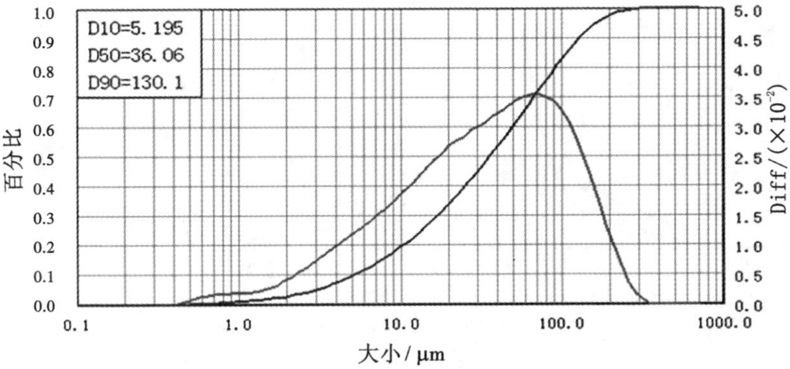

粒径/μm	含量
0.100	0.00
0.200	0.00
0.500	0.09%
1.000	1.09%
2.000	2.81%
5.000	9.57 %
10.00	19.28%
45.00	56.67%
75.00	73.27%
100.0	82.65%

图 3-24　无机复合吸附剂粒度分布

生物质基铁改性复合吸附剂的粒度为 5. 195～130. 1 μm，该粒度符合泥浆泵的要求，在注入药剂的时候可以选择泥浆泵将药剂注入它，能够起到一个桥连作用，以此形成更大的絮体结构。

$$\chi_{\text{saturation}} = \chi_{\text{saturation}(\infty)}\, e \frac{2\sigma V_{m}}{rRt} \tag{3-5}$$

根据 Gibbs-Kelvin[式(3-5)]所示，对于纳米颗粒来说，尺寸大小影响其在水中的溶解度，越小的尺寸溶解度越大。由此也就得出，当铁盐絮体中有磁性铁基氧化物纳米颗粒存在的情况下，铁盐能够形成更大的絮体，来降低出水的可溶性铁含量，以此来满足《生活饮用水卫生标准》(GB 5749—2006)。实验结果如图 3-25 所示。为了研究有无吸附剂作为外加“晶种”作用对絮体的大小作用，对两种吸附剂体系的絮体的粒径和形貌进行了分析，在加入吸附剂体系中形成絮体具有更大的尺寸，平均粒径为 79 μm，形成絮体后在此搅拌平均粒径在 72 μm，下降了 10%；而没有加入吸附剂，第一次形成的絮体粒度为 62 μm，当搅拌破坏后平均的粒径为 42 μm，下降了 32%，上述实验证明了加入的适当吸附剂可以形成外加“晶种”作用，不仅有利于絮凝过程的絮体形成，促进絮体沉降，而且有利于絮体的大小稳定，有利于沉降(见图 3-25)。

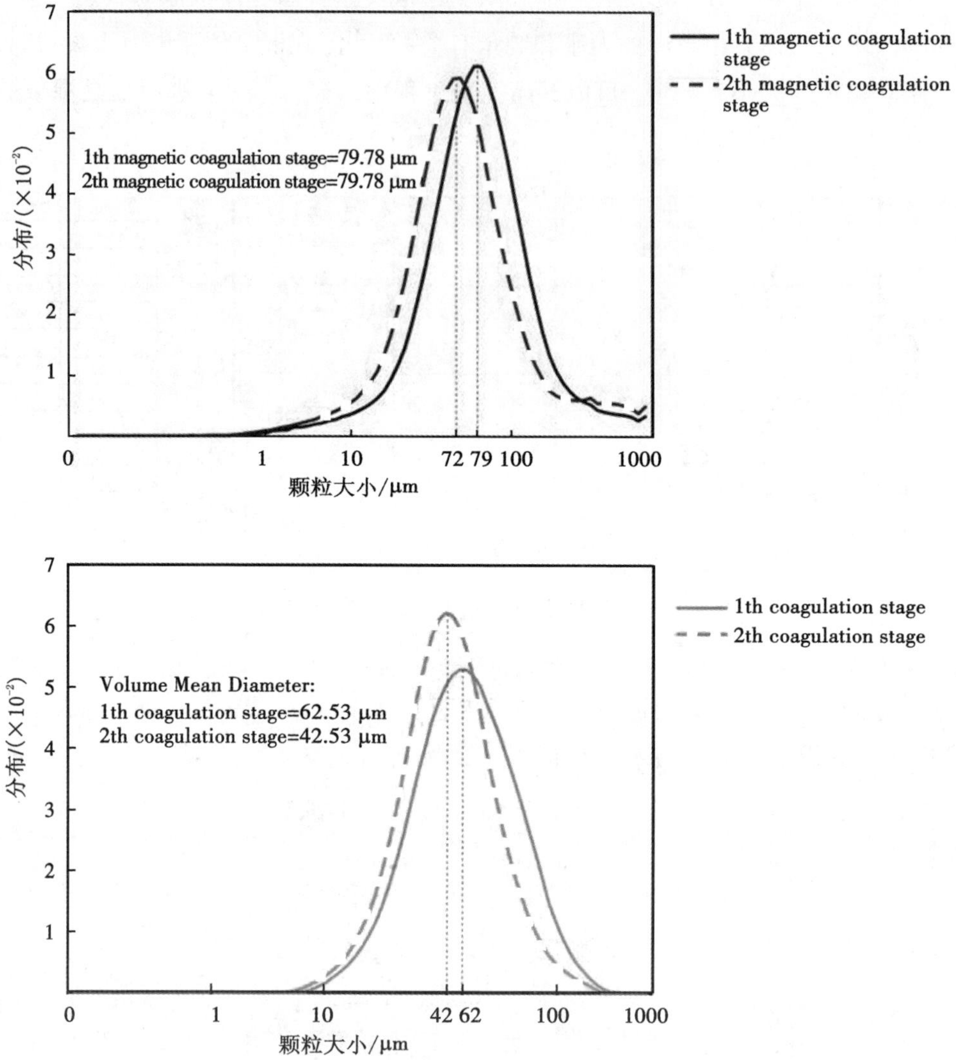

图 3-25　不同条件下混凝絮体粒度分布

基于上述分析，无论是絮体粒度的稳定性，还是吸附剂固体颗粒在絮凝过程中起到外带“晶核”作用，加快絮凝剂的水解，并增加絮体的密度方面，都有利于加速絮凝沉降过程。

3.4.3 吸附-混凝协同设备与工艺优化

以上根据悬浮絮凝动力学理论和吸附剂组成和界面结构方面进行个理论分析和实验验证，对于工业上应用无疑是应该采取适合反应特性的设备和工艺。

这里考虑常规工艺结合方面以及目前水厂能够实现的设备和工艺进行分析，以便于更好地实现预期的效果。

粉末活性炭的加入方式主要采取干粉加入，在取水口或在水厂加入。两者加入的时间间隔应该考虑混凝剂水解絮体是否会影响污染物的吸附，常规要求间隔在 30 min 以上比较好。原则上应该由实验测试决定，因为每次的应急处理过程污染物是不同的。可见，在实施吸附-混凝协同强化水质净化可以充分利用管道，而形成“管道悬浮吸附”，当然有条件的制备成专业的反应器无疑是更合理的。

在混凝和沉降方面，上节分析了由于吸附剂的加入而增加了悬浮物的浓度，更接近于悬浮絮凝过程。法国的得利满公司开发的高密沉降池可以作为借鉴，如图 3-26 所示。

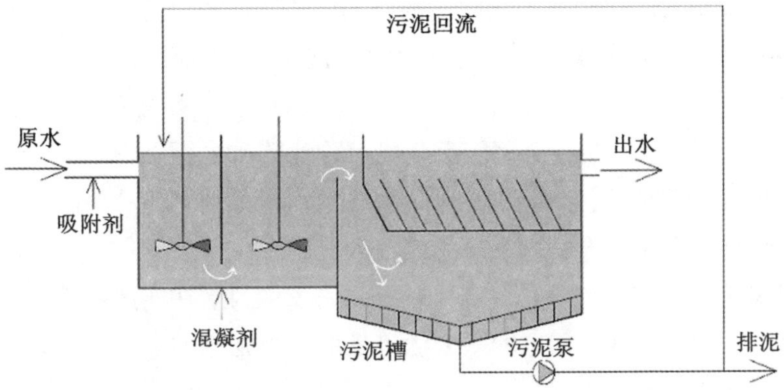

图 3-26　借助高密度澄清池进行吸附混凝设备结构图

在进水管设有管道混合器，加入吸附剂，在混合器内完成原水和吸附剂的快速混合吸附，在反应池的入口加入混凝剂，经絮凝搅拌机叶轮提升至反应区，并同时在反应区投加 PAM 或不加，进行慢速絮凝反应，以结成较大的絮凝体，再进入斜管沉淀区进行分离。澄清水通过集水槽收集进入后续处理单元。沉淀污泥通过刮泥机刮入泥斗中，在澄清池与污泥池水位差的作用下进行重力排泥进入污泥池。

吸附反应区：原水在管道混合器内与吸附剂发生吸附，并形成悬浮液，悬浮物在投加的混凝作用下易形成絮体，由下至上流至反应池内圆形导流筒的底部。在导流筒处的 PAM 加药口可以改为加入碱液或其他药剂如 PAM。原水、吸附剂和混凝剂慢速搅拌混合充分，在搅拌反应池和推流反应池串联反应单元内获得较大的絮体，达到沉淀区内快速沉淀。

沉淀浓缩区：絮凝矾花在搅拌器水力作用下进入沉淀区，吸附-混凝协同的一个优势增加絮体耐冲击力，避免絮凝矾花损坏。絮凝矾花由于重力在沉淀池下部不断汇集成污泥并逐渐浓缩。斜管设置在沉淀池的上部，用于沉降多余的矾花，保证出水水质中悬浮物尽可能低。泥斗中浓缩污泥通过重力排泥进入污泥池，最后由污泥泵输送。表面负荷的参数考虑吸附剂的加入量，设计时可以适当提高，但设备处理能力考虑絮体的完整性方面的优势，生成絮体矾花后在进入沉淀区的流速可以增加，处理能力不会有太多的变化。

高密度澄清池底部刮泥机的连续刮扫促进了沉淀区污泥的浓缩和排放。运行时，潜水泵、污泥循环泵、投药泵、通过流量计调节流量，同时根据不同的工况加以改变，以获得不同的出水水质。

工艺上采用污泥回流增加吸附剂的作用效率，将浓缩后的沉淀池吸附剂和污泥回流至混合池或絮凝池，也具有污泥回流优点：即增加水中颗粒物浓度，提高颗粒的有效碰撞效率，并增加混凝剂水解产物的絮凝核心，从而提高混凝效果；污泥中剩余的不溶性金属氢氧化物可作为附加的混凝剂，充分利用其吸附性能，并增加吸附位点，在处理相同水质和水量的前提下，能够降低混凝剂用量，进而减少污泥生成总量及污泥处置的费用。

为保障污泥回流工艺的化学安全性和生物安全性，在实施中控制回流比和预先试验是必要的，可以预见的一个优势是由于吸附剂的加入会提高回流污泥的沉降性能和脱水性能。

3.4.4 吸附-混凝协同处理微污染低温低浊水效果研究

受自然或人为因素影响，部分地区的水源会有一种或几种污染物指标略高于水源卫生标准，如受矿物影响的局部重金属超标、氟超标，受工业或生活污水影响的 COD、氨氮超标等，在我国北方地区，这些微污染水源与冬春季节的低温低浊水同时出现，是对传统水处理工艺的一项新的挑战。

目前国外部分地区采用直接过滤工艺处理低浊水，Zouboulis 等采用常规微絮凝直接过滤两种工艺比较 PAC 与 $Al_2(SO_4)_3$对低浊水的除浊效果，说明 PAC 处理低浊水效果更好，可以达到浊度要求。美国 Ali 等采用天然混凝剂来处理低浊饮用水原水，处理效果好，药剂用量少，应用天然材料降低生产成本。张跃军等在对白溪水库水处理时，考察了聚合氯化铝（PAC）、聚合硫酸铁（PFS）及两者分别与聚二甲基二烯丙基氯化铵（PDM）复配后除浊效果，结果是 PFS

的除浊效果最好，形成的絮体较 PAC 的吸附量大。程伟等研究了硅藻土、高岭土和 PAM 等作为助凝剂对絮凝过程的影响，研究表明以上 3 种助凝剂可以有效地促进絮凝过程去除浊度，投加量过少浊度去除不彻底，投加量过度则会引起浊度的再次升高。对于北方城镇由于冬季径流减少，原水的氨氮、有机物和盐量增加，含有一定藻类，采取预氧化法引入氧化剂，面临对水体造成二次污染的问题。水厂当中采取的一些传统方法如加入黏土等，对低温低浊效果明显，但对微污染物的去除不明显。因此混凝法和吸附法因为其成本低、操作简单和二次污染可控的优点具有潜在的应用价值。

前期研究中利用生物质基复合吸附作用制备出了系列吸附剂，如应用于铜绿藻、微囊藻毒素和重金属离子如铅、铬等的吸附剂；放射性元素锶和氟、氯等离子的吸附剂。在进行单一离子的理论研究的基础上，吸附剂与常规工艺协同研究正在逐渐开展，复合吸附剂表现出了灵活性高和适应性强的优势，对含硼、钼等污染的水源水进行了连续的测试研究，并实现了实际应用。为了验证对低温低浊微污染水的处理效果，选择不同时间(冬季到春季)以辽宁沿海的某备用水源水库为水源、应用硅铝基改性吸附剂(对有机物和氨氮的吸附具有一定的选择性)、以聚合氯化铝作为混凝剂。选取管道悬浮吸附、网格混凝、小斜板沉降和砂滤为基本工艺，进行设计研究处理 1 t/h 的原水，基本原理如图 3-27 所示。

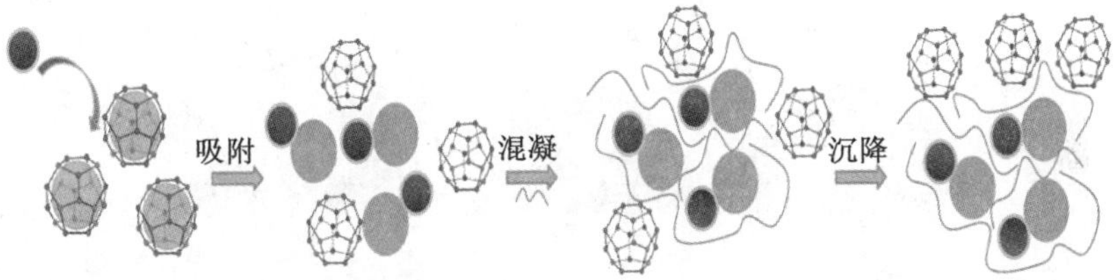

图 3-27　吸附-混凝除浊机理图

在低温水中加入改性吸附剂材料对微污染物进行吸附，通过粒子间的相互作用，破坏低温低浊水体稳定结构，同时增加粒子的碰撞概率；再通过混凝作用协助，借助“网捕”作用将浊度粒子和吸附剂粒子团聚在一起，依靠重力作用，形成沉淀达到浊度去除的效果。

借助接触角测试仪对吸附剂的亲疏水性进行测试，考察不同接触角的表面改性吸附剂对吸附-混凝去除浊度的影响，结果如图 3-28 和图 3-29 所示。

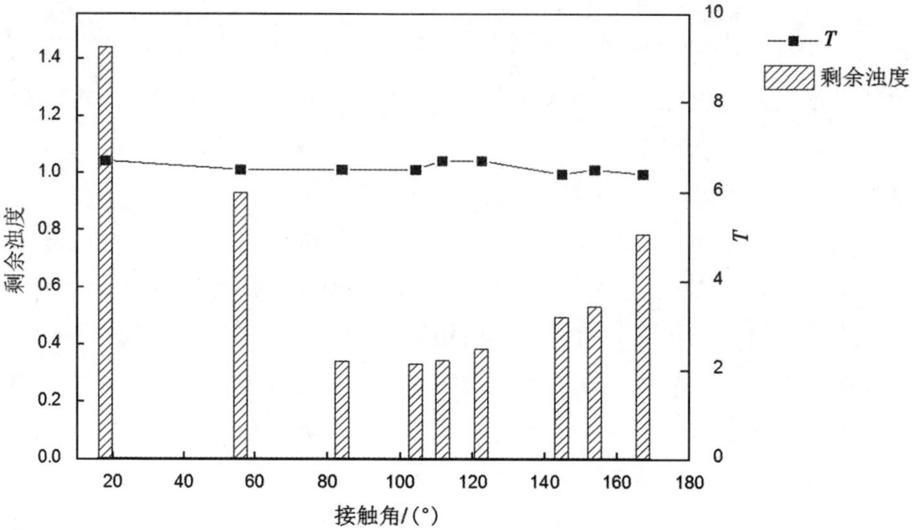

图 3-28　接触角对低温除浊度的影响

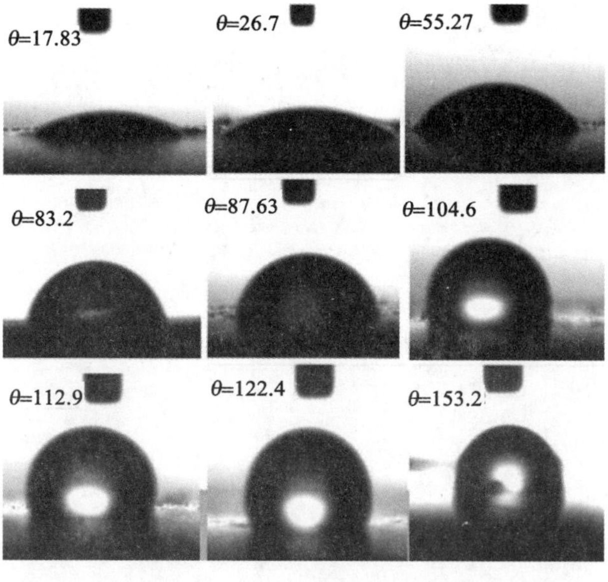

图 3-29　不同材料接触角图片

随着接触角增加，浊度去除效果不断增加，当接触角增加到 83.73°时，浊度达到 1 NTU 以下；接触角在 100°~150°时，浊度均在 0.5 NTU 以下；当接触角增加到 150°以上时，浊度开始增加；当接触角增加到 153°时，浊度增加到 0.6 NTU；接触角继续增大浊度继续增加。

水源水中存在大量具有鞭毛的藻类（如图 3-30 所示），此种藻类具有明显的细胞壁和叶绿素，并且多与水中的硬度物质钙、镁等共生，初步定性为硅藻类，在放大 100 倍的照片中可以发现其具有褐色的细胞结果，更符合其硅藻门小球藻的特性，其次根据分光光度浓度检测数据显示，原水中小球藻的浓度为 6.6×10^5个/L。从采样龙头水和原水进行煮沸处理，并进行镜检研究，如图 3-31 所示。

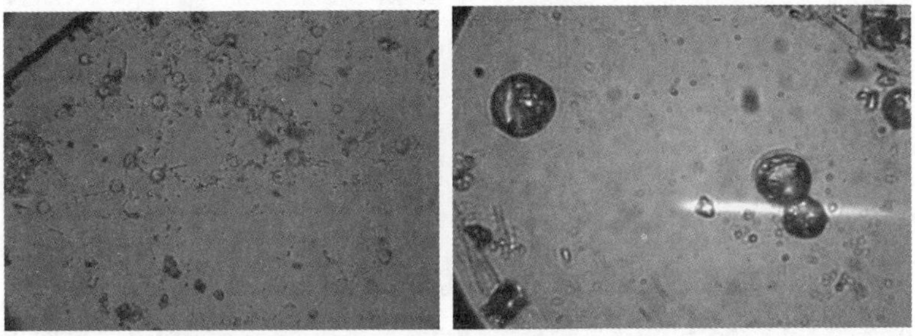

（a）250 倍　　（b）1000 倍

图 3-30　原水显微镜照片

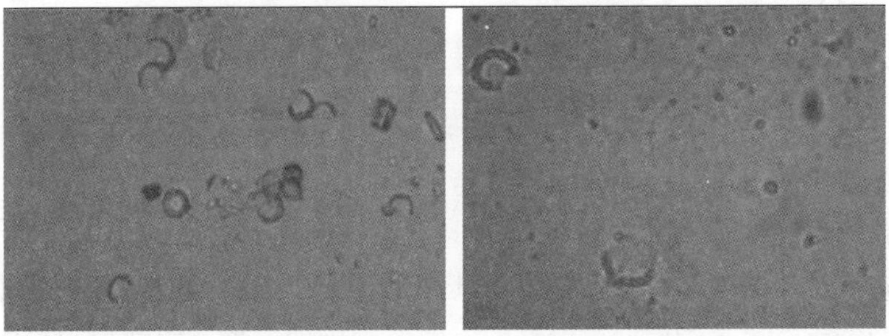

（a）原水煮沸　　（b）用户水煮沸

图 3-31　原水煮沸和用户水煮沸

龙头水煮沸腾后存在白色悬浮物，经过镜检为破裂后形成的硬度离子和细胞壁形成的白色沉淀，是由于冬季水质硬度升高和未除净的藻类造成的。

预氧化处理试验，采取了不同氧化剂进行氧化，考察了二氧化氯、臭氧、高锰酸钾和硫酸根自由基对藻类的去除效果和出水的藻类破坏，结果见图 3-32。

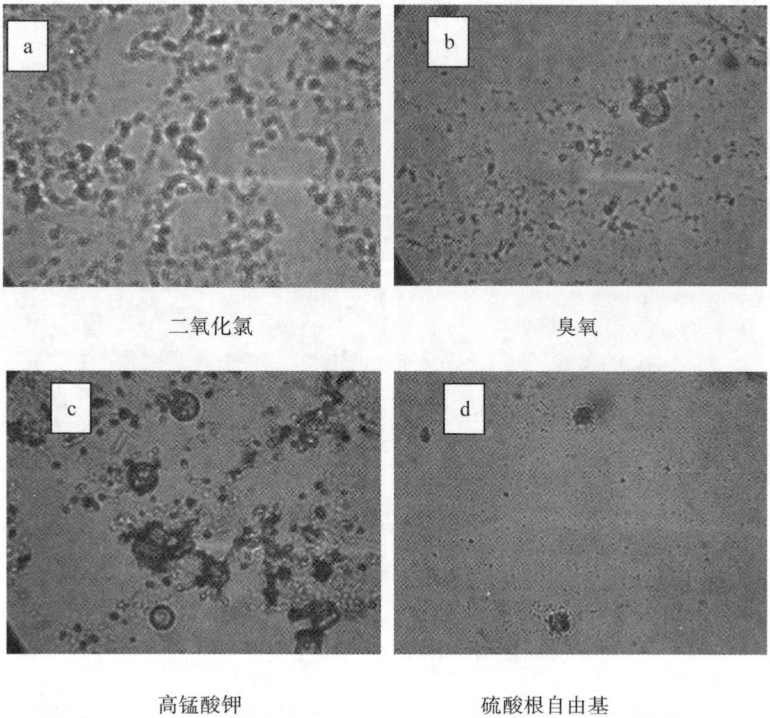

图 3-32　二氧化氯、臭氧、高锰酸钾和硫酸根自由基氧化后镜检照片

加入量为 0.5 mg/L，原水 pH 值为 7.2 左右，没有做调整。如图 3-33 所示，不同的氧化剂处理对藻类的去除效果不同，其中二氧化氯对藻类的去除效果最好，镜检照片显示，几乎全部的藻细胞被破坏，细胞内组织物释放出来。臭氧与二氧化氯的效果类似，但没有其氧化效率高。高锰酸钾和硫酸根自由基对藻类的氧化效果不明显，有大量的完整藻细胞的存在，硫酸根自由基氧化去除藻类首先作用于细胞壁使其溶解，但是溶解速率较慢。

常规工艺对藻类的净化去除效果均不太理想，其中过滤能去除 60%较大的藻，但是体积较小的无法去除。为了研究藻类对滤床的影响，选取了应用一段时间的滤床，清洗后直接对 1 洗水进行镜检，如图 3-34 所示。

虽然过滤可以去除部分藻细胞，但是大量的藻细胞在石英砂滤床中生长，形成发达的根部，并且检测显示存在于砂滤料中的藻类有大部分处于分裂期，降低了滤床的使用寿命，同时带来了高浓度富集生长的问题。

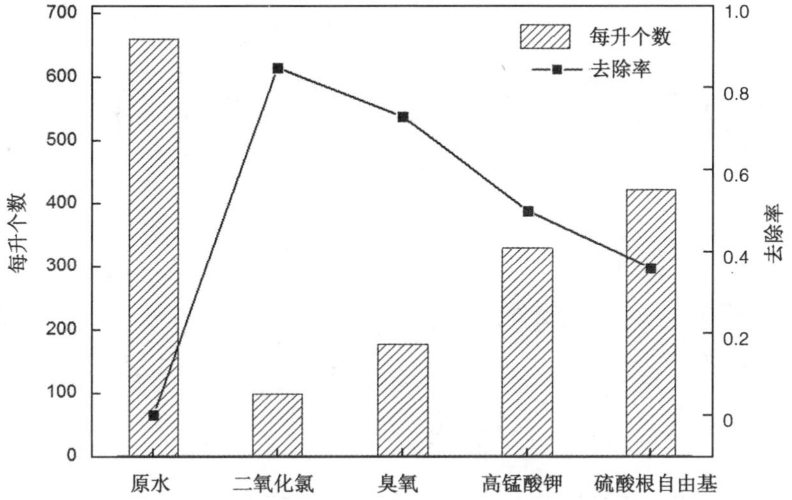

图 3-33　氧化处理效果数据

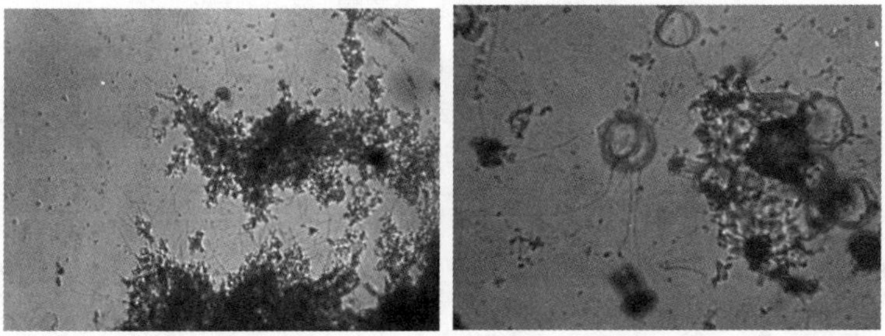

(a) 250 倍　　(b) 1000 倍

图 3-34　滤床水洗液显微镜照片

根据吸附剂不同界面特性，对藻类的预处理评估实验确定了改性吸附剂、混凝剂不变进行吸附-混凝处理藻类净化实验，结果图 3-35 所示。

改性吸附剂 2 通过吸附-絮凝耦合工艺达到二氧化氯氧化的类似结果，对藻类的去除率可以达到 83%，从而结合过滤可以提高对藻类的净化作用。

吸附混凝后出水中藻类明显降低，同时浊度也明显减低，说明了吸附-混凝耦合不仅可以有效地去除藻类，还会提高净水效率。在吸附过程中藻类与吸附剂粒子通过化学作用吸附在一起形成大的颗粒，投加絮凝剂后因为碰撞频率加快，提升了絮凝的效果，形成较大的絮体，同时通过絮凝过程中的网捕作用将未被吸附的制造类固定在网格中，随着絮体沉降下来，达到净化水质的目的（见图 3-37）。

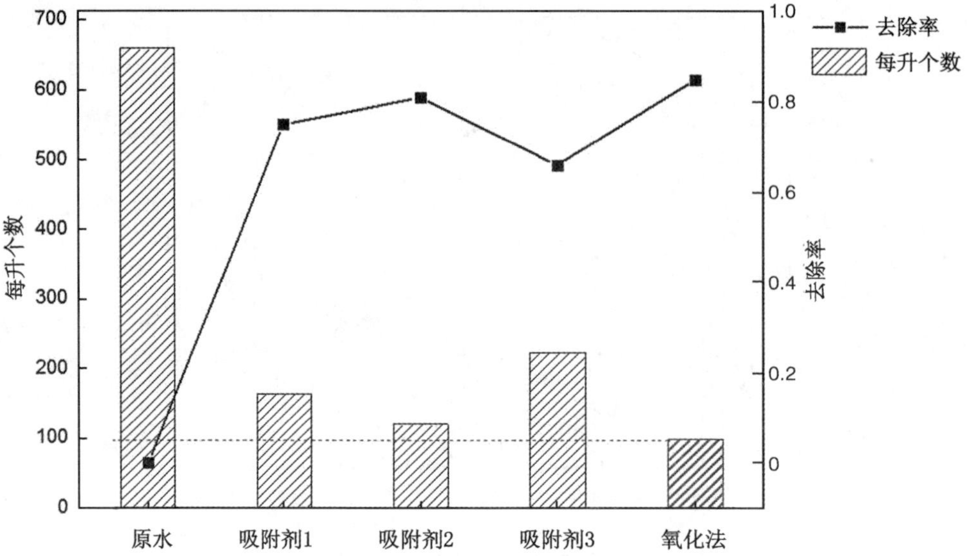

图 3-35 不同吸附剂的吸附混凝过程净化效果图

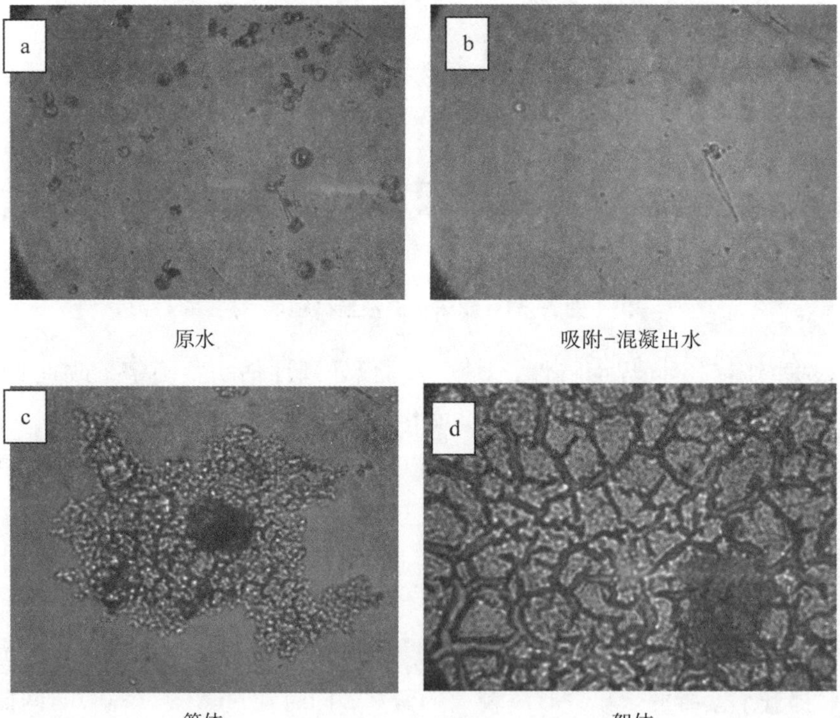

原水　吸附-混凝出水

等体　絮体

图 3-36 原水、吸附-混凝出水、絮体照片

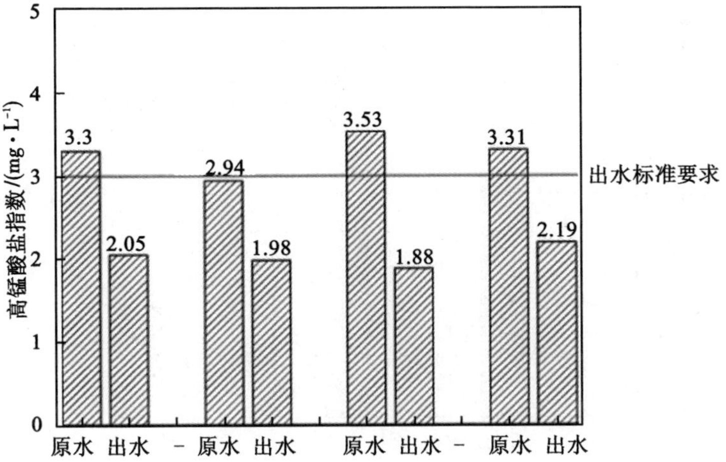

(a)耗氧量(COD_{Mn})去除效果

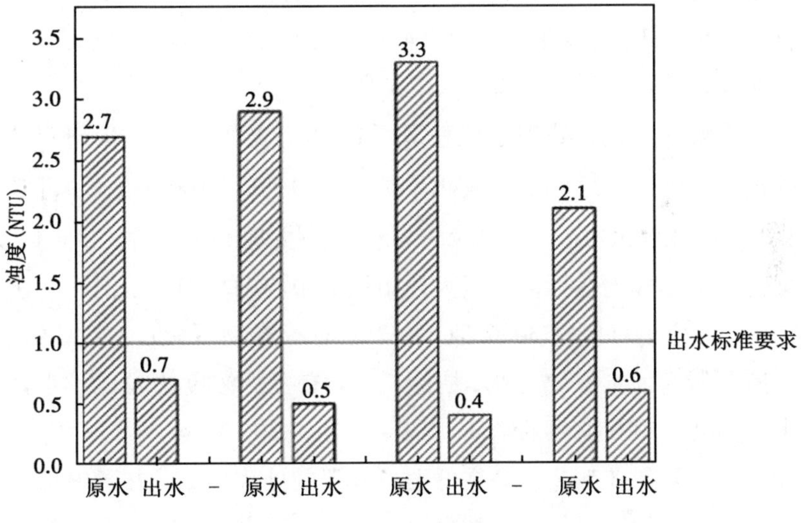

(b)浊度去除效果

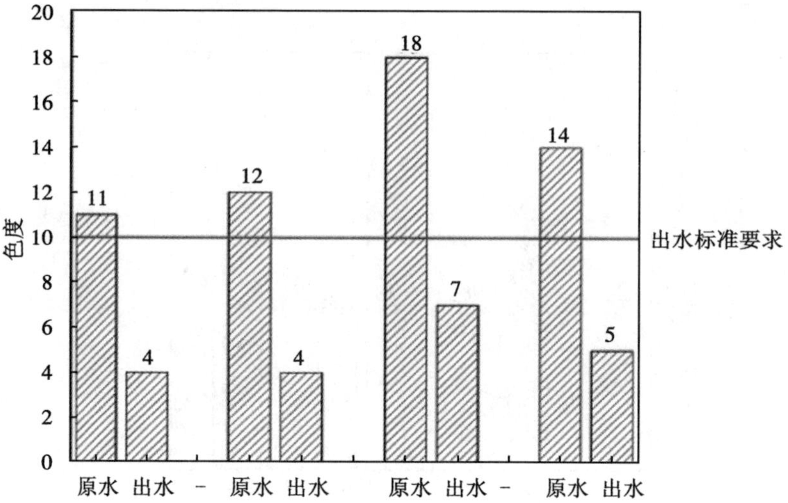

(c)色度去除效果

图 3-37 吸附-混凝对耗氧量、浊度、色度的去除效果比较

结合水质特征及药剂材料特性，通过改性获得的混合吸附剂 3 对氨氮的净化效果较好，通过评价 pH 值、药剂投加量、处理时间等方面，确定该药剂可作为本次水质净化的药剂使用，并引入中试研究。

应用吸附混凝工艺，处理水质耗氧量(COD_{Mn})为 3.5~4.0 mg/L 的原水，控制吸附剂投加量$(1\sim3)\times10^{-5}$ mg/L，混凝剂$(1\sim3)\times10^{-5}$ mg/L，可实现深度净水，出水水质耗氧量(COD_{Mn})在 2.0 mg/L 左右；浊度 0.5 左右，色度 5 左右，主要污染指标全部处理达标。且经大连市检测中心和沈阳市检测中心进行了定性分析，水样中检出有机物 30 余种，由于没有标准物质，无法判断物质浓度，但根据质谱峰强度，技术人员初步估计，各类有机物浓度均较低。水样中未检出符合水质标准中 106 项内的物质。

实验验证吸附剂和工艺设备在低温条件下的处理能力，并考察低温条件下去除有机物和氨氮的情况。检测数据显示，冬季原水有机物含量降低，氨氮指标升高，经本工艺处理后均可实现达标，且低温低浊问题得到有效解决。

饮用水的处理方法应根据水源水质特点及供水水质要求而定。19 世纪初，饮用水的净化是以去除原水中的浊度和灭菌为目的，处理后便可得到透明、无臭、无色的饮用水。随着水源水质发生变化，污染物的多样性和复杂性的出现，常规处理工艺已经不能有效地去除水中的这些污染物。采用粉末活性炭作为广

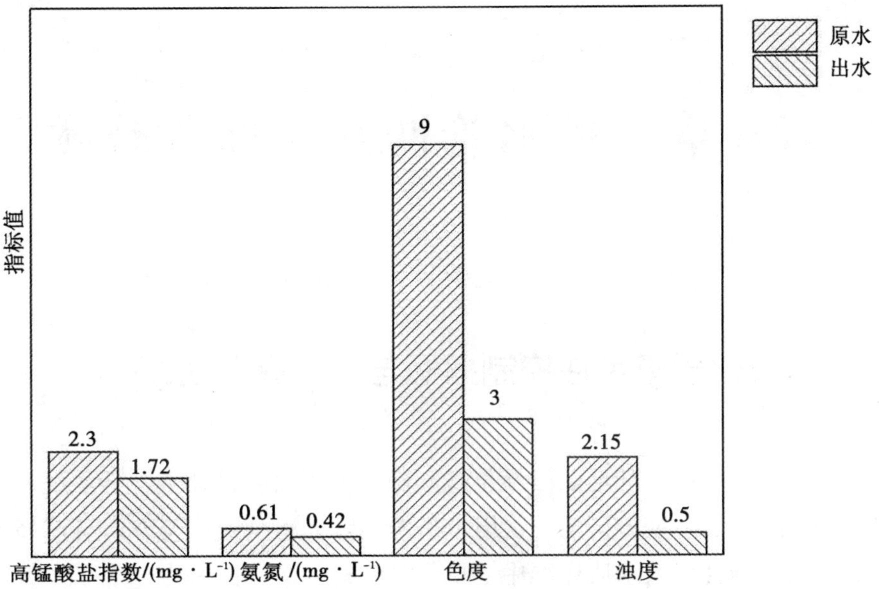

图 3-38　复合吸附剂+铝系混凝剂效果

泛使用的可吸附的污染应急处理措施，在常规水处理工艺中容易实施。但对于活性炭不可吸附的污染物难以达到预期效果，且具有成本高、易漂浮等缺点，为此根据目标污染物的不同，选用系列复合吸附剂与混凝协同作用，对混凝出水整体水质提升和操作有强化作用，尤其是对低温低浊的微污染水处理显示出良好的效果和应用的灵活性和适应性，为提高水质净化效率提供了良好的方法。

第4章 供水管网水质保障技术

4.1 水质化学稳定性控制指标与水质稳定理论

如今，大部分国家和地区已经重视和制定了相应的符合本国和地区的比较完整的饮用水标准，如德国的《饮用水条例》对管网水质检测方面有严格的规定；日本将腐蚀性引入水质标准中，要求朗格利尔指数标值为-1，尽量接近于0；俄罗斯规定中央政府制定供水质量检测流程。居民饮用水是一个系统工程，先将原水引入自来水厂，在自来水厂进行净化处理，再将出厂水通过管网输送到居民家中。管网对水质的影响涉及管道界面与水的平衡，包括水在管路的停留时间、运行流速、压力参数。管路的渗漏、破裂会导致污水渗入；管网的腐蚀会引起铁的释放；管壁沉积物，即通常所说的水垢（化学垢和生物黏泥）在出厂水水质pH、溶解氧、含盐量和余氯等作用下发生化学和生物变化。同时多水源供水状况下，改变了水体与原有的水垢平衡，导致管体中水垢变质和脱落，引起管网水质污染；且随着管道使用时间的增加，管道内部的水垢和微生物增多，造成水质恶化等问题，需要系统地考虑和研究考察。

日本、荷兰和德国对管网的水质有严格的控制指标，其他国家也有相应的杂质含量要求。供水管网的水质调控包括水质化学稳定性调控与生物稳定性调控。管网的生物稳定性调控主要是提高出厂水的质量，降低有机物的浓度，如可同化有机碳（assimilable organic carbon，AOC）或生物可降解溶解性有机碳（biodegradable dissolved organic carbon，BDOC）浓度或调控出厂水及管网泵站消毒剂的投加量。水质的化学稳定性主要由腐蚀和结垢、管路的沉积物和管路渗出物控制；所有的水型在一定条件下都具有腐蚀性，腐蚀可以导致药剂功能失效、水量损失和水质的恶化，同时造成管路内部结垢的脱落和微生物的生成。

4.1.1　出厂水水质化学稳定性的控制指标

管网水质的化学稳定性与管网所用的材料有关，为避免腐蚀，进入不同管材的管网中的水质应考虑符合一定条件。挪威、丹麦、芬兰、荷兰、德国、瑞典和美国的学者曾联合研讨了这一问题，并建议性地针对不同管材提出了相应的出厂水水质化学稳定性的控制指标。对于由各类管材组成的管网，进入管网的水应符合以下条件：pH 值为 8.0~8.5；碱度为 33~82 mg/L；有机物必须存在，但数量不宜多；总硬度为 37.5~75 mg/L；Cl^- 及 SO_4^{2-} 要少。针对管网水质的化学稳定性问题，很多国家已经在出厂水的水质标准中给出过一些指标，见表 4-1。

表 4-1　一些国家出厂水化学稳定性控制指标

序号	项目	挪威	丹麦	瑞典	芬兰	德国	荷兰	美国和加拿大
1	碱度/($mg \cdot L^{-1}$)	60~80	>160	>100	>60		>200	
2	Cl^-/($mg \cdot L^{-1}$)	<100	<50	<100	<100	<250		<250
3	SO_4^{2-}/($mg \cdot L^{-1}$)	<100	<50	<100		<240		<250
4	TFe/($mg \cdot L^{-1}$)	<0.1	0.05	0.05		<0.2		<0.3
5	Mn^{2+}/($mg \cdot L^{-1}$)	<0.05	0.02	0.02	0.1	<0.05		0.05
6	硬度/($mg \cdot L^{-1}$)	15~25	20~200	20~60	20~30			
7	Al^{3+}/($mg \cdot L^{-1}$)	0.1	0.05	0.1	0.3	<0.2		0.1
8	pH 值	2.5~8.5		7.5~9	7~9	6.5~9.5	7.8~8.3	
9	Larson(LR 指数)					<1	<1	

针对特殊的管道也有相应的要求。

① 对于由铁管组成的管网，进入管网的水应满足：pH 值为 7.0~8.5；碱度大于 10~25 mg/L(北欧建议碱度大于 25 mg/L)；应该存在钙离子；溶解氧大于 2 mg/L；有机物必须存在，但数量不宜多。对于铸铁管、球墨铸铁管、钢管，$[HCO_3^-]/([SO_4^{2-}]+[Cl^-])>1.5$。对于镀锌钢管，$[HCO_3^-]/(2[SO_4^{2-}]+[Cl^-])>1.0$。

② 对于由水泥压力管、水泥砂浆衬里的金属管材组成的管网，进入管网的水应符合以下条件：pH 值为 7.0~8.5；碱度大于 15 mg/L；钙离子大于 10 mg/L；侵蚀性 CO_2 小于 5 mg/L；硫酸盐小于 200 mg/L。

4.1.2　水质化学稳定性理论基础

水质稳定涉及诸多因素，如水温、微生物和气体等，一些研究者对此进行了系列研究，归纳如下。

4.1.2.1 Langelier 饱和指数

Langelier 饱和指数，被称为 LSI，是应用最广泛、最早的指数。1936 年朗格利尔(Langelier)通过热力学碳酸钙溶解平衡推导出 Langelier 饱和指数。其定义为：

$$LSI = pH - pH_s \tag{4-1}$$

式中：pH——水的实际 pH 值；

pH_s——碳酸钙饱和的水中一系列动态平衡时的 pH 值，称之为饱和 pH 值。

Langelier 饱和指数从热力学平衡角度出发，认为在某一水温下，水中溶解的碳酸钙达到饱和状态时，存在一系列的动态平衡，并且此时水的 pH 值是个定值。当 LSI=0 时，水质稳定；当 LSI>0 时，碳酸钙处于过饱和，有结垢倾向；当 LSI<0 时，碳酸钙未饱和，有腐蚀的倾向。LSI 受很多因素的影响，主要与水的碱度、钙离子浓度、离子活度和水温有关，此外还受到离子强度、TDS、压强及其他能形成碱度的成分等多种因素的影响。为了简化计算，一般可将某些因素忽略。通常有两种简化计算方法。一种是美国公众健康协会(APHA)和美国供水协会(AWWA)合编的 *Standard Methods for Examination of Water and Wastewater*(2019 版)中记载的 pH_s 计算方法为：

$$pH_s = pK_2 - pK_s + p[Ca^{2+}] + p[HCO_3^-] + 5pfm \tag{4-2}$$

$$[Ca^{2+}] = [Ca^{2+}]_t - [Ca^{2+}]_{ip} \tag{4-3}$$

$$[HCO_3^-] = \frac{[AlK]_t - [AlK]_0 + 10^{(pfm-pH)} - 10^{(pfm+pH-pK_w)}}{1 + 0.5 \times 10^{(pH-pK_2)}} \tag{4-4}$$

$$pfm = A\left(\frac{\sqrt{I}}{1+\sqrt{I}} - 0.30I\right) \tag{4-5}$$

化简得到：

$$pH_s = pK_2 - pK_s + p[Ca^{2+}]_t + p[AlK]_t + 5pfm \tag{4-6}$$

式中：pK_2——碳酸的二级解离常数的负对数，25 ℃下为 10.33，与水温有关；

pK_s——碳酸钙溶度积常数的负对数，25 ℃下方解石为 8.48，与水温及晶型有关；

pK_w——水的解离常数的负对数，25 ℃下为 13.99，与水温有关；

pfm——1 价离子活度系数的负对数，与水温及含盐量有关；

$[Ca^{2+}]$——钙离子摩尔浓度，mol/L；

$[Ca^{2+}]_t$——钙离子各种形体的总浓度，mol/L；

$[Ca^{2+}]_{ip}$——钙的配位离子对摩尔浓度，mol/L；

$[HCO_3^-]$——碳酸氢盐离子摩尔浓度，mol/L；

$[ALK]_t$——总碱度，mol/L；

$[ALK]_0$——除 HCO_3^-、CO_3^{2-}、OH^- 外其他成分形式的碱度，mol/L；

A——常数，25 ℃下为 0，与水温有关；

I——离子强度，与含盐量有关，I = TDS(mg/L)/4000 或 I = 电导率(μs/cm)×1.6×10^{-5}。

4.1.2.2 S&DSI 指数

1952 年，Stiff 和 Davis 发表文章讨论在 TDS>4000 mg/L 时朗格利尔指数 LSI 条件下判断碳酸钙的结垢趋势，S&DSI = pH−p[Ca]+p[ALK]+K(离子强度与温度函数，25 ℃时为 20~35)；该指数在海水淡化中具有一定的指导意义。

4.1.2.3 Ryznar 稳定指数

Ryznar 针对 Langelier 饱和指数的上述弊端，在大量实验的基础上，于 1944 年提出了半经验性的 Ryznar 稳定指数 IR，又被称为 RSI(莱氏指数)。其定义为：IR = $2pH_s - pH$，用 Ryznar 稳定指数判断水质化学稳定性的情况如表 4-2 所示。

表 4-2 Ryznar 稳定指数判别水质化学稳定性情况表

稳定指数	水质化学稳定性	稳定指数	水质化学稳定性
4.0~5.0	严重结垢	7.0~7.5	轻微腐蚀
5.0~6.0	轻度结垢	7.5~9.0	严重腐蚀
6.0~7.0	基本稳定	9.0 以上	极严重腐蚀

以 Ryznar 稳定指数来判别水质的化学稳定性，在某些情况下较饱和指数更接近实际，但它仍然是以 pH_s 为计算基础，因而也同样存在局限性。通常将 Langelier 饱和指数与 Ryznar 稳定指数配合使用，来判断供水系统水质的化学稳定性。

4.1.2.4 拉森指数

Larson 和 Skold 在分析大量铁管腐蚀速率数据时，发现水体中碳酸氢根的存在对于缓解腐蚀起着重要作用。他们认为水体的腐蚀性取决于水中腐蚀性组分对于缓蚀性组分的比例，并于 1957 年提出了拉森比率(Larson Ratio)的概念。拉森比率被定义为：

$$LR=[2SO_4^{2-}]+[Cl^-]/[HCO_3^-] \quad (4-7)$$

式(4-7)中氯离子、硫酸根、碳酸氢根的单位均为mol/L。拉森比率考虑到了氯离子和硫酸根等无机阴离子对腐蚀的影响。水体中含盐量的增加会提高水的电导率，加快腐蚀进程；且氯离子和硫酸根等无机阴离子半径小，容易穿透破坏金属表面的钝化膜，促进腐蚀，引起水质恶化。

LR值越低，水的腐蚀性就越小。Larson认为，LR应小于0.2以降低水的腐蚀性，0.2<LR<0.3，水体对管道的腐蚀性能降低到较小的程度，LR>0.7，水体具有高腐蚀性，当LR>1时，水体具有严重腐蚀性。

以上稳定指数用得比较多，尤其是LR指数在日本和德国得到了特殊的强调。而水质不同、管材不同，各种影响也不尽相同。以下介绍硬度较高的水质对结垢趋势判断和垢物溶解情况的意义。

4.1.2.5　碳酸钙沉淀势CCPP

Langelier饱和指数和Ryznar稳定指数只能给出有关水质化学稳定性的定性概念。对于结垢性或者腐蚀性的水来说，究竟每升水中应该沉淀或溶解多少碳酸钙才能使水质稳定，饱和指数和稳定指数都是无能为力的。碳酸钙沉淀势CCPP则能给出碳酸钙的沉淀或溶解量的数值，因而是个更好的水质化学稳定性指数。CCPP的定义为：

$$CCPP = 100([Ca^{2+}]_i - [Ca^{2+}]_{eq}) \quad (4-8)$$

式中，钙的单位为mol/L，下标i和eq分别代表水原来的和与碳酸钙平衡后的钙离子摩尔浓度值，CCPP的单位为mg/L。计算CCPP时，可以利用以下两个原则：① 在$CaCO_3$沉淀或溶解的过程中，水中的总酸度Acd保持不变；② 在$CaCO_3$沉淀或溶解的过程中，总碱度$ALK-2[Ca^{2+}]$=常数，即在$CaCO_3$沉淀或溶解的过程中，$[Ca^{2+}]$与$[CO_3^{2-}]$同步增加或减少，由于总碱度是以一价离子的浓度为单位，故ALK与$2[Ca^{2+}]$之差保持不变。因此，也有学者将碳酸钙沉淀势CCPP的定义改为：

$$CCPP = 50000([ALK]_t - [ALK]_{eq}) \quad (4-9)$$

用碳酸钙沉淀势CCPP判断水质化学稳定性的情况如表4-3所示。

表4-3　CCPP判别水质化学稳定性情况表

CCPP	水质化学稳定性	CCPP	水质化学稳定性
0~4	基本不结垢或很轻；微结垢	0~-5	轻微腐蚀
4~10	轻微结垢	-5~-10	中度腐蚀

表4-3(续)

CCPP	水质化学稳定性	CCPP	水质化学稳定性
10~15	较严重结垢	<-10	严重腐蚀
>15	严重结垢		

4.1.2.6　推动力指数 DFI

Mc Cauley 在 1960 年提出了碳酸钙溶解性的一种新的表示方法，根据溶度积平衡考虑并定义为推动力指数 DFI。DFI 可以表示为：

$$DFI = [Ca^{2+}][CO_3^{2-}]/K_{sp} \tag{4-10}$$

当 DFI=1 时，水中的碳酸钙恰好饱和；当 DFI>1 时，水中的碳酸钙过饱和；当 DFI<1 时，水中的碳酸钙未饱和。

4.1.2.7　暂时过量 ME

暂时过量的概念是 Dye 于 1958 年最早提出的。ME 表示超过溶度积 K_{sp} 所允许的碳酸钙溶解浓度，是应从水中沉淀出来的部分，所以称之为“暂时过量”(momentary excess)。暂时过量 ME 定义为：

$$[Ca^{2+} - ME][CO_3^{2-} - ME] = K_{so} \tag{4-11}$$

从式(4-11)解一元二次方程，可以求出 ME 的表达式。当 ME 值为正、零或负时，除分别定性地表示出水的结垢、稳定和腐蚀等性质外，还可以定量给出达到溶解平衡时，水中沉淀或溶解的碳酸钙量。

4.1.2.8　Riddick 腐蚀指数 RCI

对于腐蚀性的水质，提出了腐蚀指数，对于铁质管材的腐蚀性具有一定的参考价值。

Riddick 提出的 Riddick 腐蚀指数 RCI 考虑了影响管网腐蚀的多种因素，包括溶解氧、氯化物、总硬度、总碱度、硝酸盐、二氧化硅等。其定义为：

$$RCl = \frac{75}{ALK}\left[CO_2 + \frac{1}{2}(Hard - ALK) + Cl^- + N\right] \cdot \frac{10}{SiO_2} \cdot \frac{DO + 2}{SatDO} \tag{4-12}$$

式中：ALK——总碱度，以 mg/L $CaCO_3$ 计；

Hard——总硬度，以 mg/L $CaCO_3$ 计；

N——硝酸盐，mg/L；

DO——溶解氧，mg/L；

SatDO——饱和溶解氧，mg/L。

表 4-4　Riddick 腐蚀指数判别水质稳定性情况表

RIC	水质化学稳定性	RIC	水质化学稳定性
0~5	极不腐蚀	51~75	腐蚀
6~25	不腐蚀	76~100	严重腐蚀
26~50	轻微腐蚀	100 以上	极严重腐蚀

需要说明的是，Riddick 腐蚀指数只适用于美国东海岸的硬度较低的水，对于其他地区的水质可能适用也可能完全无用。即便如此，该指数提出了非碳酸盐平衡体系的腐蚀影响因素，仍有相当的积极意义。

4.1.2.9　Casil 指数 CI

根据美国陆军在新英格兰地区的供水经验，Loschiavo 于 1948 年提出了一个新的稳定性指数 Casil 指数。Casil 指数被定义为：

$$CI = Ca + Mg + HSiO_3 - 1/2\text{ 阴离子总量} \tag{4-13}$$

式(4-13)中各种成分都以 mEq/L 表示。当 $CI<0$ 时，水体有强腐蚀性；当 $CI=0\sim0.1$ 时，水体有轻微腐蚀性；当 $CI>0.1$ 时，水体无腐蚀性。Casil 指数 CI 再次表明腐蚀因素可能存在地域性特征，适用于某一地区的水质稳定性指数可能并不适用于其他地区。

4.1.2.10　Yahalom 指数 YI

Yahalom 等人在研究以色列 Negev 沙漠中苦咸水的腐蚀性时发现，已有的基于碳酸钙溶解平衡的稳定指数与腐蚀没有明显的相关性。他们结合碳酸钙的溶解平衡和氯离子对水质稳定的影响，于 1978 年提出了一种新的稳定指数 Yahalom 指数 YI。YI 被定义为：

$$YI = aD + b(Cl^- + SO_4^{2-})\exp\left(-\frac{1}{aD}\right) + C \tag{4-14}$$

式(4-14)中，$a=3.5\times10^{-4}$，$b=0.34$，$C=-19$，$D=([Ca^{2+}][HCO_3^-]^2)/CO_2$。除 HCO_3^- 以 mg/L $CaCO_3$ 计外，其他都以 mg/L 计。当 $YI>500$ 时，水体有轻微腐蚀性；当 $YI=200\sim500$ 时，水体具有中等腐蚀性；当 $YI<200$ 时，水体具有强腐蚀性。Yahalom 指数 YI 不一定适用于其他地区的水质，但对研究苦咸水的稳定处理有一定的参考作用。

4.1.2.11　侵蚀指数 AI

侵蚀指数 AI 是用来鉴定水质对石棉、水泥管侵蚀性的稳定性指数。对于石棉水泥材质的管材，水对其的侵蚀作用不能只简单地考虑碳酸钙溶解平衡。

侵蚀指数 AI 被定义为：

$$AI = pH + lg(Ca.ALK) \tag{4-15}$$

式(4-15)中，ALK 表示水样的总碱度，单位均为 mg/L($CaCO_3$)。当 AI<10 时，水对石棉水泥管具有高度侵蚀性；当 AI=10~12 时，水对石棉水泥管具有中等程度侵蚀性；当 AI≥12 时，水对石棉水泥管无侵蚀性。

也有针对硫酸钙的结垢评估和其他模型研究，从理论上研究水质与管壁界面平衡是一个比较棘手的问题，因为必须考虑水质的状况和管壁组成与结构，同时也要考虑动力学因素和动力学控制步骤，是扩散控制还是界面控制、是沉降控制还是溶解控制。但是现实当中总体上水质是稳定的，这与供水情况相关联，因为大水量的流动稀释了局部出现的问题。

4.1.3　水质指标监测与余氯动态评估模型

管网化学稳定性通过计算监测点的朗格利尔饱和指数 LSI、拉森指数 LR 等分析判断水质与管网界面变化趋势，是呈现腐蚀趋势还是结垢趋势。

4.1.3.1　主要水质指标

pH 值：对主干管网中进行水质追踪检测，pH 值指标检测结果管网中各点 pH 值满足《生活饮用水卫生标准》(GB 5749—2006)对于管网水质 pH 值的要求(6.5~8.5 范围内)，可以判断各管线沿线 pH 值波动，且各管线之间差异性。

浊度：对主干管网中管线进行水质追踪检测，管网中各取样点浊度均优于《生活饮用水卫生标准》(GB 5749—2006)的要求(小于 1 NTU)。

耗氧量(COD_{Mn}，以 O_2计)：对主干管网中管线进行水质追踪检测，耗氧量指标检测应优于《生活饮用水卫生标准》(GB 5749—2006)对于管网水质耗氧量的要求(小于 3.0 mg/L)。

总硬度(以 $CaCO_3$计)：对主干管网中管线进行水质追踪检测，总硬度指标检测应低于《生活饮用水卫生标准》(GB 5749—2006)对于管网水质总硬度的要求(450 mg/L)。

氨氮指标：对主干管网进行水质追踪检测，氨氮指标检测各取样点氨氮量应低于《生活饮用水卫生标准》(GB 5749—2006)对于管网水质氨氮的要求(0.5 mg/L)。

硝酸盐氮(以 N 计)和亚硝酸盐氮(以 N 计)：对主干管网进行水质追踪检测，硝酸盐氮(以 N 计)指标检测，管网中各取样点硝酸盐氮量应低于《生活饮用水卫生标准》(GB 5749—2006)对于管网水质硝酸盐氮的要求(10 mg/L)。

铁和锰离子含量：对主干管网进行水质追踪检测，各取样点铁、锰浓度检测结果应低于《生活饮用水卫生标准》（GB 5749—2006）对于管网水质铁浓度的要求（0.3 mg/L）。

色度和溶解性总固体（total dissolved solid，TDS），即低于 600 mg/L 时口感较好，变化较大时，在盐效应作用下结垢破坏水平衡或引起腐蚀问题，造成水管色度增加。

管网中生物稳定性指标：生物膜或者生物垢泥是微生物作用的结果，与杀菌抑菌作用的余氯有直接关系。对管网中余氯进行分析，可以判定出微生物的活动情况。也可通过监测点的异氧菌平板计数数值（heterotorphic plate count，HPC）和对 500 CFU 临界条件进行比较分析，判断水质安全性和生物稳定性。更为方便的是依据管网的水生理学模型，分析监测点的余氯，计算余氯的衰减系数来判断生物稳定性状态。

细菌总数：对主干管网进行水质追踪检测，细菌总数指标在管网余氯保持较高水平的情况下，各取样点检测应满足《生活饮用水卫生标准》（GB 5749—2006）对于管网水质细菌总数的要求大于 100CFU/mL，一般城市中取样点中检测结果最高值仅为 10 CFU/mL，约 70%的取样点检测结果为零，无细菌生长。

消毒指标余氯：对主干管网中的管线进行水质追踪检测，余氯指标检测管网中各取样点余氯量应高于《生活饮用水卫生标准》（GB 5749—2006）对于管网水质余氯的要求（大于 0.05 mg/L，浓度在 0.35 mg/L 以上）。

三氯甲烷和四氯化碳：对主干管网中的 4 条管线进行水质追踪检测，三氯甲烷指标检测结果管网中各取样点三氯甲烷量应低于《生活饮用水卫生标准》（GB 5749—2006）对于管网水质三氯甲烷的要求（0.06 mg/L）。

二氯乙酸和三氯乙酸：对主干管网进行水质追踪检测，二氯乙酸以及三氯乙酸检测指标尚不在《生活饮用水卫生标准》（GB 5749—2006）中，对其在水中含量亦没有明确规定。大量研究证明，氯胺消毒可以减少卤乙酸的生成量。

4.1.3.2 管网动态评估与余氯浓度的计算

管网动态模拟遵循两个假设条件：第一，管网中水的流动看成一维（沿管道流动方向）；第二，当两个管网交汇时，忽略除管网流动方向的传播和扩散，即将两个管网交汇处的混合看作为一瞬间。

管网水中物质的传输有 3 个基本过程：管道内物质的对流传输过程、物质在节点处的混合以及物质的动态反应过程。

(1)管道内物质的对流传输过程

由于将水的流动过程看作一维过程，且忽略其他方向上的扩散，运用一维质量守恒的微分方程描述：

$$\frac{\partial C_i}{\partial t}=-u_i\frac{\partial C_i}{\partial x}+R(C_i) \tag{4-16}$$

式中：C_i——在 t 时刻，位置 x 处，节点 i 的物质浓度，mg/L；

u_i——管段 i 的流速，m/s；

$R(C_i)$——物质的反应速率。

(2)节点处的混合

由于假设是瞬间混合，可以用加权平均的方法来表示：

$$C_{\lambda_x=0}=\frac{\sum j\varepsilon I_k Q_j C_{\lambda_x=L_j}+Q_{k,\text{ext}}C_{k,\text{ext}}}{\sum j\varepsilon I_k Q_j+Q_{k,\text{ext}}} \tag{4-17}$$

式中：j——节点 k 流出管段；

I_k——流进节点 k 的管段集合；

L_j——管段 j 的长度；

Q_j——管段 j 的流量；

$Q_{k,\text{ext}}$——节点 k 的水源流量；

$C_{k,\text{ext}}$——节点 k 的水源浓度；

$C_{\lambda_x=0}$——管段 j 的始端浓度；

$C_{\lambda_x=L}$——管段 j 的终止浓度。

(3)物质的动态反应过程

氯是给水处理中使用最广泛的消毒剂，在水中维持一定量的余氯，不仅可以抑制水中的细菌再繁殖，而且可作为预示受到二次污染的信号。由于配水管网的复杂性及余氯消耗反应的不确定性，准确地预测余氯在管网中每个节点的浓度分布是十分困难的。但为确保输送高质量的水，必须了解余氯在管网中的消耗模式。

在配水管网中，从起点到终点的水流方向数与管网的环数有关。从管网中某一起始点到目标点 J 的余氯浓度计算方法如下。沿各水流路径流过各管段的滞留时间不同，到达 J 点的 C_{ji} 值也不同，水在 J 点混合后，其余氯浓度为：

$$C_J=\frac{\sum_{i=1}^{n}q_{ji}\exp\left(\sum_{i=1}^{m}-K_{ij}t_{ij}\right)}{Q_J} \tag{4-18}$$

式中：n——水流路径数；

Q_J——从节点 J 流出的流量；

q_{ji}——沿第 i 条水流路径、第 j 根管段的管段流量。

加大对管网水的监测力度，保证管网水中的余氯含量；对于有机物含量高，管网系统庞大的城市，考虑采取多级加氯措施，条件允许时还可考虑液氯-氯胺消毒、氯胺-紫外线等联合消毒的方式。

典型的区域管网水质模型：微观水质模型是建立在微观水力学模型的基础上，主要用于反应微观动力学方程的水质指标的模拟。余氯衰减动力学主要有一级和二级反应动力学。

① 一级反应动力学为：假设余氯衰减反应在管道中和管壁处同时发生，两种类型的反应都采用一阶衰减模型：

$$r(C)=kC_t \tag{4-19}$$

式中：C_t——余氯的浓度；

k——余氯衰减系数。

质量传输的一级余氯衰减表达式为：

$$\frac{\mathrm{d}C}{\mathrm{d}t}=-k_pC-\frac{2k_bk_fC}{R(k_w+k_f)} \tag{4-20}$$

式中：C——体积流中氯的浓度，mg/L；

t——时间，h；

k_b——主体水流中衰减系数；

R——管段半径，m；

k_w——管壁余氯衰减系数；

k_f——质量传输系数。

质量传输系数是根据舍伍德(Sherwood)数和雷诺数确定的。

② 二级动力学模型为：

$$C_t=\frac{C_0}{1+C_0kt} \tag{4-21}$$

式中：C_t——t 时刻氯的浓度，mg/L；

t——停留时间，d；

C_0——氯的初始浓度，mg/L；

k——氯生物衰减系数，对于一级反应动力学，k 的单位为 d^{-1}，对于动力学，k 的单位为 L/(mg · d)。

其中，氯衰减系数 k 又分为水体反应系数 k_b 和管壁反应系数 k_w.

$$k = k_b + \frac{k_w k_f}{r_h(k_w + k_f)} \tag{4-22}$$

式中：k_f——物质传输速率系数；

r_h——水力半径。

因此，k_b 和 k_w 是管网水质模型的主要参数，k_b 需要实验室测定，k_w 需要通过现场测试测定。k_w 值可以采用测试与模拟直接校正，也可计算调整，主要与管材、管径和管龄等管道的属性相关（$k_w = F/C$；C 为管道磨阻系数，F 为相关系数）。

赵志领等人研究了水温、初始氯浓度、TOC 和 pH 值这 4 项对余氯的影响，并对实验数据进行拟合得到：

$$k_b = C^{9.907} \times \left(\frac{1}{3}\right) \times TOC^{-0.286} \times C^{-\frac{5440.57}{5}} \tag{4-23}$$

式中：k_b——主体水衰减系数，min^{-1}；

C——初始氯浓度，mg/L；

TOC——管道中总有机碳浓度，mg/L；

T——水温，K。

其中 pH 值对余氯的影响不明显。

4.1.4　管网水龄与流速评估

所谓“流水不腐”，水厂出水到用户的时间长短关系到用户出水水质，在管网中停留时间过长、余氯消耗殆尽、单位质量的水体与管壁平衡时间长，对管道的腐蚀、微生物和结垢物的溶解会导致水质变差，因此对管网水龄参数进行监测是必要的。美国水工业协会（AWWA）和水工业协会研究中心（AWWARF）通过大量试验指出，理想节点水龄范围平均水龄在 1.3 d 左右，最大水龄为 3 d。有文献报道将管网水龄与水质情况进行了划分：① 节点水龄在 $0\ h<T<45h$ 范围内定义为一级水质；② 节点水龄在 $45\ h<T<58\ h$ 范围内定义为二级水质，不会对健康造成直接危害；③ 节点水龄在 $T> 58\ h$ 范围内定义为三级水质，认为管网水质出现恶化，会对健康造成一定的危害。管网中水质与节点水龄是指水流从水源经过供水管网流至某一节点所需要的时间，计算管网节点水龄即是根据物质质量守恒定律，建立平衡关系模型，求解动态水质模型。

对于水质模型，根据节点物质守恒定律，对于从某一节点流出的水流，其中某一组分的浓度可以用流入该节点组分的浓度进行计算表示：

$$C_{ij}=\frac{\sum_{k=0}^{U^i} q_{ki}C_{ki}}{\sum_{k=0}^{U^i} q_{ki}};\ \forall j\in D^i \tag{4-24}$$

式中：U^i——节点 i 的所有上游节点；

D^i——节点 j 的所有下游节点；

q_{ki}——从节点 k 到节点 i 的管段流量；

C_{ij}——离开节点 i 到节点 j 的管段水流内，某组分的浓度；

C_{ki}——向节点 i 输水的上游管段 k_i 的水流中该组分的浓度。

式(4-24)表明，离开节点 i 的水流中某组分的浓度等于所有 i 节点上游管段中进入节点 i 的该组分总质量除以通过 i 节点的总流量。

水流中某组分浓度在输送过程中发生衰变的过程可以由一维质量守恒微分方程来计算。

假设不同管路来水在节点瞬间完成权重混合，则节点的水龄也就等于水源水通过不同管路流至该节点所用时间对各管路流量的加权平均值：

$$T_i=\frac{\sum_{n=1}^{N} q_{0i}^{(n)}t_{0i}^{(n)}}{\sum_{n=1}^{N} q_{0i}^{(n)}};\ N\in LU^i \tag{4-25}$$

式中：T_i——节点 i 的水龄；

$t_{oi}^{(n)}$——水流沿水源至节点 i 的第 n 条供水管路所经历的时间；

$q_{oi}^{(n)}$——第 n 条供水管路上的水量；

LU^i——水源至节点 i 所有供水管路的集合。

由此根据之前完成的供水管网水力模型即可计算出管网中各节点的水龄，可根据节点水龄和水质指标关系，判断其与水质指标变化的相关性。

流速过快对管壁的冲刷作用太大，也会将杂质带入水中，引起水质变差。根据管网直径、流量和压力可以计算节点流速，与节点的水质监测数据对比可以看出相关性。通过建立的主干管网水力进行计算，可将管道流速降至 1 m/s 以下，在 0.8~1.2 m/s 范围内。流速与用水量成正比关系，白天通常可以达到 1.35 m/s 左右，流速大于 1.6 m/s，管壁内部的结垢成分会被冲刷进入水体；夜晚用水量小，管网流速在 0.2~0.3 m/s，通常小于 0.2 m/s 时水中的悬浮物会沉降到管壁上。已有水司利用管网地理信息系统图像和数字信息，在一定的管径压力下可以计算出水的流速，并通过计算机软件模拟显示出图像的直观变化趋势。

4.2　管道腐蚀与结垢的形成原因

4.2.1　管道腐蚀及铁释放机理

4.2.1.1　铁释放机理

金属管道腐蚀主要有物理腐蚀、电化学腐蚀、化学腐蚀、微生物腐蚀，而管道内壁长期与水直接接触是导致管道腐蚀结垢的根本原因。Sontheimer 模型认为腐蚀过程分为三个阶段：一是水体与大气接触时会发生一系列的电化学腐蚀和微生物腐蚀，使供水管道内壁形成一层腐蚀垢层；二是反应中产生了大量的不溶物质，其中碳酸钙和碳酸亚铁附着在管壁，能对腐蚀瘤起到一定的保护作用；三是若有氧气存在，铁的氧化物会继续反应，以更为稳定的 FeOOH 和 Fe_3O_4的形式存在。具体方程式如下：

初级反应

$$Fe \longrightarrow Fe^{2+} \longrightarrow 2\ e^-$$

$$O_2+2\ H_2O+4\ e^- \longrightarrow 4OH^-$$

$$2HCO_3^-+2OH^- \longrightarrow 2CO_3^{2-}+2\ H_2$$

二级反应

$$2\ Ca^{2+}+2\ CO_3^{2-} \longrightarrow 2\ CaCO_{3(s)}$$

$$2\ Fe^{2+}+2\ CO_3^{2-} \longrightarrow 2\ FeCO_{3(s)}$$

$$2\ Fe^{2+}+0.5\ O_2+4OH^- \longrightarrow 2\ FeOOH_{(s)}+H_2O$$

三级反应

$$2FeCO_{3(s)}+0.5\ O_2+2\ H_2O \longrightarrow 2\ FeOOH_{(s)}+2CO_2$$

$$3FeCO_{3(s)}+0.5\ O_2 \longrightarrow Fe_3O_{4(s)}+3CO_2$$

管网内壁铁的释放主要来源于铁管的电化学腐蚀。耗氧条件下，当水中存在溶解氧或氯等氧化剂时，腐蚀瘤内部孔隙中的液体呈酸性，则铁的释放有两种可能的途径。

① 腐蚀瘤内部可反应的氢离子得电子产生氢气；腐蚀层的氧化剂使 O_2参

与阴极反应得电子，这两个反应使 Fe 转化为 Fe(Ⅱ)释放到水中。

② 缺氧条件下，管壁表面 Fe(Ⅲ)被还原生成的 Fe(Ⅱ)释放到水中，离子的运输以及电子的传递主要是由腐蚀层的结构和组分所决定的，电子的传递速率越大，或是腐蚀层的多孔结构越明显，铁的释放也就越容易发生。

4.2.1.2　管道腐蚀和铁释放的影响因素

管道腐蚀和铁释放现象的影响因素包括管网物理条件如管材、管龄、管径等，还包括管网水质条件如 pH 值、溶解氧和余氯等。

(1) pH 值

pH 值影响着许多固体的溶解度和存在形式。当 pH 值偏酸性时，发生放氢反应，可加剧腐蚀速度；pH 值偏碱性时，腐蚀速度则随 pH 值增加而减小。pH 值降低时，$Fe_2O_3 \cdot H_2O$ 沉积于管壁，由于 Fe_2O_3 较松散，故对管壁不会产生致密保护层，致使裸露的管壁表面很容易被腐蚀。随着 pH 值的升高，水体中的钙、镁等碱金属离子形成的沉淀增加，覆盖在管壁表面逐渐形成不透水层，该不透水层一方面能隔绝氧与金属的直接接触，同时会形成稳定的表面氧化物，随着表面氧化物逐渐积累，对水中溶解氧隔绝的作用慢慢增大，对管壁起到更好的保护作用。

(2) 余氯和溶解氧(DO)

当管网水中氧化剂(溶解氧和余氯等)浓度高时，有利于无内衬铸铁管中的钝化膜的形成；余氯和溶解氧也是腐蚀反应中重要的影响因素之一。铸铁腐蚀速率只与余氯在水中的化学反应有关，同时余氯消耗的速度跟铸铁的腐蚀电流密度成正比。而低氧化剂浓度时，根据 Kuch 机理，致密层将会发生反应而出现裂缝，内层的 2 价铁就会释放到水中，被余氯和溶解氧氧化成 3 价铁，形成不溶于水的氢氧化铁胶体颗粒，再凝聚长大为铁锈悬浮颗粒，增加了水的浊度与色度，即产生“黄水”问题。

(3) 碱度

管网系统内的电化学腐蚀会随着碱度的增加而降低，这是由于水溶液缓冲强度的增加降低了铁离子的溶解度。碱度的组成成分 HCO_3^- 和 CO_3^{2-} 是管道腐蚀内化学腐蚀的主要原因。在高碱度的条件下，管壁中碳酸亚铁的含量较多，铁释放主要是受碳酸亚铁溶解性的控制，碱度的降低增加了碳酸亚铁的溶解度，同时促进了铁的释放。所以适当提高碱度有利于形成钝化层，减缓腐蚀。当然，也有研究者如 Pisigan 等人认为提高碱度在有些情况下可能并不能达到预期的抑制铁释放的效果，主要是提高碱度也会相应地增加水中的离子强度和电导率。

(4)硫酸根离子和氯离子

硫酸根离子和氯离子能够与管垢表面的 FeOOH 发生反应，生成$(FeO)_2SO_4$和 FeOCl，促进了管垢的溶解，同时高硫酸根离子和氯离子使电导率升高，加快了反应速率，从而增加铁释放速率。有研究表明，硫酸盐和氯离子会促进管垢溶解，破坏管网铁稳定性，化学反应式如下：

$$2FeOOH+SO_4^{2-}\longrightarrow(FeO)_2SO_4^{2-}+2OH^-$$

$$(FeO)_2SO_4+2H_2O\longrightarrow 2Fe^{3+}+SO_4^{2-}+4OH^-$$

水中较高浓度的硫酸盐、低余氯和低溶解氧条件还可以促进硫酸盐还原菌的过量生长，通过微生物反应，增加管材腐蚀：

$$Fe^{2+}+4Fe+SO_4^{2-}+4H_2O\longrightarrow 4Fe(OH)_2+FeS$$

(5)其他因素

高流速的水会将腐蚀层从管壁上冲刷掉，造成浊度升高，同时给腐蚀过程提供更充分的溶解氧，加剧管体的腐蚀；低流速时，在高流速状态下进入水中的悬浮物会沉降到管壁上，与管材的腐蚀瘤构成物及浸出物不同，其包含的细菌和微量有害元素复杂多变，会对水质产生不良影响，严重影响人体健康；微生物能够通过多种途径腐蚀金属管道，活性生物对管道的腐蚀具有正反双重作用，但腐蚀作用最为常见；残存重金属对输水铁管内壁起到电化学腐蚀作用，对管体是有害的；水温的升高会使腐蚀速度加快，这与季节变化有关。

4.2.2　管道中管垢的形成

4.2.2.1　钙垢

管道中结垢大部分是钙垢和镁垢，是由于水的硬度过高引起的。现在已经有 6 种不同的碳酸钙相被分离确认，包括 3 种无水的晶型(方解石、霰石、球霰石)；其余 3 种是含水的形式：无定形碳酸钙(ACC)、一水合碳酸钙(MCC)、六水合碳酸钙(HCC)。在常温条件下，它们会逐渐失水转化成较稳定的无水碳酸钙。球霰石是一种亚稳态碳酸钙晶型，它在自然界存在的普遍性远不及霰石和方解石。在 25 ℃水溶液中，球霰石经 200 min 就可以完全转变为方解石。霰石是一种稀少的碳酸钙晶型，它是许多贝壳、珍珠的主要物质成分，其热力学稳定性不及方解石。方解石是热力学最稳定的碳酸钙晶型，因而其存在范围最广，是各种碳酸钙晶型在溶液中转化的最终形式。通过溶解和沉淀平衡，

$CaCO_3$晶体的 3 种晶型在一定条件下可以相互转化。在溶液中，首先是 $CaCO_3$ 从过饱和溶液中沉淀出来，然后转化成亚稳态的霰石或球霰石，继而通过亚稳态文石或球霰石的溶解和稳定态方解石的生长，形成稳定的结晶体。溶液的过饱和度、酸碱度、温度、压力、杂质等因素对此系列过程都会产生影响，最终决定碳酸钙的晶型。

4. 2. 2. 2　铝管垢

在水处理混凝过程中加入铝盐对原水中的浊度、色度和颗粒物等杂质进行去除，会导致出水中残余铝的存在。此外，部分铝还可能来自含铝管材的溶出，在 pH、碱度和硬度均较低的条件下铝溶出现象尤为明显。

含铝管垢对管道腐蚀及污染物的释放具有保护作用，同时还是各种微量金属元素吸附蓄积的重要基质，对保障供水安全有着积极影响。当水质条件发生变化或沉积物结构被破坏时，可能引起金属元素的突发性释放。管道内壁白色的胶状沉淀物，主要成分是无定形 $Al(OH)_3$沉淀和硅酸盐沉淀的混合物，可将含铝沉积物分为铝垢和松散堆积物。

松散堆积物受管网流态的影响较大，随着沉积物熟化时间的增加以及水质和水力条件的变化，含铝沉积物可在两种状态间相互转化。饮用水中的铝含量主要与含铝管垢的结构组成有关。一般认为铝在管垢中主要以无定形氢氧化铝的形式存在。当 pH 值在 9. 0 以上时，管网中的铝主要存在于水相中，事实上在碱性环境中仍有大量含铝沉淀出现。对美国 10 个自来水厂的调查结果表明，所有水厂的管网系统中均含有铝盐沉积物，元素组成以铝、硅和磷为主；铝的含量最高，占质量百分数的 15%~70%。依据主要元素组成，可将管网中的含铝管垢分为无定形 $Al(OH)_3$及各种晶体结构、硅铝酸盐、磷酸盐和镁铝酸盐等。它们是含铝管垢的主要组成物质，制约着管网出水中的铝含量以及污染物在管网中的迁移转化特性。

(1)氢氧化铝

无定形氢氧化铝可在中性和偏酸性环境中形成，最佳 pH 值为 5. 5~5. 8。随着熟化时间的增加，其分子结构逐渐由无定形态向排列更加规则的三水铝石(Gibbsite)、拜耳石(Bayerite)和硬水铝石(Diaspore)转化。同时，铝在水相中的溶解度也不断降低。而当溶液 pH 值大于 7. 0 时，无定形氢氧化铝在沉积物中的含量随着 pH 值的升高不断减少。当 pH 值为 5~10 时，所形成的含铝沉积物的溶解性介于无定形氢氧化铝和三水铝石之间。

当溶液中存在硫酸盐时，硫酸根离子可通过吸附作用与氢氧化铝结合，使胶体粒径显著增加，进而提高颗粒物质的沉淀和过滤效率。因此，向混凝处理单元中投加硫酸盐，可明显提高混凝效果，降低水中的残余铝含量。氟离子与铝的结合主要表现为与氢氧根离子间的竞争配位作用，阻碍了无定形氢氧化铝沉淀的形成。初始时刻形成的无定形 $Al(OH)_3$ 不是该条件下的热力学稳定相，随着反应时间的增加含铝沉淀逐渐转化为三水铝石和拜耳石等规则晶体。由于溶解性大幅降低，推动与氟离子结合的铝不断向固相转化。腐殖酸和富里酸等大分子有机物对氢氧化铝沉淀的影响规律与氟离子类似。

(2)镁铝酸盐

镁离子在饮用水中的含量较高，一般为10 mg/L左右。在偏碱性环境中与铝离子共存时，低于其单独存在时的离子浓度。镁铝共同参与了沉淀反应过程，并形成了一种比氢氧化铝和氢氧化镁沉淀溶解性更低的物质，形成的镁铝沉淀呈无定形态，分子式可表示为 $AlMg_2(OH)_7$。而当溶液中同时存在硅酸时，在反应初期形成的含铝沉淀主要为 $AlMg_2Si(OH)_4(OH)_7$，随着时间的推移，$AlMg_2Si(OH)_4(OH)_7$ 逐渐转化为溶解度更低的硅铝酸盐，在硅酸含量较低的环境中，管道中所形成的沉淀仍以硅铝酸盐为主，镁铝酸盐的含量较低。

(3)硅铝酸盐

饮用水中的硅常以正硅酸的形式存在，混凝过程中可与铝盐的水解产物反应生成难溶性的硅铝酸盐。由于反应速率较慢，部分未参与反应的铝盐和硅酸可穿透水质净化单元，进入输配水系统并在管道内壁沉淀蓄积，无明显晶体结构，主要以无定形态存在。硅酸与铝盐间的反应在高pH值条件下更为普遍，使得饮用水中硅的含量相对较低，平均为1.5~2.0 mg/L；硅在含铝沉积物中的比重则高达60%以上。环状或笼状结构存在的硅铝酸盐是促使管垢形成的主要物质。其空间结构能够容纳大量的活性单元，通过羟基交换、晶体氧化和老化等表面反应完成与管壁的结合。控制溶液pH值和铝盐含量在较低水平，硅铝酸盐的形成速率将明显降低。由于颗粒尺寸难以达到临界过滤粒径，系统的出水效果也明显变差，残余铝含量超标严重。在德国某城镇供水系统的沉积物和美国威斯康星州格林湾市的供水管内壁发现了硅铝酸盐沉积物。

当pH值为8.0左右时，硅酸与铝盐反应形成一种准稳态的无定形硅铝酸盐，二者的原子个数比接近1∶1，增加溶液中的铝含量可明显降低硅酸的溶解性。投加少量硅酸后，氢氧化铝晶体的形成量则显著降低。溶液温度较高时形成的硅铝酸盐，硅铝间的化学计量关系并不明确，由 1 个或者 2 个正四面体结构的铝结合在硅架上，原子个数比在 7：1~8：1。控制溶液 pH 值小于 5.0 或大 9.0 可有效抑制这种沉淀的形成。天然水环境中，硅铝酸盐的 Si/Al 元素个数比主要为 0.5 和 1.0，这可能与黏土中水铝英石等次生矿物的溶解有关；然而，现有研究并未发现管网中含有这类硅铝酸盐物质。

(4)磷酸盐

磷酸盐管垢的结构组成也与水质条件有关。当 pH 值小于 6.5 时，磷酸铝的溶解度低于无定形氢氧化铝，管道沉积物以磷酸铝为主。当 pH 值为 6.5~7.0 时，两种沉淀的溶解度相当，溶液中的铝主要以氢氧化铝聚合物的形式存在。作为输配水系统的常用阻蚀剂，正磷酸盐可与铝结合形成磷酸铝沉淀。与硅铝酸盐类似，磷酸铝的生成速率也较低。对于投加正磷酸盐的饮用水处理工艺，其后续的配水管网中往往含有大量磷酸盐沉淀。在吸附和共沉淀作用下，无定形氢氧化铝可与磷酸盐发生表面反应，并将其纳入晶格结构中，产生比铝盐单独存在时更多的含铝沉积物。投加磷酸盐后使其迅速沉淀，这一过程主要由磷酸根的电中和作用引起。这些沉淀为聚合铝与磷酸根通过桥键连接的聚集体，磷酸铝所占比重较小。磷酸盐投加后，聚合铝中的部分氢氧根被磷酸根取代，使得磷在沉积物中的比重明显增加。在中性或碱性环境中，磷酸盐主要通过表面吸附作用与无定形氢氧化铝结合。氢氧化铝晶体的转化过程中分子间的排列更加规则、沉积物的表面能大幅下降，从而减弱了其对磷酸盐的吸附能力。

磷酸根与铝的结合可用 Al-O-Al 和 Al-O-P 两种键合形式来描述，它们在沉积物中的比重与磷酸根的浓度有关。当磷酸根含量较低时，Al-O-Al 为沉积物的主要键合形式。

4.2.3 生物膜形成

供水管网系统是一个在贫营养条件下维持较高质量浓度余氯的极端环境体系，但很多微生物仍然能够存活于供水管网系统中。由于管道内壁具有较大的比表面积，供水管网系统至少有 95%的微生物附着在管道内壁生长。这些附着在管壁生物膜的微生物会威胁饮用水的水质安全。一方面在供水管网中贫营养条件下生长的微生物对余氯具有较高抵抗性，甚至在极高的余氯条件下(10~25 mg/L)，管壁生物膜的微生物仍然可以再生长并使氯衰减；另一方面，生物膜在水力冲刷下会带来感官学(如视觉、嗅觉、味觉等)和卫生学(如致病微生物)问题。

管材对主体水余氯、TOC、细菌总数和生物膜群落结构影响均较大，而流速只对主体水余氯和生物膜细菌总数影响较大；同一时期，PE 管道附着细菌总数显著大于不锈钢；同类管材中 0.2 m/s 和 0.4 m/s 流速下生长的生物膜细菌总数差异不显著，但均显著大于 0.8m/s 流速下生长的生物膜细菌总数；生物膜成熟时鞘氨醇单胞菌属（Sphingomonas）和芽孢杆菌属（Bacillus）占优势且广泛存在，而某些疏水性细菌则较难在不锈钢管材上聚集，特别是在流速增大时更难聚集。变形菌门（Proteobacteria）和厚壁菌门（Firmicutes）在所有 6 个生物膜样品中均存在，其中，变形菌门中主要是 α 变形菌纲（Alphaproteobacteria）和 γ 变形菌纲（Gammaproteobacteria），β 变形菌纲（Betaproteobacteria）则较少。另外，放线菌门（Actinobacteria）在 0.2 m/s 流速下生长的 PE 管道生物膜上也有发现。Zhu 等的研究也发现在较高质量浓度余氯下（1.20 mg/L），α 变形菌纲和 γ 变形菌纲存在较多，β 变形菌纲相对较少，这可能是因为 β 变形菌纲对氯较敏感，α 变形菌纲和 γ 变形菌纲对氯相对较为迟钝，而且 α 变形菌纲更能在贫营养条件下生长。α 变形菌纲中的鞘氨醇单胞菌属（Sphingomonas echinoides）和厚壁菌门中的蜡样芽孢杆菌（Bacillus cereus）在所有 6 个生物膜样品中均存在且相对数量较多，不锈钢管生物膜中相对含量要高于 PE 管生物膜。

4.3 管网水质稳定性主要影响因素

4.3.1 混凝处理过程药剂使用

水处理工艺中常用的混凝剂有明矾、硫酸铝、氯化铝、硫酸铁、氯化铁等，当使用这些混凝剂时处理出水的 pH 值、碱度、重碳酸盐浓度均会明显下降，导致水的腐蚀性变强。现在较常用的 PAC、PFS 等无机聚合铝盐或铁盐混凝剂对 pH 值、碱度的影响则相对要小一些，但仍然会导致 pH 值和碱度的下降。另外混凝剂本身所包含的氯离子、硫酸盐使得水中这些阴离子的浓度升高，而其在常规处理工艺中又很难被有效去除，使得管网水质的化学稳定性变差，加剧了对金属管道的腐蚀。不同种类的混凝剂对管网水质化学稳定性的影响也不同。一般而言，在投量相同时，与铝系混凝剂相比铁系混凝剂使水的 pH 值下降更多，铁系混凝剂更容易使管网水质化学稳定性变差，引起管道内壁腐蚀。

4.3.2 消毒余氯在管网中氧化作用

用二氧化氯消毒时，由于二氧化氯溶于水，它几乎不与水发生化学反应，对水的 pH 值影响很小，对管网水质化学稳定性的影响相对较小。采用传统的氯气消毒时会导致 pH 值下降、碱度降低、氯离子浓度升高。而反应生成的 HOCl 又是一种强氧化剂，当水中存在有机物时，它会氧化这些物质，并导致碱度进一步降低、氯离子浓度进一步升高，管网水的化学稳定性也变差，腐蚀性增强。

4.3.2.1 管壁表面与细菌膜和余氯反应

水在给水管道中实际流动呈紊流状态，在靠近管壁的极薄的环型层中还存在着层流流动。在紊流区由于液流的混杂和紊动，可以认为在这个范围内余氯浓度是均匀的。而在靠近管壁的层流层范围内余氯浓度是不均匀的，愈接近管壁余氯浓度愈低。余氯在与近管壁处接触不断被消耗，构成了以余氯浓度差为推动力，通过层流层的传质过程。假设余氯穿越界面传递被管壁所消耗的反应，是由余氯通过层流层的传质所致，可以认为余氯在管壁上没有浓度的积累。

余氯的浓度随温度和电动势的变化而变化，电动势值与管材、管道的管龄及管壁表面的粗糙系数有关。对于某一确定的管道，电动势值 E（或 ΔE）是一个定值。给水管网管壁表面存在细菌膜（Biofilm）和腐蚀瘤（Tubercles），已被许多调查所证实，它们能够有效地消耗余氯。在给水管网中，这种消耗有可能在整个余氯消耗中占有较大比例。

$$[\mathrm{HClO}]+[\mathrm{Enzyme}]=\!=\!=[\mathrm{Enzyme}\cdots\mathrm{HClO}]$$

式中：[HClO]——余氯浓度；

[Enzyme]——在管壁所有与余氯反应的细菌与腐蚀瘤的物质浓度。

在给水管道中，余氯浓度减少的总速率常数 K 包括了余氯在管道水中的减少总速率常数、水力半径、传质系数及余氯在管壁的衰减速率常数。壁上物质消耗余氯的速度也就等于余氯通过层流层的传质速度，根据费克（Fick）定律：

$$K_{\mathrm{w}}\cdot C_{\mathrm{w}}=k_{\mathrm{f}}\cdot(C-C_{\mathrm{w}})$$

如果忽略因管壁腐蚀而引起的余氯消耗，则余氯衰减动力学方程可以表示为：

$$\mathrm{d}C/\mathrm{d}t=-KC$$

4.3.2.2 天然有机物与余氯的反应

天然有机物（NOM）广泛存在于地表水和浅层地下水中，是由种类、分子量尺寸、结构功能团等不同的有机物组成的一类非常复杂的混合物。NOM 中的不同组分在水处理工艺中的物理、化学、生物化学行为各不相同，与余氯反应、形成 DBPs 的种类和能力也存在很大差异。国内外常采用 1981 年 Leenheer 提出的 XAD-8 树脂-阳离子交换树脂(AG-MP-50)-阴离子交换树脂(A-7)联用分离技术，将 NOM 分成疏水酸性物质(HPOA)、疏水碱性物质(HPOB)、疏水中性物质(HPON)和亲水酸性物质(HPIA)、亲水碱性物质(HPIB)、亲水中性物质(HPIN)这 6 种极性和酸碱性不同的有机组分。对于不同的水源，要采用不同处理技术，有针对性地去除不同类别的 NOM 组分，从而更好地控制余氯衰减及 DBPs 的生成。

4.3.2.3　不同管材受余氯氧化的影响

现阶段我国用于城市供水系统的管材主要还是铁管和钢管，一些地区使用少量的铜管和 PE 管、PVC 管，随着材料领域研究的进步，又新兴出一些可用于供水系统的管材，例如 EPDM、PEXb、PEXc、PB 等高分子管材。A.I.Jasse 等人在 2007 年的研究中显示钢管的余氯衰减系数比塑料管要大，非涂衬管的衰减系数比涂衬管要大，并研究了管龄对余氯的影响，他的研究采用非涂衬铸铁管、钢管、PVC、PE 等管材，余氯衰减因素大小为：非涂衬铸铁管>钢管>PVC>PE。

4.3.3　水源更换与水质波动

北方地区缺水城市采用多水源供水，季节性的水源切换和长距离调水工程，使得城市供水系统面临因原水水质变化产生的供水管网化学稳定问题。调来的水源水质与当地水源水质可能具有较大差别，水源切换后新水源水化学组分存在较大变化，特别是硫酸盐和氯离子浓度的大幅度增加，是引发“黄水”与“红水”问题的主要原因。

A 水厂水源切换后，出水相关指标变化如表 4-5 所示。

表 4-5　切换水源后相关指标情况表

水样类型	pH 值	浊度 /NTU	总碱度 /(mg·cm^{-1})	总硬度 /(mg·cm^{-1})	硫酸根离 /(mg·cm^{-1})	氯离子 /(mg·cm^{-1})	溶解氧 /(mg·cm^{-1})	电导率 /(μS·cm^{-1})	总溶解性固体 /(mg·cm^{-1})
A 水厂	7.04	0.16	266.5	190	68.0	30.7	5.22	405	198
切换水	7.91	0.26	111.8	187	220	43	8.8	750	263

网管水中总铁与浊度相关性较好，可知水源切换引起管网水质恶化，“红

水”的发生主要是管网中铁的释放引起的。水源切换造成管网中浊度、pH 值上升，色度、总铁含量明显增大，电导率、总溶解性固体、余氯下降，水质恶化发生“红水”现象，这都是因为切换水源（地表水）和原水源（地下水）水质不同。

引入新水源勾兑后，管网水拉森指数由原来的 0.63 左右增加到 1.7~1.9，说明新水源具有严重腐蚀性，因此当水源突然切换为新水源后，管网出现了“黄水”问题。随着新水源比例的调整，管网水拉森指数降低到 0.7~0.8 之间，用户水质略有好转，但仍超标严重并存在较大波动。换水 30 d 后使用原有水源 B，进一步降低硫酸盐浓度，提高管网水碱度，拉森指数进一步降低到 0.4~0.5，管网水质开始逐渐好转。因此对于旧管，拉森指数也可以作为硫酸盐、氯离子影响下铁释放的判别指标，随着拉森指数的增加，管垢铁释放速率升高。

4.3.4 管网渗漏和停水时间影响

出厂水从自来水公司处理并到达消费者家庭的过程中，饮用水存在于管网系统，滞留时间随着居民用水量的调整在数小时至数天内浮动，在此期间，饮用水可能会受到污染。一些微生物可能会通过损坏的管道进入水体，进行生存与繁衍从而使水质恶化。在美国，1971—2006 年，饮用水造成的疾病暴发约有 10%归因于管网破损。同时由于停水时的管网内壁附着物接触空气氧化和水流搅动，发生短时间内的水质变化。

4.4 供水管网化学稳定性的控制

4.4.1 水质化学调节

在水质变化如水源切换或加入水处理药剂过程中，引起水质恶化的主要原因是水与管壁的界面平衡遭到了破坏，造成产物释放，生物膜脱落，使水中铁离子含量升高，从而出现“黄水”现象。国外有些学者研究认为，对于已经处于平衡稳定状态的不同水源，将其按一定比例进行混合后仍有可能引起管内壁已沉积物的溶解与释放，从而导致水质恶化。主要控制技术措施是提高水厂出厂水质的稳定性。

(1)调节 pH 值和碱度

加碱调节法中一般选用的碱剂包括：石灰、NaOH、Na_2CO_3、$NaHCO_3$等。不同的碱剂调节 pH 值和碱度的效果不同。虽然 NaOH 提高 pH 值的效果明显，但其价格相对昂贵，操作安全性欠佳，且不易控制。Na_2CO_3和 $NaHCO_3$操作条件要求较宽松，安全性好。而石灰来源广泛，价格低廉，也易于控制。Shock 认为当投量为 1 mg/L 时，石灰浆、NaOH(50%溶液)、Na_2CO_3和 $NaHCO_3$可分别提高碱度为 1.35，1.25，0.94 和 0.59 mg/L。在供水管网中分别投加饱和石灰水以及浓度为 10 g/L 的 Na_2CO_3、NaOH，发现在相同投量下，提高 pH 值的顺序为：NaOH> Na_2CO_3>饱和石灰水。当水中侵蚀性 CO_2浓度很高时，曝气可以去除 CO_2，使得[H_2CO_3]/[HCO_3^-]的值降低，从而提高水体的 pH 值。美国加州一供水区水质 pH 值略低，CO_2含量较高，通过曝气去除水中 60%的 CO_2时，水的 pH 值由 6.3 提高到了 7.5，管网腐蚀也得到了有效控制。

(2)投加缓蚀剂

缓蚀剂吸附在金属的表面后可以抑制管网中的电化学反应，从而减小腐蚀过程中的腐蚀电流，达到缓蚀的目的。常用的缓蚀剂有磷系缓蚀剂和硅系缓蚀剂。国内外的研究和工程实践表明，在水源更换过程中，投加磷酸盐类缓蚀剂，可有效地控制腐蚀产物的释放，减缓水质恶化。对于低硬度、低碱度和低 pH 值的水，多采用硅酸盐缓蚀剂。此外聚磷酸盐和硅酸盐的混合物也可以有效减缓腐蚀，保护管道。

为避免副作用，很多国家严格控制缓蚀剂的组成和投量，只有无毒且达到食品级的缓蚀剂才能用于处理饮用水。目前常用的有磷系、硅系缓蚀剂及它们的混合物。磷系缓蚀剂包括正磷酸盐、聚磷酸盐。正磷酸盐是一种阳极缓蚀剂，只有在水中含有氧气的情况下才有效。常用的正磷酸盐有 Na_3PO_4，NaH_2PO_4和 Na_2HPO_4，其中 Na_3PO_4最为有效。用石灰和磷酸盐解决居民区和酒店供水管网的“红水”问题有过成功案例。聚磷酸盐可与水中的钙、镁、铁等阳离子生成难溶的络合物，在金属管道内壁形成保护膜。但水中钙离子浓度与聚磷酸盐浓度之比至少应为 0.2，最好达到 0.5。常用的硅酸盐缓蚀剂适于低硬度、低碱度和低 pH 值的水体。

4.4.2 物理修复技术

管道产生锈蚀后，管内锈蚀会对供水水质产生影响。由于长期受到水的腐蚀作用，管内壁上生成一种含有多种成分和细菌的“生长环”，它的厚度主要受水质、管道材料和使用时间的影响，这些锈垢上所含的多种成分和细菌，会溶于水中，使水质受到“二次污染”。管道锈蚀降低输水能力，管道内“生长环”的逐年加厚减小过水断面，降低输水能力，也使管道阻力增大，从而造成供水压力下降。为了保证供水服务的水压，必须采用高扬程水泵来加大水压，这不仅浪费电能使电耗增高，也会增大漏失水量。因此，清除管道锈蚀垢不仅能提高供水水质，更可提高输水能力，是具有积极意义的工作。

目前管道结垢和锈蚀去除方法主要有以下几种。

① 高压射流法：这种方法可以不需要截断管面，而是利用管道本身的一些附属设备进行除垢。使用的喷头直径很小，喷射出水流的除垢效果距离喷头越近越好。

② 机械刮管：机械刮管的施工长度，一般每次可刮管 100~150 m，对于较长距离的管道要分成若干个清洗段，分别断开。机械刮管涂衬每进行一个工作段，需要断管、刮管、涂衬、水泥砂浆养护、冲管等多道工序。

③ 弹性冲管器法(Poly-Pig 清管法)：Poly-Pig 的意思是利用充气的特制工具来刮掉管道内壁附着物，既可除掉管道内的锈蚀结垢物，也能对新排管道通水前进行清除。适用于 DN100 以上的各种口径管道的除垢工作。

④ 空气脉冲法：用气水混合物不断变换压力使管道内壁附着物脱落，这是一种特别适合城市供水管道的内除锈的方法。

⑤ 非开挖地下管道修复方法：管道内衬防锈，常用的管道内衬主要有水泥砂浆衬里、环氧树脂涂衬法、内衬软管法等。这些都能形成“管中有管”的防腐形式，防腐效果良好，用于旧管更新、在老管内部穿新管时也较为方便。选择抗腐蚀性的管材，比如聚氯乙烯(PVC)管、PVC 管的衍生品硬质聚氯乙烯(UPVC)管、玻璃钢/聚氯乙烯(FPR/PVC)复合管、玻璃钢/聚丙烯(PEP/PP)复合管等塑料管等。此外，球墨铸铁管具有管壁薄、重量轻、有一定弹性、耐腐蚀等优点，是比较理想的管材。

4.4.3 管网破损预测

管网的物理修复是对管网腐蚀或结垢的清理与修复，管网的漏水现象，不仅关系到水资源浪费，对水质的影响也很大。对供水管道漏水现象，研究人员先后提出了一些检漏方法，也研制了一些仪器，例如，在德国、英国等经济发达国家通常采用的检漏方法有：音听检漏法、相关检漏法、漏水声自动监测法和分区检漏法等。前三种检漏法是靠漏口产生的声音来探测漏点的，但是对无声的泄漏就束手无策了。分区检漏法是通过计量管道流量及压力来判别有无漏水存在的，即所谓“最小流量法”。随着供水管网管理的规范和技术的进步，会逐步引进漏水声自动监测法或分区检漏法，这对快速降低漏失，控制漏耗将起到积极的作用。

(1)音听检漏法

音听检漏法分为阀栓听音和地面听音两种，前者用于查找漏水的线索和范围，简称漏点预定位；后者用于确定漏水点位置，简称漏点精确定位。

漏点预定位是指用听漏棒、电子听漏仪及噪声自动记录仪来探测供水管道漏水的方法，根据使用仪器的不同，预定位技术主要有阀栓听音法和噪声自动监测法。阀栓听音法是用听漏棒或电子放大听漏仪直接在管道暴露点(如消火栓、阀门及暴露的管道等)听测由漏水点产生的漏水声，从而确定漏水管道，缩小漏水检测范围。金属管道漏水声频率一般在 300~2500 Hz 之间，而非金属管道漏水声频率在 100~700 Hz 之间。听测点距漏水点位置越近，听测到的漏水声越大，反之越小。

地面听音法，当通过预定位方法确定漏水管段后，用电子放大听漏仪在地面听测地下管道的漏水点，并进行精确定位。听测方式为沿着漏水管道走向以一定间距逐点听测比较，当地面拾音器越靠近漏水点时，听测到的漏水声越强，在漏水点上方达到最大。

从德国 SEBA 听漏仪的发展看，已经从原来的模拟信号处理发展到数字信号处理。由于采用数字信号处理，使得抗环境噪声干扰能力增强。数字频率分析、数字滤拨、瞬时值和最小值记录及区分漏水与短时用水的连续监测等功能，只有数字化的仪器才能实现。判别漏水的依据是：每个漏水点会产生一个持续的漏水声，根据记录仪记录的噪声强度和频繁度来判断在记录仪附近是否有漏水存在。

(2)相关仪检漏法

一套完整的相关仪主要是由 1 台相关仪主机(无线电接收机和微处理器等组成)、2 台无线电发射机(带前置放大器)和 2 个高灵敏度振动传感器组成。其工作原理为：当管道漏水时，在漏口处会产生漏水声波，并沿管道向远方传播，当把传感器放在管道或连接件的不同位置时，相关仪主机可测出由漏口产生的漏水声波传播到不同传感器的时间差 T_d，只要给定两个传感器之间管道的实际长度 L 和声波在该管道的传播速度 V，漏水点的位置 L_x 就可按下式计算出来。

$$L_x = (L - V \times T_d)/2 \quad (4-26)$$

式中，V 取决于管材、管径和管道中的介质，单位为 m/ms，并全部存入相关仪主机中。

(3) 探地雷达

探地雷达是漏损控制设备中价格最昂贵的设备，不仅为漏损控制提供了一种新的检测手段，而且对提高管道工程设计、施工、维护、管理等工作的技术水平也都将起到重要的作用。

(4) DMA 分区法

DMA 即供水管网独立计量区（district metered area），新的《城市供水管网漏损控制及评价标准》总结了我国应用 DMA 分区的经验，提出了适用于我国环状供水管网结构的 DMA 分区定义：通过截断管段或关闭管段上阀门的方法，将管网分为若干个相对独立的区域并在每个区域的进水管和出水管上安装流量计，从而实现对各个区域入流量与出流量的监测。

DMA 通常由直径 DN100～DN400 干管下游的支管道及其用户组成，一个 DMA 区域内也可以包含多个低级别的 DMA 区域（树状分布），低级别的 DMA 区域总进口的流量来自上一级 DMA 区域的转输流量。DMA 管理可用于监测管网系统的流量压力，便于优先选择漏损控制工作的重点区域。

实施 DMA 分区时创建的封闭系统可能使该区域内的水质遭受损害，同时，在引入 DMA 时末端数目可能大大增加。因此需要安装冲洗点，导致区域成本的上升。阀门和仪表需定期检查，否则获得的信息可能有误导或无用，这也需要成本投入。

通过在供水管线上（通常与 DMA 分区结合）加装水力加压阀及智能压力控制系统，依据所控制区域的流量、压力监测数据分析变化曲线及规律，以此为基础按实际需求对阀后压力进行动态调节，从而实现对控制区压力的精细化管理，有效降低冗余水头并减少管路漏损。

DMA 管理技术与噪声在线监测的结合，将漏损噪声与分区流量进行联动分析。对于一个分区来说，流量是评估其漏失的一个关键参数，在噪声发出报警的同时流量产生了相应的一场变化，两者互为印证，则可以大大降低只看噪声数据的误报率；反之，当流量出现一场变化时，联动到噪声监测数据，可以迅速锁定 DMA 分区内的重点区域。可见，要建立给水管网监测系统和及时有效的预测报警机制。在线监测可以反映出水质实时变化的状况，有利于尽早发现水质恶化情况，便于水厂和用户采取对策。目前济南市、杭州市等多个城市已建立了预警监测系统。

4.5　水质评价方法与实例——某地区水质评价

供水取样检测点的选择、采样点的设置要有代表性，应分别设在水源取水口、水厂出水口和居民经常用水点及管网末梢。管网的水质检验采样点数，一般应按供水人口每 2 万人设一个采样点计算。同时对每个采样点，每月采样检验应不少于 2 次。可以看到，标准中的采样点设置原则以及采样检验频率都是以采样点作为控制点，通过对采样点水质的检验，来了解该片区域内居民用水水质情况，以保障居民正常用水。而有时这种采样检验方法并不能很好地表现出供水水流在沿管网流动过程中受各种因素影响而导致的水质变化情况，一般采用的水质评价方法如图 4-1 所示。

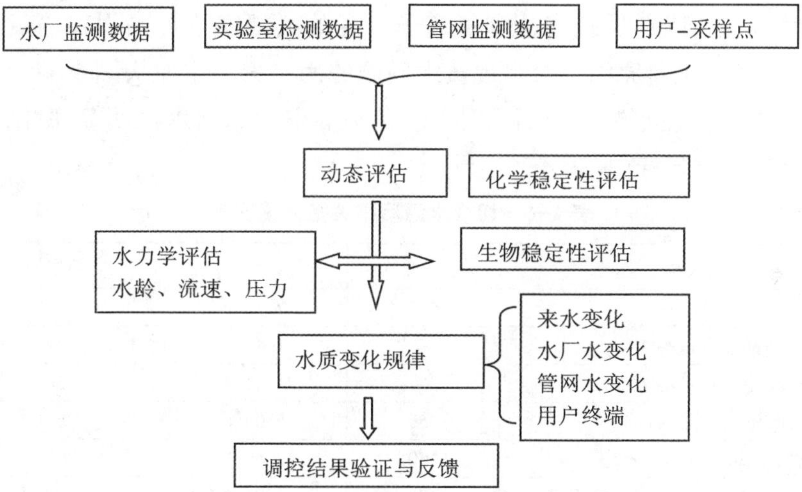

图 4-1　管网水质评价技术路线与方案

在多个净水厂给城市供水的情况下，现有的研究认为，管网水质变化主要发生在两个方面。其一，水流沿管线流动过程中，物质在水体中的反应以及水体与管壁接触发生的反应，这类反应都是水流在管段内随流动过程中逐渐发生的。其二，管段内水流在汇流节点混合时，由于两股水流存在一定的差异性，混合后的水质将异于原先两股水流，即汇流引起水质的变化，通常认为水流在节点混合水质的变化，以来水流量为权重遵循数学加权平均的原则进行计算，该种混合引起的水质变化被假设为瞬时发生的，即不同水流到达汇流节点后瞬时完成混合。在管网中选取管线，使该管线内水流始终为单股水流，不存在混合情况。这样就可以避免由于水流混合引起的该股水流的水质变化，那么该股水流在管线中的水质变化即为该段管线对水流水质的影响。在确定了追踪管线后，在管线上设置若干取样点，可以通过水力模型的建立，计算确定各取样点的水龄，两取样点的水龄差即为水流沿管线流经两个取样点所需要的时间。假设管线上有两个取样点 A 和 B，两者之间的水龄差为 t，若在 T 时刻有一股水流从管线上游取样点 A 经过，对其进行取样检测，而后在 $T+t$ 时刻，该股水流将流经取样点 B，此时对其进行取样检测，A 和 B 两点水质检测结果的差异即为 A、B 两点之间管段对水流水质的影响。

北方地区某缺水城市采用多水源供水，季节性的水源切换和长距离调水工程，使得城市供水系统面临因原水水质变化产生的供水管网化学稳定问题。调来的水源水质与当地水源水质可能具有较大差异，水源切换后新水源水化学组分的较大变化，特别是硫酸盐和氯离子浓度的大幅度增加是引发“黄水”与“红水”问题的主要原因。对出现黄水问题的用户家中水龙头隔夜初始水进行连续跟踪监测。在水源切换后，用户水龙头隔夜初始水水质明显恶化，总铁、浊度、色度严重超标(见表 4-6)。

表 4-6　切换水源后相关指标情况表

指标	原水源 A	原水源 B	新水源
pH 值	7.8	7.7	7.9
硫酸盐/(mg·L⁻1)	47	104	200
氯离子/(mg·L⁻1)	27	24.35	50
电导率/(μS·cm^{-1})	350	550	750
碱度(以 $CaCO_3$ 计)/(mg·L⁻1)	150	214	120
总硬度(以 $CaCO_3$ 计)/(mg·L⁻1)	170	230	280
钙离子(以 $CaCO_3$ 计)/(mg·L⁻1)	120	160	190
对 3 种水源进行化学稳定性评价			
LSI 指数	0.24	0.78	0.51
RSI 指数	7.32	6.04	6.98
PSI 指数	8.17	7.63	8.06
EI 指数	12.21	12.33	12.26
LR 指数	1.16	1.33	4.38

水源切换后数天内部分管网用户出水出现“黄水”问题，水样的拉森指数从原来的 0.4~0.8 大幅度提高。发生“黄水”问题地区的管垢致密壳层较为脆弱，在高浓度硫酸盐水质条件下，容易发生溶解破坏。通过反应器模拟试验，对于旧铸铁管，高浓度硫酸盐对管垢铁释放的影响要大于对管材基质腐蚀的影响。加之隔夜滞留水龄长，并且在停滞水的低溶解氧和低余氯条件下，铁释放现象更为严重，因此早晨初期水质超标现象严重。

为了解决“黄水”问题，水厂通过降低新水源使用比例来降低硫酸盐浓度，并且使用碱度较高的地下水进一步降低拉森指数。即使随后管网水拉森指数降低到 0.6 左右，“黄水”问题仍持续较长时间。拉森指数与铁释放速率具有相关关系，随着拉森指数的增加，铁释放速率升高；对于旧铸铁管，其相关关系为非线性。发生“黄水”问题地区的管垢致密壳层较为脆弱，在高浓度硫酸盐水质条件下，容易发生溶解破坏。对于旧铸铁管，高浓度硫酸盐对管垢铁释放的影响要大于对管材基质腐蚀的影响。管垢稳定保护层被破坏，出现黄水问题。管垢钝化层被破坏后，加入碱调节碱度，降低拉森指数能使水质恢复到原有情况，但建立新的平衡仍需要较长时间，水源切换 50 天后，用户隔夜初始水水质进一步好转。

网管水中总铁浊度相关性较好，可知水源切换引起管网水质的恶化，浊度的升高，“红水”的发生主要是管网中铁的释放引起的。水源切换造成管网中浊度、pH 值上升，色度、总铁含量明显增大，电导率、总溶解性固体、余氯下降，水质恶化发生“红水”现象，这都是因为切换水源（地表水）和原水源（地下水）水质不同造成的。

对某地区 8 个取样点进行连续监测，取样点：1 号、2 号、3 号、4 号为一号水厂一条管线 4 个不同的取样点，5 号、6 号、7 号为二号水厂一条管线 3 个不同的取样点，8 号为二号水厂另一条管线的取样点，水质测量结果见表 4-7。

表 4-7　某地区水质测量结果

项目	一号水厂				二号水厂			
	1	2	3	4	5	6	7	8
pH 值	8.03	7.98	7.99	8.00	7.78	7.94	7.93	7.85
碱度（以 CaO 计）/（$mg \cdot L^{-1}$）	96.3	89	96.8	92.8	99.2	95.2	93.5	90.7
硬度（以 $CaCO_3$ 计）/（$mg \cdot L^{-1}$）	240	246	226	215	243	239	224	232
氯离子/（$mg \cdot L^{-1}$）	23.33	21.24	21.93	23.80	84.10	87.49	85.92	87.49

表4-7(续)

项目	一号水厂				二号水厂			
	1	2	3	4	5	6	7	8
TDS	471	457	458	458	776	799	800	790
硫酸根/($mg \cdot L^{-1}$)	31.34				89.38			

两个水厂的 pH 值相差不大，基本在 7.90 左右，但出厂水 pH 值降低了 0.2 左右。碱度含量相差也不大，稳定在 85~100，但出厂水碱度下降 20 个单位左右。对于氯离子含量，由于二号水厂为一号水厂 4 倍左右，TDS 值增大，硬度高的水质结垢趋势明显，LSI、RSI、LR 指标判别见表 4-8。

表 4-8　管网中的 LSI、RSI、LR 指标

指标	一号水厂水质	二号水厂水质
LSI	0.53	0.43
RSI	6.94	7.04
LR	0.18	0.72

根据 LSI 模型可知，两个水厂的 LSI 指数均大于 0，碳酸钙有一定的结垢趋势，但较为接近零点；根据 RSI 的计算结果可知，一号水厂的水质较为稳定(RSI 介于 6 与 7 之间)，二号水厂的水质有轻微的腐蚀性(RSI>7)；由 LR 模型计算结果二号水厂的氯离子含量是一号水厂的 4 倍，计算得到的 LR 指数为 0.72，具有严重的腐蚀性。比较氯离子的差距最大。

对两处管道进行截取，并对管垢进行分析得到如下结果，见图 4-2 所示，管垢主要是腐蚀和结垢的产物。对管垢的分析结果见表 4-9，尽管碳酸钙占主要的，但氧化铁的含量也在 20-30%，所以在水流变化时会产生“黄水”。

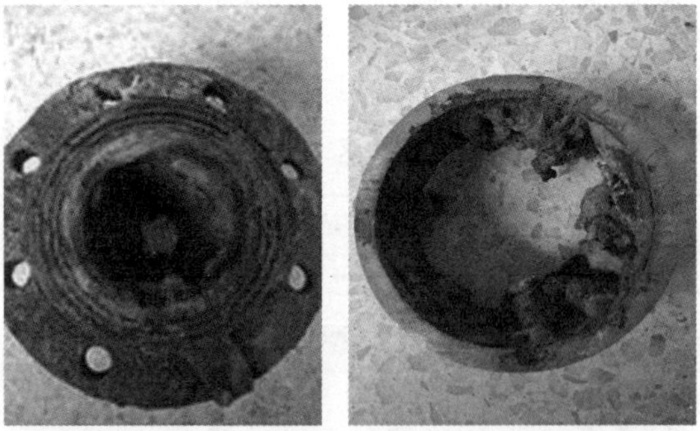

图 4-2　“黄水”支管的结垢照片与垢物成分

表 4-9　管垢物化学成分分析结果

管垢	管道 1 管垢物	管道 2 管垢物
不溶物	2.00%	1.82%
以氧化铁计	27.90%	22.20%
以碳酸钙计	43.90%	47.60%
以氧化锰计	0.01%	0.01%
有机碳	11.03%	11.13%
其他	15.17%	17.25%

对管垢利用 ATP 测量仪进行分析，两处管垢均检测出细菌。利用在线余氯检测仪未检测出余氯。可见生物黏泥存在，对水质的影响不仅仅是化学稳定指数所能解释的。

主管路水龄总体上对供水水质未能造成不可逆的影响。配水支网发现部分管材、管龄内部“生长环”过厚、管龄过长腐蚀严重。管网压力和流速管线由于位于水厂附近，输水量、输水压力均较大，导致其流速大于 1.35 m/s，夜间低于 0.80 m/s，部分配水管网管道流速下降至 0.2~0.4 m/s，水中物质再次沉降吸附于管道壁上。沿管线水流流速全程保持在 0.26 m/s 以下，末梢位置管段下降至 0.1 m/s 以下，故管线浊度全程保持在 0.15~0.2 NTU 范围内。

比较国内外管网控制的指标和运行经验，即便控制了化学稳定常数和碱度值，也会受到各种客观条件影响，有的地区采用聚合物材料的管网短期内仍然会出现“黄水”现象，如何调控也需要更多的研究支持。

4.6　二次供水与终端净化技术

4.6.1　不锈钢与高分子管材与材料的安全性

2015 年香港爆出饮用水重金属超标，近 6 万人的生活饮用水受到严重影响，饮用水重金属迁移等安全问题一时引起广泛关注。饮用水中重金属暴露，特别是砷、铅、铬、镉、汞等重金属已被认为会引起重金属中毒。

不锈钢安全性：不锈钢管道由于其较高的耐磨性、优越的防腐性等众多特点被广泛使用在高档小区、酒店等的供水管道中，也是国内外工程界公认的性能良好的节能环保产品。铬是不锈钢的重要组成成分，能促进不锈钢的钝化并使不锈钢保持稳定钝态，在不锈钢表面形成一层保护膜，起到耐腐蚀的作用。

据某地统计的薄壁不锈钢管材抽检结果来看，铬元素超标率达 27.6%。选用 304 型号的食品级不锈钢供水管道，用余氯和硬度分别为 2，100 mg/L 的浸泡液浸泡 24 h，并检测水质中 6 价铬的变化。浸泡液中的 6 价铬变化与不锈钢供水管道的工艺有很大关系，焊缝处理、打磨抛光、酸洗钝化 3 个条件都对 6 价铬的迁移有很大影响。市政管网优化是供水安全和优化运行的关键因素之一，其中尤以管网漏损、管网中的二次污染问题最为突出。

高分子管材与材料的安全性：Gimasiyo Mutoti 比较了镀锌钢管、涂衬铸铁管、非涂衬铸铁管、PVC 管 4 种不同管材余氯消耗及有机物释放的情况，发现影响因素大小为：镀锌钢管>非涂衬铁管>PVC>涂衬铁管。据 Mao 等人在 2017 年的研究显示，铜制管和镀锌钢管对余氯消耗很大，有金属离子腐蚀性释放，而 PVC、乙丙橡胶(EPDM)、聚乙烯(PEXb、PEXc)、聚丁烯(PB)等管材尽管对余氯消耗较小，但也发现了有机物的释放。这些材料可以释放有利于细菌生长的有机碳。不同材料间的 AOC 含量有显著差异，EPDM 和 PB 氯化迁移水中的 AOC 浓度高于非氯化迁移，有很强的生物膜形成潜力。在饮用水分配系统中，材料的选择将在氯消耗和碳迁移行为上产生很大的差异。

管网是一个系统工程，对管网的改扩建，受限于城市整体规划、地下空间利用和市政道路使用等各方面因素，特别是在大城市等建成区存在维护难、改造难等问题。采用合理的终端净化装置是近期一种受到重视的方法。如管道直饮水概念的提出和实施，有效地避免了管网污染导致用户用水受困的问题。管道分质供水技术是将市政自来水经过深度处理达到标准后，通过管道供给人们饮用的供水系统，原来的市政供水供洗涤之用，这种供水方式也称管道分质直饮水。在上海、深圳、广州、北京等地的许多住宅、办公室、学校均采用这种供水方式，但这种供水方式有别于国外的管道分质供水。

4.6.2 二次净水装置与供水保障方法

在 2010 年，公共直饮水设备成功应用于在上海举行的第 41 届世界博览会上，该设备以“活性炭+超滤膜+紫外线”为水处理工艺，设计出了模块化、智能化、集成化且外观优美的直饮水设备。在 2011 年重庆园博会、2012 年海南重点旅游景点上，公共直饮水项目再次成功实施。

终端净水装置解决了自来水、桶装水以及净水器所不能很好解决的管网二次污染问题，将市政自来水经过深度净化处理成优质水输送到用户端。从全局的角度节约整体的供水成本。但目前短期内难以实施，无疑建立终端进水设备是见效快而简单的方法。

净水装置要求应满足《生活饮用水水质处理器卫生安全与功能评价规范——一般水质处理器》，包括与水接触材料的卫生要求，卫生安全性与功能性试验及出水水质要求。生活饮用水水质处理器是以市政自来水或其他集中式供水为原水，经过进一步处理，旨在改善饮水水质，去除水中某些有害物质为目的的饮用水水质处理器。所用材料必须按照规范要求进行检验和鉴定，符合要求的产品方可使用。用于组装生活饮用水水质处理器的材料和直接与饮水接触的成型部件及过滤材料，应按照卫生部《水质处理器中与水接触的材料卫生安全证明文件的规定》提供卫生安全证明文件，否则必须进行浸泡试验。

生活饮用水水质处理器所用材料浸泡试验步骤、浸泡水配制方法和检验结果的评价方法参照《生活饮用水输配水设备及防护材料卫生安全评价规范》(2001)进行。生活饮用水水质处理器所用膜组件及其他可能被活性氯损坏的样品则用纯水作浸泡试验。先用纯水注入处理器冲洗，然后注入纯水于室温浸泡 24 h，测定浸泡水。浸泡后水与原纯水比较，增加量不得超过所列限值。检验水样的采集步骤按《卫生部涉及饮用水卫生安全产品检验规定》进行。

公共直饮水技术是分散式公共饮水终端的水质净化技术、设备与管理。城市管网二次污染主要有胶体、铁锈、机油、微生物、消毒副产物等。超滤膜深度净化工艺是以压力为推动力的膜分离技术，是近年发展起来的一种新兴工艺，可以有效去除悬浮颗粒、胶体、浊度和细菌等大分子量有机物质，而且所需操作压力较低，操作单元组合方便，成本低廉，无需增加任何化学试剂，且没有相变，不会引起温度、pH 值的变化，可以防止生物大分子的变性、失活和自溶。

为了进一步改善饮水口感，一般还采取添加活性炭与超滤膜进行组合处理工艺来实现市政自来水的深度处理。活性炭是目前市面上较普遍、性能又比较优良的吸附滤料，它具有物理吸附和化学吸附的双重属性，可以吸附小分子有机物、余氯以及重金属，降低直饮水的色度、臭味，改善直饮水的口感。但是，目前研究表明活性炭的净化作用也有限，由于经过活性炭和超滤膜过滤后的净水中含余氯的量非常微少，所以还会在饮水管道上加装紫外线消毒设备，紫外线消毒不会产生任何消毒副产物，对灭活大多数细菌、病毒、孢子均有效。与化学消毒技术相比，紫外线消毒省去了有毒、有害化学品的运输、储藏和投加过程，且运行成本低，从而保证过滤后的水在过滤器与饮水龙头之间的这段距离上进一步抑菌，从而加强和保证龙头出水的微生物安全性。采用吸附催化—超滤膜过滤—紫外线消毒组合工艺作为公共直饮水设备的水处理工艺。

终端净化设备作为自来水深度处理的一个产品，在强化水源水、提升水厂净化工艺、完善输水管路方面一时无法满足消费需求的情况下，这种方式不失为一种提高饮用水水质的有效手段。尤其作为区域供水的管道直饮水工程，因其灵活便捷的特点完全可实现个别小区、园区以及偏远山区村镇的优质供水，改善当地居民生活条件。

目前直饮水处理中通常也采用纳滤或反渗透工艺，可截留去除水中有机物、消毒副产物、氨氮、重金属等有毒有害物质，但同时也将水中绝大部分微量元素和矿物质去除，处理出水接近纯净水。这种做法按有关学者提出的健康水概念来看是不合理的，而且这种做法水的收率也比较低。包头市直饮水处理实际经验表明：纳滤膜处理对总硬度的去除率为85%~91%，处理后水的总硬度为22~31 mg/L，对溶解性总固体的去除率为74%~82%，处理后水的溶解性总固体为69~124 mg/L。目前的研究结果表明水中矿物质比食物中的更易吸收，人体所需矿物质约有1/4是通过饮水供给的。所以长期饮用纯水易导致人体缺乏矿物质和微量元素，使人体患病的概率增加。

管道直饮水是管道直接饮用水的总称，是指在住宅区内建立净水站，以城市自来水为水源进行深度处理，在原有自来水管网的基础上，另设独立的专用管网将优质水输送至用户专供直接饮用。管道直饮水系统包括两大部分：净水系统和供水系统。

4.6.2.1 净水系统

(1)净水工艺的选择

目前具有代表性的工艺主要有4种。

① 臭氧生物活性炭工艺：

微滤—臭氧生物活性炭—超滤与反渗透比例勾兑—消毒—出水

对于此处的超滤与反渗透比例勾兑，有的厂家也直接设计为超滤或精密过滤器。该技术以臭氧氧化和生物活性炭为主，臭氧不仅起到杀菌的作用，而且能把大分子有机物氧化为小分子有机物，以利于生物活性炭上的微生物对它的降解吸收，对有机物的去除率很高，适合于自来水中有机污染物较高的地点。它对臭、色和味的去除率也较高。整套系统具有维护管理简便，节约能耗，造价较低，运行费用低等特点。

② 反渗透工艺，如天津市分质供水工程和深圳市管道直饮水净化工艺采用的工艺：

自来水—砂滤—活性炭过滤—精滤—反渗透—紫外消毒—出水

该工艺以反渗透为主，但反渗透出水是纯净水，目前大多数认为纯净水不太符合健康饮用水的要求，一般都不推荐使用这种工艺，正逐渐被以纳滤为主要特征的管道直饮水工艺代替。

③ 纳滤工艺，纳滤工艺的一般流程为：

自来水—砂滤—活性炭过滤—精滤—纳滤—消毒—出水

砂滤：主要去除水中的大颗粒物、悬浮物质和水中的大胶体；

活性炭过滤：去除余氯、有机物和胶体等；

精滤：去除细菌、颗粒物和胶体等；

纳滤：去除微粒、细菌、胶体、病毒和大分子有机物、高价离子等。

该技术是饮用水处理中被广泛采用的推荐设计工艺，其除有机物的能力和除盐率都较高。与反渗透相比，可以保留一部分人体必需的离子。而且纳滤膜所需要的压力比反渗透低得多，可以节约动力费用，特别适合于水源污染严重、含盐量较高、有机物含量较高且浊度低的饮用水的深度净化。

④ 超滤工艺，深圳市自来水公司建设开发的梅林一村管道直饮水工程所采用的超滤流程如下：

自来水—活性炭过滤—精密过滤—超滤—消毒—出水

该技术适用于处理有机物浓度不高，硬度适中的自来水水质，整体造价与运行费用均比较低。

MF 和 UF 已被用作去除水中原生动物囊肿。普遍认为，MF 和 UF 可以完全去除所有令人关注的原生动物囊肿，对大肠菌群、贾第虫和隐孢子虫的去除率均大于 4log~6，UF 技术能够比 MF 更有效地去除病毒。反渗透通常用于海水淡化，但也可用于消毒水。1966 年 Siveka 的研究指出，使用反渗透中试植物可以去除大量细菌。但是微生物的一小部分可以通过渗透膜。因此，RO 处理后也需要通过氯化或臭氧化等进行额外的消毒。

(2)物理消毒方式

对于直饮水来说，最为重要的是微生物指标。按照《饮用净水水质标准》(CJ 94—1999)，总大肠菌群和类大肠菌群的限制均为 0，比自来水的微生物要求高，因此消毒方式的选择尤为重要。现在用于饮用水消毒的方式主要有紫外线消毒法和超声消毒法。

紫外线主要利用高、低压汞灯发射的紫外线的有效波长所具有的杀菌作用进行消毒。特点是消毒效率高，速度快，具有不改变水性、不污染水质和简单易行等优点。缺点是灯光有效寿命短，失效不易控制，穿透能力降低。紫外线消毒法广泛用于直饮水的最末端处理，即出水消毒处理。

超声消毒的原理是超声作用可使细胞因空化而解体，因此，超声波已被用作消毒手段，使微生物失去活性。但是超声波技术远比改良的消毒方法昂贵得多。

4.6.2.2　供水系统

管道直饮水供水系统设计的特点为：水量少，管径小，沿途距离长，需要24 h不间断供水，必须保证提供足够的水量、水压和新鲜、合格的优质饮水。

(1)管网设计

采用变频增压技术足量恒压供水，这种管网是循环式的管网，其一般流程为：

净水站净水箱→紫外线消毒器→变频调速供水设备→室外供水管→室内供水管→用户→室内回水管→室外回水管→净水站净水箱

管网输送系统必须设计成全封闭循环式，为了保证回流，各栋住户的入户管在与室外管网连接处应设回流阀。室内管道布置应注意以下原则：用水支管尽量紧靠立管，距离越短越好，单立管上行下给，多立管串联供水或水平管连通供水管立管后回水，或供水立管先回水，使总立管与净水站自供水至回水总距离相近，这样循环阻力最小。为避免细菌在管壁的繁殖和微粒沉积，直饮水必须保证一定的流速，一般流速在1~1.5 m/s，也有的推荐干管设计流速在1~1.2 m/s，支管设计流速在0.6~0.8 m/s。

(2)管道材质

管道是直接供饮用水的，要求其材质无毒无害。在管道直饮水中使用的管材主要有以下几种：PB(聚丁烯管)、PP(聚丙烯管)、PPR(三型无规共聚聚丙烯管)、PEX(交联聚乙烯管)、PAP(铝塑复合管)、UPVC(不增塑聚氯乙烯管)以及挤压式不锈钢管。目前使用较多的有PPR、UPVC、PAP以及挤压式不锈钢管和三型聚丙烯管材。

PPR管中添加了各种各样的添加剂，这使管材的硬度及稳定性得不到100%的保证，而且由于化学物质的渗透、交换等因素使水质也得不到100%的保证，且 PPR 管抗紫外线能力差，在阳光的直接照射下容易老化，影响水质和使用寿命。建议为了水质的安全，在管道直饮水中，尽量少用 PPR 管，即使用也最好在室内部分。

UPVC 或 CUPVC 管易于接合、轻巧、价格便宜、内壁光滑，但不耐压、易脆裂、易受冲击破坏、不耐日照，适合作为室内管使用，也有些工程用于室外。铝塑复合管无锈，易于连接、耐压、容易弯曲、接头少、节约管配件，但接口处容易损坏、固定卡效果差，适合作为室内管使用。挤压式不锈钢管不需焊接、施工简便，能抵抗高压，强力耐用，供水安全可靠，但造价较高，适合用于室外管和高层建筑、高档建筑的室内外管。

(3)水质检测

在线监测设备：管道分质供水系统均在制水设备中预装了电导率仪，其中有些安装了在线浊度仪，安装位置均位于出水管道且未进入贮水箱处。

数据采集传输设备：在线监测数据采集输出仪，其功能包括数据采集，可将在线监测设备输出的电流信号经模数转换为数字信号，再通过传输到远程数据平台。

数据监测平台：通过手机从预警控制平台上接收信息，显示监测结果。

在线监测技术在一定程度上反映了管道分质供水的水质状况，与现场监督检查相结合，有利于卫生监督机构及时发现水质变化，掌握水质变化趋势，解决了以往定期采样检测带来的结果滞后问题，建议监测：pH 值、TDS、NTU 和细菌和水压(流速)。

第 5 章　分子光谱监测

饮用水微生物超标和化学污染的多样性会对健康产生影响，在供水业一直采用危害分析临界控制点方法进行监测，是从集水区（水源）到用户的风险评估和风险管理进程的主要保障技术。

5.1　水质监测技术要求与进展

为保障城镇供水的水质安全，提高水厂运行和管网调度的科学性，便于规划设计、安装验收和运行维护，住房和城乡建设部 2018 年 6 月 1 日批准实施了《城镇供水水质在线监测技术标准》（CJJ/T 271—2017），列出了水温、酸碱度、浊度、电导率、溶解氧、余氯、氨氮、UV 吸收、叶绿素 α、耗氧量、颗粒物及发光细菌和鱼类生物综合毒性在线监测技术要求。水质预警是指在特定范围内对水质状况进行实时监测分析和综合评价，对水环境发生的影响变化进行实时监控，通过监控分析对突然出现或积累的污染物浓度的现状及其未来发展状况进行预测，确定水质变化的趋向、速度以及达到某一变化限度的时间等；预报污染物存在的大致时空范围和可能的危害程度，适时地给出变化的各种警戒信息及相应的综合性对策，即对已出现的问题提出未来趋势预测，或对各种防范措施进行预测分析，选取有效、经济的控制方案。水质监测预警系统主要有水质现状实时监测、发现异常数据综合分析后报警、寻找确定污染物位置、分析污染物扩散速度和趋向、提出筛选有效控制措施、排除污染隐患等内容，具有先觉性、预见性的超前功能，为饮用水源突发污染事故处理提供可靠的技术支持。

水质监测预警系统由远程系统、传输网络、现场系统及处理平台等部分组成。其中现场系统包含现场通信、现场控制、水质分析、配水、自动采样等单元，主要功能是通信传输、数据采集、水质分析以及水样采集，这些工作目前可以在无人操作的环境下自动完成。传输网络包含通信软件以及传输介质两个部分，主机负责信息上传以及数据生成工作，可以借助互联网资源。远程部分包含监控中心软件系统和数据通信接收系统，负责数据的显示、处理、存储与接收工作。远程系统的优势是扩展灵活、维护简便、实时监控、互联互通、分散控制、集中管理。处理平台主要在收集数据的基础上进行大数据分析综合得到可靠的结果预测。水源、水厂和管网水质在线监测预警系统可以实现数据采集和处理过程全自动化，将数据存入数据库。在线监测预警技术包括常规理化在线监测预警、生物毒性在线监测预警、遥感监测预警、人工巡视预警等。

5.1.1　常规理化在线监测预警

水质监测预警主要采用常规理化指标在线监测方法。监测指标作为衡量污染物浓度高低的标尺、数量的多少与选择十分重要，既要考虑结果的可靠性和全面性，也要考虑经济性和技术可行性。目前监测指标主要包括 5 个常规参数(pH 值、水温、溶解氧 DO、电导率、浊度)，部分增设高锰酸盐指数、总有机碳、总氮(氨氮)、总磷和叶绿素等监测 4 项。这几个方面在线装置都比较成熟，并具有现场存储和数据传输功能，少数站点正在开展重金属、生物毒性、挥发性有机污染物(VOCs)和粪大肠菌群的试点监测。

pH 值有助于对酸碱污染发生程度和藻类生长的情况进行判断。DO 可反映受到有机物污染和藻类异常生长的水体的质量；电导率常作为水体中无机物污染的综合指标。氧化还原电位可以有效地反映水体中高浓度氧化物的还原性和高浓度金属污染等指标。浊度和氮磷等指标反映附近是否有农业源、工业点源和生活源的侵入。高锰酸盐指数可以综合反映水体中还原性有机物的污染程度。常规理化监测方法缺乏系统性和相关性研究，仅能反映有限的信息，主要的问题在于理论基础支撑不足，尚无法提供针对特征水质的数据联合分析和预测能力。

5.1.2　生物毒性在线监测预警

生物毒性监测利用毒害物质浓度与生物效应之间的响应关系，对污染物的毒性进行判定，是可以综合监测多种有毒物质相互作用的有效技术手段。生物毒性在线监测方法主要包括微生物传感器法(发光细菌、藻类等)和水生动物法(蚤类、鱼类)等。

微生物传感器由固定化微生物、换能器和信号输出装置组成，微生物活体作为分子识别敏感材料与电机表面构成生物传感器，可以测试有毒物质的综合毒性。常见的生物活体包括细菌、真菌和动物及动物细胞等，具有灵敏度高、检测速度快、成本低廉等优点。发光细菌和鱼类已经被列入当前城镇水质在线检测规范当中。常用的发光细菌法是利用在正常生理条件下能够发射可见荧光的细菌，通过光点检测系统测试发光强度变化以实现水质急性毒性的在线监测。由于毒物具有抑制发光的作用，发光细菌发光强度的变化程度与毒性物质的浓度在一定范围内呈相关关系，同时与该物质的毒性大小有关。该方法灵敏度高，操作简便，且应用广泛，常被作为污染毒性预警。藻类分析法是以水藻作为探测生物，检测毒性污染物对水藻光合作用的影响。利用叶绿素荧光技术连续检测待测水样，一旦水体受到毒性物质侵害，藻类光合作用减弱，活性降低，毒性强弱即可根据平行对比水样测定的藻类活性差异而得知。藻类在水生态系统中常被用作化学品毒性测试，特别是重金属离子的毒性测试。

水生动物如蚤类分析法通过蚤类游动速度、高度和轨迹等活动特性的变化，进行水体毒性判断。其中大型蚤是国际公认的毒性实验标准生物。因其方法具有灵敏、快速、廉价、方便等优点，已被许多国家广泛应用于环境污染评价上。鱼类在进化过程中对毒性反应敏感，也是比较理想的生物毒性测试对象。当水体中的污染物达到一定浓度时，就会引起鱼类一系列中毒反应，如行为异常、生理功能紊乱、组织细胞病变甚至死亡。总体来说，该方法均以生物活动能力的改变来反映水体毒性的大小，只是在监测与判定方法上有所不同。

生物毒性在线监测技术应用于水质预警同样存在一定的局限性：不同种类的水生生物对造成水质污染的有毒物质的响应差别巨大；生物毒性预警能指示“异常”事件的发生，但从定量角度确定污染因子的能力较弱。应用多通道或多物种在线预警技术能够更为全面、准确地反映水源水质污染事故中不同污染物的危害与叠加影响，是生物预警技术研究的一个重要方向。

5.1.3 遥感监测预警

遥感监测是利用遥感技术进行监测的技术方法。其技术应用已从最初的单纯水域识别发展到对水质参数进行遥感监测，从而达到水质预警的目的。随着遥感技术的不断发展和对水质参数光谱特征及算法研究的不断深入，遥感监测水质逐渐从定性发展到定量，并且通过遥感，可监测的水质参数种类逐渐增加，可以实现对水源水体富营养化、悬浮物、石油类和有色可溶性有机物等污染指标的预警监测。

遥感监测可生成高清晰图像，实现可视化直观分辨水体特征污染物的目的，为水源、水厂和管网监控预警提供基础信息，便于长期动态监测。

5.1.4　人工巡视监测

随着水环境各项法规和监督体系的完善，尤其进行监测频率的提高，智能化监测受到广泛的关注和重视，但水体感官类指标的监测系统尚不完善，尽管有关厂家有异味分析系统上市，但尚无在线系统亦无相关评价规范予以支持。人工巡视关注水源水体在嗅、味、色等感官方面的指标，以及表层生物聚集态等生物指标，可靠性强，结果准确、直观，是预警指标体系必要的有力补充。

通过对水源、水厂和管网指标进行实时在线监测和人工巡视有效结合，可以对水质质量和变化趋势做出分析，建立起水质实时预警系统，是稳定供水水质的重要手段之一。

常规水质参数水质异常检测的主要思路是通过不同技术对水质参数的测量来反映水质状况，并报告水质异常。常规在线检测手段是利用 pH、余氯、TDS、COD 和硬度等水质参数在线监测，进而检测水质变化情况。基于这些水质参数，主要技术有化学分析技术、原子光谱技术、色谱分离技术、电化学分析技术、生物传感技术和分子光谱技术，主要仪器有化学分析仪、紫外可见吸收光谱仪、原子吸收光谱仪、原子发射光谱仪、ICP-MS 色谱仪等。近些年国内外提出了几种运用数据挖掘技术对水质参数数据进行分析，进而间接实现对污染物分类识别的检测算法，包括统计计算方法、机器学习法、数据挖掘计算法、传感器数据融合方法等。统计计算方法是利用时间和空间数据统计的方法来检测水质变化，进而找到污染源的一种水质计算方法。Byer 和 Carison 在研究中提出了根据数理统计方法计算得到标准偏差，之后根据标准偏差确定极限阈值，用极限阈值与监测到的数据相比较，进而判断水质变化情况；还研究出当水质加入有毒化学品时，会改变一种常规水质参数，从而增强适用性和有效性。Ha Uoran 等人利用统计的方法绘制了一张控制图来检测水质参数的变化，并利用卡尔曼滤波器来印证这种方法的正确性和实用性。另外，将回归方程与统计方法统一结合，将更加具有适用性。McKema 等人利用 AR 模型建立了一种水质监测手段，其方法是预测水质参数变化得到预测值，之后将其与实际值相比较，来判断水质是否发生变化。机器学习法是计算机获取、表达、使用过程，通过利用人工智能手段向人类学习知识，之后利用模拟进化的手段优化解决办法。Cook 等人设计了一种机器，可以通过学习各种水质参数的正常范围，并将此知识应用到水质监测上，当水质发生变化并超出正常范围时，机器会发出警告。数据挖掘计算法是计算机利用收集到的数据，进行大量数据的处理或建立数据库，通过分析大量的数据，进而得到数据背后隐藏的信息，为需要者提供决策信息。Klise 利用 K 均值聚类的方法将正常范围内的水质数据划分为几个类别，之后根据检测到的数据与这几个类别的欧式距离来判断水质是否异常。传感器数据融合方法是利用在不同时间和空间的数据分析，再根据某种准则，获得比单一传感器更准确的类别或状态检测。Mark 和他的团队使用 KuUdorff 扫描探测的方法对城市供水管网进行分布式传感检测并对传感器数据进行融合，进而根据正常水质参数范围检测出异常现象，通过这种方法，增加了水质异常检测的准确率。

5.2 紫外-可见光谱检测技术

5.2.1 紫外-可见光检测原理

光谱分析技术是检测水质参数时应用最广泛的技术，光谱技术在线监测不需加入任何化学试剂，可以实时在线检测，占用的空间小，试样用量少，作为水质监测手段具有方便、简单的优势。按照检测原理的不同分为光吸收式检测（紫外-可见光谱和近红外光谱）和荧光检测（荧光光谱）等类型。分子光谱技术检测水质的优势在于检测迅速、数据准确，主要检测光线与水体的相互作用，其中光吸收式检测是根据物质的浓度和性质发出的光被吸收的情况来判定；而荧光光谱检测是根据有机物中存在某种基团，可以发出特定波长的荧光，被检测仪器检测到从而判定水样中是否存在某种有机物或特定的目标物。随着技术和经济的发展，检测器的光源、探测器以及光学新材料发展，检测成本逐渐降低且易于与控制系统结合，形成智能化系统，完善水源、水厂、管网和用户网络的建设。

紫外光谱是分子中外层价电子吸收了一定波长的电磁波，由低能级跃迁到高能级而产生的一种光谱，也称为电子光谱。分子内部也存在运动，包括分子内价电子运动、分子内原子在平衡位置附近振动和分子绕重心的转动。因此分子具有 3 种能级，对应分子的电子能级、振动能级以及转动能级。分子的总能量 E，可以分成内能 E_0、平动能 E_f、原子核振动能 E_v、分子旋转能 E_r和电子动能 E_e。其中内能 E_0是固有内能，平动能 E_f连续变化不会量子化，分子吸收外来辐射能量 $h\nu$ 之后的总能量变化为 $\Delta E=\Delta E_v+\Delta E_r+\Delta E_e$。如果光子辐射能量

$h\nu$ 恰好等于分子高能级与低能级之差，分子就会吸收该能量而产生跃迁，由能量较低的基态能级 E_1 跃迁到能量较高的能级 E_2。光的波长不同，能量不同，不同物质能级之间跃迁所需的能量不同，因此随着光的波长变化，其所表现出的吸收能力也不相同，这一性质称做光对物质的选择性吸收。光谱定量分析的原理是依据物质吸收光的基本定律，即朗伯-比尔（Lambert-Beer）定律：待测物的物质浓度（C）与吸光度和液体厚度存在一定的相关性。

图 5-1 是电子能级跃迁示意图，其中 $\sigma\rightarrow\sigma*$ 跃迁能量很大，波长小于 150 nm；$n\rightarrow\sigma*$ 所需能量小于 $\sigma\rightarrow\sigma*$ 跃迁（150～250 nm）；$\pi\rightarrow\pi*$ 和 $n\rightarrow\pi*$ 跃迁能量低（大于 200 nm），含有不饱和键的有机分子易发生这类跃迁，$\pi\rightarrow\pi*$ 比 $n\rightarrow\pi*$ 跃迁概率大 100～1000 倍，其跃迁吸收强，吸收峰强度 $\varepsilon\approx10^4$，而 $n\rightarrow\pi*$ 跃迁吸收弱，$\varepsilon<500$。d-d 跃迁和 f-f 跃迁可在金属络合物和高分子过渡金属络合物之间发生，波长一般在可见光区；电荷迁移跃迁是离子间、离子与分子间以及分子间同时具备电子给体和电子受体，吸收系数大于 10000，常存在于配合物和聚合物之间。

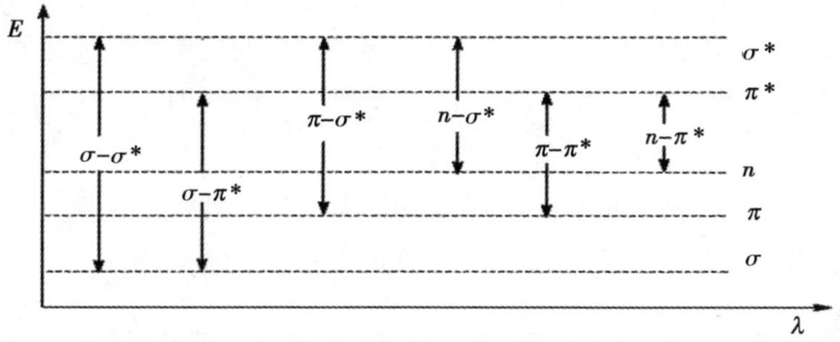

图 5-1　电子能级间的跃迁

因此，紫外吸收光谱分析是基于有机物及部分无机物特有的基团能够吸收紫外光，根据吸光度值和特征峰的位置来确定物质及其在水中的浓度，进而对水质进行在线监测。国内外利用紫外光谱进行水质监测研究已经进行了较长时间，主要是针对易溶于水的芳香族有机物的检测、水体中的总有机物（TOC）含量的检测，检测手段包括单波长检测、双波长检测和全波长扫描光谱检测等方法。

5.2.2　紫外-可见光检测应用

单波长检测，最常见的是用 254 nm 紫外光谱检测水中的有机物，如 Dobbs

等人利用单波长 UV_{254nm} 紫外光对水样中的总有机碳的含量进行检测。Mrkva 等人利用单波长 UV_{254nm} 紫外光对水样中的化学需氧量 COD 进行检测，紫外吸光度与水质 COD 之间的线性度大于 0.99。Brookman 等人利用 UV_{280nm} 对水质中生物需氧量(BOD)进行了检测，可以快速检测水中的 BOD。但发现单波长的紫外光谱容易受到水质中的悬浮物和金属离子的影响，双波长紫外光谱可以消除这些影响。Matschd 和 Stumworher 等人研究发现 UV_{260nm} 或者 UV_{254nm} 的紫外光谱吸收度与 COD 和 TOC 之间具有一定的相关性，并使用 UV_{380nm} 紫外光谱分析来消除颗粒悬浮物或金属离子的影响。双波长紫外光谱虽然具有比单波长紫外光谱更好的快速性和广泛适用性，但它仍存在采样与参比光谱的问题，并且虽然进行第二个波长的检测能够一定程度上降低悬浮物或金属离子的干扰，但仍存在着一些光谱信息丢失的问题。

针对双波长紫外光谱的缺点，研究人员提出光谱的不同波段会反映出水质的不同信息，可以利用数据挖掘来优化信息。美国、德国和国内的学者提出了基于紫外光谱信息，采用主成分分析降维及聚类分析对源自不同水环境的样本分类方法。聚类分析主要是将对象分类，使得同一类中的对象之间的相似性比其他类的对象的相似性更强。目的在于使类间对象的同质性最大化和异质性最大化。一般采用 MATLAB R2012b 软件对得到的光谱数据进行聚类分析，如图 5-2 所示。采用欧氏距离法计算样本间的聚类距离，应用平均加权方法计算系统聚类树，把一些相似程度较大的样本聚合为一类，把另外一些彼此之间相似程度较大的样本又聚合为另一类，直到把所有的样本聚合完毕。

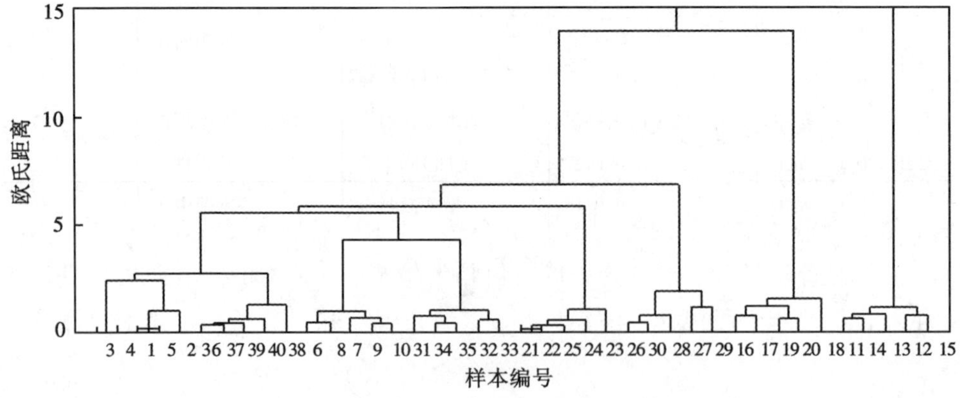

图 5-2　系统样本的聚类树状图

图 5-2 是样本的光谱数据聚类图，其横坐标表示样本编号，纵坐标表示样本间的欧氏距离。根据纵坐标的欧氏距离分类，2.42 以上的水平处可视为将样本鉴别，有效区分各样本。

主成分降维分析方法是一种重要的多元统计分析方法，它主要利用降维的思想，排除众多化学信息中相互重叠的部分。利用方差最大原则，对样本的原始光谱数据中所包含的多个自变量进行线性拟合，将所得的新的低维变量代替原始的高维变量，从而达到数据降维的目的。在实际应用过程中，通常选取前几个对偏差量贡献较大的主成分，这样既能使信息损失不太多，又能达到减少变量，简化问题的目的，一般推荐累计贡献率达到 80%以上为宜。

利用某一特定的波长区间来对管网水质进行在线检测的手段，已经引起研究者的重视，用于水源在线监测、水厂和管网在线监测具有一定优势，同时由于紫外光谱仪所具有的便携性，其已经成为管网水质监测的一种重要手段。

5.3　荧光光谱技术原理、特点及方法

5.3.1　荧光光谱原理

从 20 世纪 90 年代学者开始研究荧光光谱在水质检测方面的应用，已经取得了很多积极的进展并逐渐走向成熟。在强光的照射下，水质中的有机物分子的特定基团会发射出荧光。每个分子都具有一系列独立的能级，称为电子能级。每个电子能级包含一些振动能级和转动能级。用 $M=2s+1$ 表示电子激发态的多重度，其中 s 为电子自旋量子数代数和，数值为 0 或 1。若分子中全部轨道的电子都自旋配对，即 $s=0$，那么分子的多重度 $M=1$，该分子则处于单重态，大多数有机分子的基态处于单重态。分子吸收能量后，如果在跃迁过程中没有发生自旋方向改变，那么其处于激发单重态。若分子在跃迁过程中伴随着自旋方向改变，这时分子便有两个自旋不配对电子，即 $s=1$，分子多重度 $M=3$，该分子处于激发三重态。处于分子轨道上非成对电子的平行自旋比成对自旋更稳定（洪特规则），因而三重态能级比对应的单重态能级略低些。激发态的分子不稳定，可能以辐射跃迁和非辐射跃迁的去活化过程返回到基态，其中速度快、激发态寿命短的途径占优势。有几种基本的去活化过程：振动弛豫、荧光发射、内转换、外转换、系间跨越和磷光发射，如图 5-3 所示。

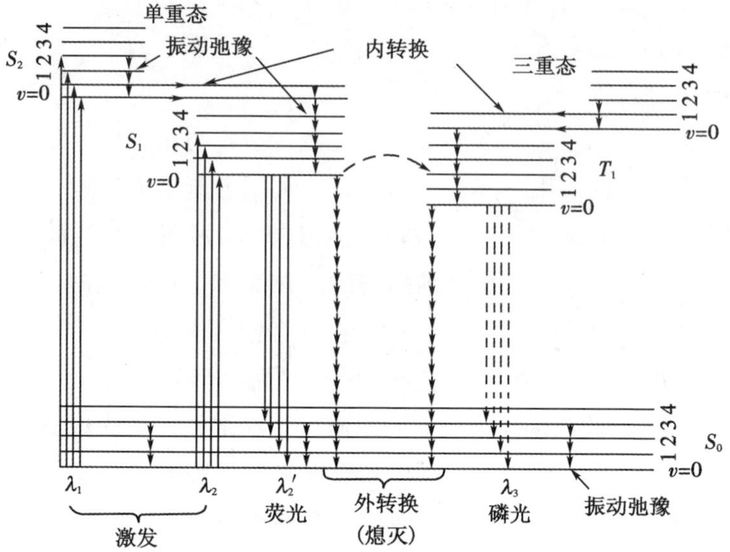

图 5-3　分子能级跃迁示意图

在荧光光谱中，可以得到两种类型的光谱：① 发射光谱，激发波长保持不变，发射波长改变；② 激发光谱，发射波长保持不变，激发波长改变。而峰的激发和发射的变化常常是由于峰波长的偏移和光谱带宽的改变引起的，使用 EEM 法能够很容易地将其识别，该方法为特定系统提供了一种指纹记号。

分子产生荧光必须具备一定的条件，如具有合适的结构(具有大 π 键结构，共电子取代基的刚性表面结构)；具有一定的荧光量子效率(即发射荧光的分子数与总的激发态分子数之比)；荧光量子效率与激发态能量释放过程的速率常数有关，外转换过程速度快，不出现荧光发射。在结构上，提高共轭效应有利于产生分子荧光。刚性表面结构会导致荧光增强；取代基芳环上有供电基效应也会使荧光增强。除此之外，溶剂、溶液 pH 值和温度等都会影响荧光的产生。

具有刚性结构的化合物通常发光能力较强，其激发光的波长大多处于近紫外区或者可见光区，发射光的波长大多处于可见光区，易于观测荧光光谱的变化。处于激发态的分子在势能曲线坐标上较小的范围内发生衰变，以辐射衰变为主。在荧光发射前有一部分能量被消耗，因此发射光的能量要比吸收光的能量小，所以发射的荧光的特征波长要比紫外吸收光的特征波长长，可以认为荧光发射的最大波长与紫外吸收的最大波长相比要发生红移，红移的大小用来衡量发射光与激发光能量差值的大小，这个差值称作斯托克斯位移(Stokes shift)。化合物的发光能力可以用荧光的量子产率来衡量，它是荧光发射的光子数与吸收的光子数的比值。由于在吸收光时，分子可以由基态跃迁到几个不同的激发态，而发射荧光时只有第一电子激发态的最低能级回到基态，所以荧光光谱通常只是呈现一个荧光光谱带，而不像吸收光谱那样有几个吸收带。荧光定量的依据是荧光强度正比于吸收强度和荧光量子效率。

荧光分析的特点是灵敏度高，比紫外-可见分光光度法高 2~4 个数量级，检测下限为 0.001~0.1 μg/L；选择性强，既可以依据特征发射光谱，也可以根据特征吸收光谱，可检测 60 多种元素。荧光方法可分为直接法和间接法，可以对有机物、无机物和微生物等进行监测。直接法包括利用刚性结构和取代基的作用引入荧光剂，荧光剂包括有机荧光和无机量子点荧光剂；而间接法如紫外光谱的数据挖掘法一样，通过数据的数学处理，以数学分离代替化学分离得到更多有用的信息。

荧光探针(fluorescent probe)是由一个连接体将荧光团和待测分子的接收基团连接在一起，随着待测分子的引入，荧光会发生变化，将微观的化学变化转化成宏观的光谱变化，通过荧光光谱的变化达到对待测分子识别的目的。荧光探针通常由以下 3 个部分组成：① 接收基团(receptor)，用来结合待测分子；② 荧光团(chromopher)，用来产生光信号，加入待测分子前后荧光信号会发生变化；③ 连接体(spacer)，用来连接荧光团和接收基团，在整个荧光探针中起着枢纽作用。通过改变连接体与接收基团和荧光团的作用方式，可以设计出各种不同机理的荧光探针。荧光探针大部分都是含有共轭体系的有机小分子化合物，因为形成共轭双键的电子跃迁更容易吸收激发光，易于荧光的产生。

荧光探针的识别作用机理主要有 5 种：荧光共振能量转移(fluorescence resonance energy transfer, FRET)、光致电子转移(photo-induced electron transfer, PET)、分子内电荷转移(intramolecular charge transfer, ICT)、激基缔/复合物(excimer/exciplex)和刚性效应。常用的荧光探针有荧光素类探针、无机离子荧光探针、荧光量子点、分子信标等，传统的荧光探针主要包括有机小分子荧光染料、荧光蛋白等。近年来，随着纳米技术的迅速发展，许多具有荧光性质的纳米材料被用于构建荧光探针。

(1)荧光共振能量转移(FRET)

基于 FRET 机理的荧光探针由四部分组成，接收基团、连接体和两个荧光团。这两个荧光团需要一个是能量的给体，通过能量的变化产生荧光信号；另一个是能量的受体，用来吸收能量。荧光共振能量转移就是指在一定波长光的激发下，荧光团中的能量给体发射荧光，在发射的过程中把能量传递给与其距离较近且处于基态的能量受体。

FRET 过程的发生受许多因素的影响，一个荧光探针发生 FRET 机理需要满足以下 3 个条件：① 作为能量给体的荧光团的发射光谱和作为能量受体的荧光团吸收光谱要有明显的重叠，在能量给体发射荧光的波段可使能量受体吸收其能量。通过能量的转移使能量给体和能量受体的荧光光谱发生变化，产生光信号。② 必须使能量给体与能量受体之间的距离远远大于它们分子间碰撞的直径，因为只有实现能量给体和能量受体之间的长距离能量转移，才有可能发生能量给体与能量受体之间的非辐射能量转移而产生荧光的变化。③ 能量给体与能量受体的方式排列要适当，不能因为其他基团的存在影响 FRET 过程的发生。

(2)光致电子转移(PET)

光致电子转移体系由 3 部分组成，包含一个作为电子给体的接收基团、连接体和荧光团。其中荧光团可以吸收光也可以发射荧光，接收基团用来结合待测分子，通过连接体成为一个分子，可以选择性地识别待测分子，并通过荧光信号将识别效果表现出来。在 PET 机理的荧光分子探针中，荧光团与接收基团通过连接体连接后可以发生光诱导电子转移，对荧光团的荧光有很强的淬灭作用，因此在结合客体分子之前，探针分子的荧光团通常不发射荧光或者只发射很弱的荧光。当接收基团结合客体分子后，接收基团和荧光团之间的光诱导电子转移作用会受到抑制或者被完全阻断，荧光团的特征荧光就会发射出来。

如果待测分子是含有 3d 电子的过渡金属，PET 过程的发生就会出现变化，这归咎于 3d 电子能够发生氧化还原作用，即使接收基团结合待测分子后也会抑制接收基团和荧光基团之间发生电子转移；过渡金属与荧光团之间发生电子转移，荧光团的特征荧光就不能表现出来，使 PET 过程不能发生。

(3)分子内电荷转移(ICT)

基于分子内电荷转移过程的荧光探针由三部分组成，给电子基团、吸电子基团和 π 电子体系。π 电子体系相当于连接体，起着连接给电子基团和吸电子基团的作用。典型的分子内电荷转移荧光探针就是在荧光团上连有一个强的吸电子基和一个强的给电子基，形成推-拉的电子体系。当一个荧光团连有给电子基(如氨基)时，如果再和一个吸电子基共轭连接，在光的激发下该分子内就会发生从给电子基到吸电子基的电荷转移。分子内电荷转移荧光探针的接收基团大多是推-拉电子体系中的一部分，当荧光团上的接收基团(如氨基)在给电子基的一端时，与客体结合后就会减少这个给电子基的给电子能力，使整个体系的共轭程度降低，导致荧光光谱发生蓝移，使其摩尔吸光系数减小。相反，当荧光团上的接收基团在吸电子基的一端时，与客体结合后就增大整个体系的推拉电子能力，也就是增大体系的共轭性，导致荧光光谱发生红移，使其摩尔吸光系数增大。

(4)激基缔/复合物(excimer/exciplex)

基于激基缔/复合物的荧光分子探针要含有两个荧光基团，并且这两个荧光基团要处于适当的位置，距离不能太大。如果这两个荧光基团相同，其中一个被光激发后，就会与另一个基态的荧光团形成分子内激基缔合物。如果这两个荧光基团不同，其中一个被激发后与另一个基态形成的就是激基复合物。激基缔/复合物能否形成取决于两个荧光基团之间的距离，如果激发态的分子与基态的分子之间的距离约为 0.35 nm，就能形成激基缔/复合物，反之则不能形成。激基缔/复合物荧光分子探针就是通过单体和激基缔复合物的荧光光谱变化来达到对客体分子进行识别的目的。

(5)刚性效应

基于分子刚性效应的荧光探针是利用分子的刚性变化引起荧光光谱的变化，来达到识别的目的。分子的刚性增加后，就能减弱分子的振动，从而使分子因振动而产生的激发能以热的形式释放的趋势减小，利于荧光的产生，因此当荧光探针分子与客体络合后形成的络合物就会比原来的探针分子刚性强，荧光发射强度也会增强。基于分子刚性效应的荧光分子探针的构成需要满足以下几个要求：① 探针分子需要具有较好的光化学稳定性，并且能产生较强的荧光；② 探针分子要有与客体分子结合的结合位点，而且要求结合得比较牢固；③ 探针分子要具有较长的荧光发射波长，也要具有较大的 Stokes 位移；④ 要求探针分子的合成方法简单易于操作。

5.3.2　量子点

量子点是指粒径小于或接近于 Bohr 半径的纳米晶粒。狭义的量子点一般是指Ⅱ-Ⅵ族和Ⅲ-Ⅴ族元素组成的半导体荧光纳米晶体。广义的量子点还包括Ⅳ-Ⅵ族、Ⅴ-Ⅵ族元素组成的纳米晶体，以及金纳米簇、银纳米簇、硅量子点、碳量子点、复合型荧光纳米颗粒等。

介于微观和宏观世界过渡区域的量子点，其三维尺寸均处于纳米范围，导致其有不同于本体材料的特殊性质。这些奇特的性质都是源于以下效应。① 小尺寸效应：也叫体积效应，是指当纳米颗粒尺寸与光波的波长、传导电子的德布罗意波长等物理尺寸相当或更小时，其声、光、电、磁、热等性能出现的奇特现象。② 量子尺寸效应：当粒子的尺寸达到纳米级时，费米能级附近的电子能级由连续态分裂为离散能级。随着量子点尺寸的变小，能隙变宽，紫外-可见吸收光谱的吸收带向短波长方向移动。量子点的粒径越小，其荧光光谱和紫外-可见吸收光谱蓝移越多。③ 表面效应：量子点的比表面积非常大，由于表面原子数目与量子点粒径成反比，粒径越小，处于表面的原子所占百分比越多。表面原子的增加导致量子点许多原子配位未达到饱和，反应活性增强，表面能升高，还引起大量表面缺陷，降低量子点发光效率。除此之外，还有量子限域效应及宏观量子隧道效应等。

量子点是惰性无机材料，还可以通过表面修饰、表面钝化等进一步提高光化学稳定性，不易发生光解或光漂白，还可以重复激发。而传统的荧光染料为有机分子，光照时间长时易被光解，而重复激发时荧光强度会降低。目前，报道出的量子点的波长范围在 300～2400 nm 的波段。而传统的荧光有机染料的荧光发射波长与其分子结构有关，基本上是固定的，想要得到不同发射波长就需要不同的染料分子。与传统的有机荧光染料相比（荧光寿命在 10 ns 以下），量子点荧光寿命较长，最高可达 20～50 ns，有足够时间区分背景荧光，适用于时间分辨光学成像。量子点的生物相容性好，而传统的有机荧光染料易对细胞产生毒性，因此，量子点适合于生物活体检测及生物成像等领域。除此之外，金属离子与量子点络合，可使荧光淬灭或增强，可用于测定环境水样中金属离子的浓度。

量子点既可以被电子受体淬灭，又可以被电子供体淬灭，还可以被其他多种物质淬灭；荧光淬灭的形式很多，机理也比较复杂。主要有以下几种类型：荧光共振能量转移（fluorescent resonant energy transfer，FRET）、电子转移（electron transfer，ET）、纳米金属表面能量转移（nanometal surface energy transfer，NSET）、内滤效应（inner filter effect，IFE）和金属离子与量子点表面的基团络合等。

5.3.3 荧光分析法的应用

5.3.3.1 荧光分析技术的发展

据有关数据显示，天然水源水中 80%以上的有机物都是腐殖质，剩下的为构成生命体的有机物(碳水化合物、蛋白质等)。腐殖质经历强光的照射，其特有的荧光基团会呈现出特有的荧光谱图，称作光谱指纹技术，腐殖质即具有这种特性；而构成水中生物的有机物(部分脂肪族化合物、木质素、蛋白质)也能发射荧光，因此，使用荧光光谱可检测水中有机物和生物。

荧光法应用于水质中的研究可分为两个阶段，即由单特征激发-发射波长分析阶段到连续光谱分析阶段。在第一阶段，1996 年 Comber 等人通过测量激发波长 250 nm、350 nm 和测量发射波长 430 nm 的荧光值，探索荧光强度与 BOD 指标之间的相关性。1997 年 Reynolds 和 1999 年 Ahmad 分别使用单特征激发-发射荧光法，所用激发波长分别为 248 nm 和 280 nm，应用于污水处理厂的水质 BOD 分析，探究出在 340 nm 处的荧光强度与 BOD 指标值具有良好的线性关系。在第二阶段，2000 年 Marhaba 采用的激发波长为 225~525 nm，取样波长间隔均为 12 nm，分析了 249~633 nm 的多维荧光发射光谱中荧光峰强度、峰斜度和峰面积 3 个参数，建立了 DOC 与 TOC 等指标一定的线性回归关系。Bengrine 采用了与 Marhaba 相同的激发波长和取样间隔，将荧光峰强度、峰斜度和峰面积的最小二乘模型用于地表水指标的模型计算分析，发现这种方法比单一特征波长 254 nm 的紫外吸光度法预测精度要高。到了 2004 年，Baker 采用 220~230 nm 的激发波长照射垃圾掩埋渗滤液，建立了 340~370 nm 多维荧光发射光谱与渗滤液的 TOC、BOC 指标之间的关系。刘阳春等综述了荧光分析法在水体污染监测中的应用。关于如何在传统水处理工艺中去除水中可溶解性有机物，吕洪刚采用三维荧光分析技术进行了藻类分类研究，发现三维荧光数据与 DOC 和 COD 等指标存在着良好的相关性。李宏斌等研究了多维荧光发射光谱在水质中苯酚、腐殖酸等监测中的应用。

研究者发现荧光光谱学是一种更加敏感的技术，其可以检测到 DOM 中的组合变化。2010 年，Hambly 等人研究了由两个单独的分配系统分别提供的服务管网系统，即可饮用系统和回收非饮用系统，并建立网络交叉连接系统，在管网末梢处可以检测到主要由微生物代谢物质引起的荧光信号。

5.3.3.2　荧光分析方法的分类

(1)直接分析法

许多有机芳香化合物和生物物质都具有荧光性质，最常用的方法就是工作曲线法，配制一系列的标准溶液，测定它们的荧光强度，再以荧光强度对标准溶液浓度作图，绘制工作曲线，将所测试的试样的荧光强度对照工作曲线，求出试样中所分析物质的浓度。

(2)间接测量法

对于一些物质，本身不发光或者由于荧光量子产率比较低而无法测量，只能运用间接法进行测量。间接测量法大致包括荧光衍生法、荧光猝灭法、敏化荧光法。其中最常用的方法是荧光猝灭法。荧光猝灭可分为静态猝灭和动态猝灭两种方式。该法主要通过对荧光特征峰及其在不同条件下的位移情况、荧光偏振、同步荧光、能量转移效率、荧光寿命、荧光猝灭、荧光增强等进行研究，获得分子中荧光发色基团的种类、结构和所处环境及其分布情况等有用信息，以及外源物质与生物大分子相互作用的有关数据。静态猝灭是猝灭剂和荧光物质分子在基态时生成不发光的配合物，从而导致荧光物质荧光强度降低的过程，此过程可用下式描述：

$$F^0/F=l+k_q[C_Q] \tag{5-1}$$

式中，k_q——静态猝灭常数。

动态猝灭是猝灭剂和荧光物质的激发态分子之间的相互作用过程，其作用过程遵循 Sterm-Volmer 方程：

$$F_0/F=l+k_q\tau_0[C_Q]=l+K_{SV}[C_Q] \tag{5-2}$$

式中：F_0，F——不存在和存在猝灭体时荧光体的荧光强度；

k_q——生物大分子的猝灭常数；

τ_0——不存在猝灭体时荧光体的荧光寿命；

$[C_Q]$——猝灭体的浓度；

K_{SV}——猝灭常数。

(3)三维荧光技术

紫外分析所测得的光谱是二维谱图，而荧光强度是激发和发射这两个波长变数的函数，描述荧光强度同时随激发波长和发射波长变化的关系图谱，即为三维荧光光谱。三维荧光光谱的表示形式有等角三维投影图和等高线光谱图两种。前者是一种直观的三维立体投影图；等高线光谱图的表示方式，则以平面坐标的横轴表示发射波长，纵轴表示激发波长，平面上的点表示由两个波长所决定的样品的荧光强度。将荧光强度相等的各个点连接起来，便在 $\lambda_{em}-\lambda_{ex}$ 构成的平面上显示了由一系列等强度线组成的等高线光谱。三维荧光光谱测量分析技术，不仅具有荧光分析法快速精确、适于现场操作等显著优点，而且由于三维荧光谱表征了更多的荧光信息而具有高灵敏度和组分选择性的特点，已经成为一种重要的多组分物质分析手段。

基于三维荧光技术数据信息挖掘，三维荧光图像往往会出现重叠叠加现象，出现分辨物质易混淆，辨别不清等问题。荧光光谱分析数据处理的方法除了峰值法与比率法提供物质信息外，还有 FRI 法(荧光区域综合指数)、荧光指数法、平行因子法(Parafac)等。

① FRI(荧光区域综合指数)：采用荧光区域面积法将三维荧光谱图分成 5 个区域(如图 5-4 所示)。通过式(5-3)计算出反映各区域荧光物质的相对含量的荧光强度($\varphi_{i,n}$)，再根据式(5-4)计算整个积分区域所对应的累计荧光强度($\varphi_{T,n}$)，根据式(5-5)得出各区域的荧光强度所占百分比($P_{i,n}$)：

$$\varphi_{i,n} = MF_i \sum_{ex} \sum_{em} I(\lambda_{ex}\lambda_{em}) \Delta\lambda_{ex} \tag{5-3}$$

$$\varphi_{T,n} = \sum_{i=1}^{5} \varphi_{i,n} \tag{5-4}$$

$$P_{i,n} = \frac{\varphi_{i,n}}{\varphi_{T,n}} \times 100\% \tag{5-5}$$

式中：MF_i——各区域的乘法因子，其值为某一积分区域整体所占的积分区域面积比例的倒数；

$I(\lambda_{ex}\lambda_{em})$——各区域中的激发波长和发射波长所对应的荧光强度；

$\Delta\lambda_{ex}$——激发波长和发射波长的测定间距。

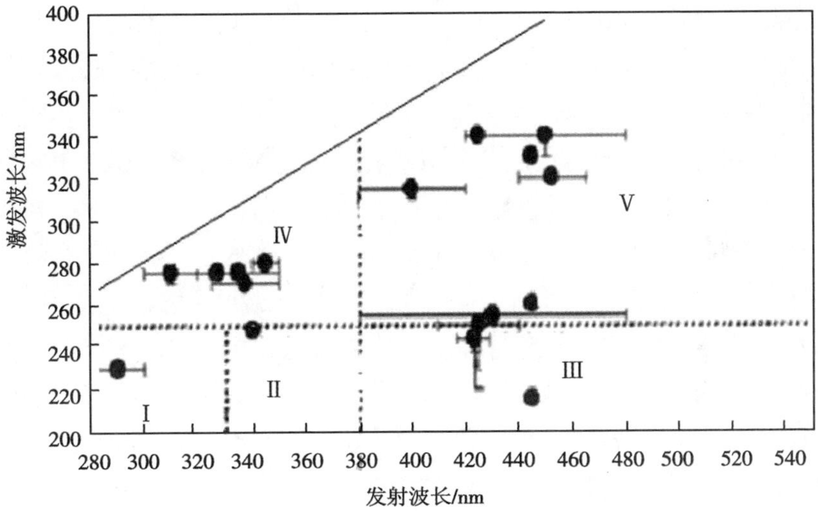

图 5-4　荧光区域综合指数图示

图 5-4 中 5 个区域分别为：

区域Ⅰ：（激发波长小于 250 nm，发射波长小于 330 nm）络氨酸；

区域Ⅱ：（激发波长小于 250 nm，发射波长大于 330 nm 且小于 380 nm）色氨酸；

区域Ⅲ：（激发波长小于 250 nm，发射波长大于 380 nm）类富里酸类物质；

区域Ⅳ：（激发波长大于 250 nm 且小于 280 nm，发射波长小于 380 nm）可溶性类微生物产物；

区域Ⅴ：（激发波长大于 280 nm，发射波长大于 380 nm）类腐殖酸类物质。

② 荧光指数法：可表征溶解性有机物中腐殖质的来源，荧光峰 A（激发波长/发射波长 = 320/440 nm）的峰强为 I_A，荧光峰 B（激发波长/发射波长 = 235/434 nm）的峰强为 I_B，定义 $r_{(A/B)} = I_A/I_B$，$r_{(A/B)}$ 被认为是一个与有机质结构和分子大小有关的信息。当腐殖酸的浓度为 50 mg/L 时，$r_{(A/B)}$ 在 0.61～0.71；当腐殖酸的浓度为 100 mg/L 时，$r_{(A/B)}$ 在 0.62～2.59。此外 $r_{(A/B)}$ 的值与 pH 值密切相关，研究结果表明，$r_{(A/B)}$ 与 pH 值具有良好的线性关系（范围在 pH 值小于 10），荧光峰 A 与荧光峰 B 随着 pH 值的改变有着相同的变化趋势，可能预示着荧光峰 A 与荧光峰 B 具有某种类似的结构特征。

③ 平行因子法（PARAFAC）：建立 PARAFAC 模型进行数据解析，成分数 N 的合理选择是整个成分分解过程的关键。因此在 PARAFAC 实现成分分解的过程中，需要用一定的方法估计合理成分数 N 的大小。成分数 N 与三维数据阵规模的大小无关，而是由其所包含的内在信息所决定，包括实际的化学物质组成以及 PARAFAC 方法分解拟合过程中作补偿需要的背景因子等。成分数 N 的估计方法有加一法、二模子空间比较法、多维交互检验法、主范数矢量正交投影法、平滑主成分分析及普通主成分分析的特征值比率法、残差分析法、伪样品提取和投影技术相结合法、简单的线性转换结合蒙特卡罗模拟方法、对半分析法以及核一致诊断法，等等。在应用 PARAFAC 方法对矩阵数据进行解析的过程中，前处理的目的是保证矩阵数据符合三线性分解理论，使其满足 PARAFAC 法解析的基本条件。合理成分数分析过程中，在理想情况下取正确的成分数时用 Tucker3 方法处理的核心阵对角元素为 1，而其他元素则为 0。因此，根据核心阵元素与 1 和 0 偏离情况的比较可以识别成分数的合理性。核一致函数分析是通过核一致函数对成分数的合理性进行诊断。实际中，当核一致函数值等于 100%或是接近于 100%，说明所选成分数 N 比正确的成分数小；当核一致函数值接近于零或是负数，说明所选的成分数 N 比正确的成分数大。一

般认为当核一致函数值小于阈值 50%或 60%则可认为过估计。在成分分解过程中，比较 PARAFAC 模型拟合的矩阵数据与原始矩阵数据（通常以谱图形式表示矩阵数据）差异大小也是分析成分数 N 选择正确与否的可靠方法。通过不同成分数 PARAFAC 模型发射和激发光谱与原始发射和激发光谱荧光强度之间误差平方和情况的比较，可以分析 PARAFAC 模型荧光光谱图与原始三维荧光光谱图拟合程度随成分数 N 的变化趋势，从而为成分数 N 的合理选择提供依据。这种以“数学分离”代替“化学分离”的方法，避免了繁琐的化学分离步骤，可简单快速地得到准确可靠的定量结果。

5.4　荧光光谱在水质监测中应用

5.4.1　荧光技术监测水中有机污染物

水环境中的有机污染物往往不仅存留时间长，而且危害大，特别是其慢性毒性不可忽视。目前在水体中发现的有机物种类已超过 2000 种，并且每年还在增加；在饮用水中检测出的有机物种类已经超过 700 种，需要不断研究饮用水水质监测分析手段来确保饮用水的安全。

荧光峰值与有机物质的基本关系：Elfrida 等总结了一些有机物荧光发光的大致荧光区域和峰的位置，如表 5-1 所示。区域发射波长小于 380 nm 与含有有限数量的芳环和游离色氨酸的吲哚部分的荧光团相关，而大于 380 nm 的区域与多环芳香族荧光团相关联。

表 5-1　有机物荧光发光的大致荧光区域和峰的位置　　单位：nm

荧光物质	荧光成分	荧光区域	峰的位置
木质素	甲醛树脂	发射波长	245(295)/302, 270~290/300 ~350
	香草酸	<380	326
	丁香酸	发射波长	338
	降解产物	>380	230~275(300~390)/400~520
芳香类碳氢化合物	甲苯	发射波长 <380	266/300~400
酚类	甲酚		210~285/290~310
氨基酸	络氨酸		275/304
	色氨酸		295/353

表5-1(续)

荧光物质	荧光成分	荧光区域	峰的位置
吲哚			230/330~350
DNA			267/327
聚芳香碳氢化合物	菲，蒽，芘，荧芘，苯芘	发射波长<380 发射波长>380	Short UV 220~300/370~430
醌类		发射波长>380	
黄酮类			
腐殖酸			220~320(400~500)/400~550
药物活性物质	酰胺咪嗪		303/410
	氟喹诺酮		290/500
	吡罗昔康		294/372
荧光增白剂			360~365/400~440

Coble 基于峰值法(peak-picking method)以及很多研究者对三维荧光的等高线图，如图 5-5 所示。图中有 A，B，T，M，C 5 个区域。对一般水样而言，由于散射的潜在干扰，废水 EEM 中很难分析 B 峰，峰 A(激发/放射≈225/400~500 nm)，峰 C(激发/放射≈300~350/400~500 nm)和峰 M(激发/放射≈310~320/380~420 nm)(见图 5-4)。组分 1 在 230~260nm 区域内发射并且发射在 400~500nm 之间出现类似于峰 A；组分 2 类似于在激发区 240~275(339~420nm)和发射在 434~520nm 内发现的峰 A+C；组分 3 在 240~60nm(295~380nm)激发域和 374~450nm 发射范围内出现类似于 A+M 峰。根据 Pfeiffer 等的研究，峰值 T 和峰值 B 的荧光随着离开释放点的距离增加而降低，但是由于有机部分的稀释或分解，峰值 B 在更长的距离处被完全去除。对于 B 峰的去除，季节变化也应该考虑在内，因为降雨可能导致稀释，阳光照射可能导致光降解或增加夏季微生物的摄取。

其中峰值 T 代表细胞类物质和其附属产物，峰值 C 代表微生物产生的有机物质。除此之外，峰值 T 荧光值在微生物降解后显著降低，峰值 C 在氯化消毒和反渗透后基本全部消失。峰值 T 主要对应类蛋白质物质，峰值 M 和峰值 C 都是体现类腐殖质的峰，区别在于芳香环的聚合程度不同，较大的发射波长聚合程度较大。如 Henderson 等人研究认为，与峰值 C 相比，在峰值 T 处与 BOD

的相关性更好。因此，荧光在合适的波长范围，尤其是在峰值 T 和峰值 C 处可用于水处理过程的在线监测。

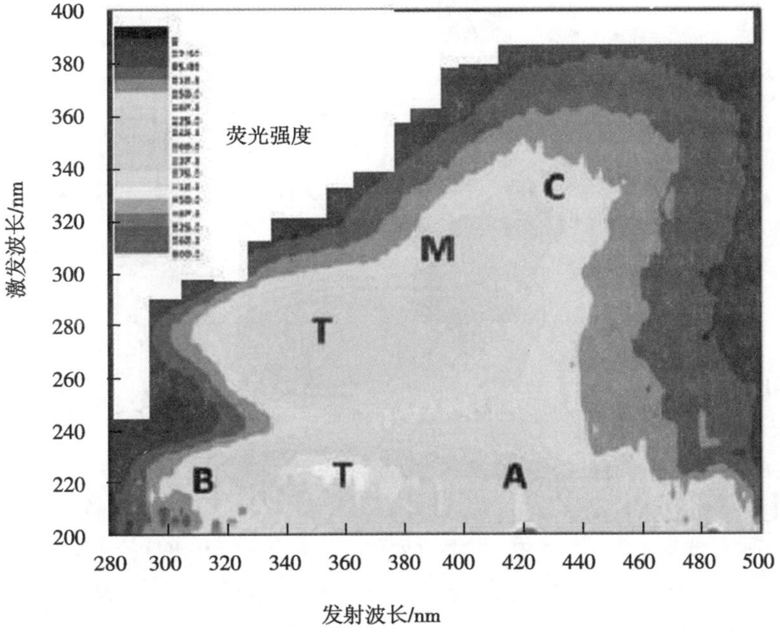

图 5-5　EMEMS 荧光处理的主要技术

Weishaar 等研究了荧光光谱用于跟踪饮用水处理系统中溶解有机物(CDOM)的有色物质的丰度；Chow 和 Stedmon 等人分别探讨了荧光在线追踪 DOM 组成的变化；这种在线监测不仅用于饮用水方面，Ruhala 和 Zarnetske 等也报道其在动态海洋系统和河流中的溶解有机碳(DOC)的研究。

Masoumeh Heibati 等人运用平行因子法建立了 PLS 模型，对饮用水中的有机物进行了分析，如图 5-6 所示。

利用 4 组分 PARAFAC 模型和发表的具有类似光谱特性的成分(Coble，1996)分析得出，前 3 种成分(F1：314/408 nm、F2：359/443 nm 和 F3：389/508 nm)代表腐殖质样 DOM，F4(F4：290/351 nm)代表色氨酸样 DOM，每个荧光成分的强度均超过每个样品的检测限。同时利用荧光光谱研究了管网当中的有机物与水停留时间的关系，与 UV_{254}的值进行了对比，如图 5-6 所示。

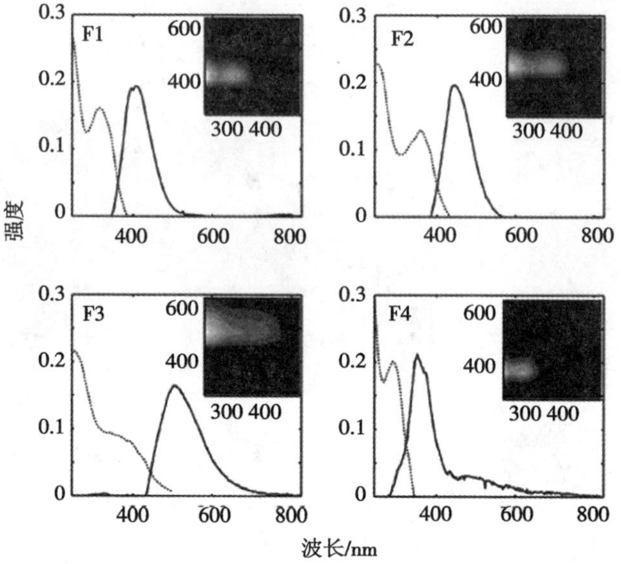

图 5-6　饮用水分布网络中 4 种独立变化的荧光组分(F1~F4)的光谱特性

(虚线：激发光谱，实线：发射光谱)

整个分布网络中 DOC 浓度为 2.5~8.8 mg/L 不等，平均浓度和中位浓度分别为 4.5mg/L 和 3.5mg/L(见图 5-7)。图中可以观察到两种不同的 DOC 分布：一个与工厂排出水中 DOC 含量相似的低 DOC(小于 4 mg/L)，另一个平均分布约 7 mg/L。这一结果表明 DOC 的其他来源存在于分布网络或家庭管网中，可能包括水龙头配件中的塑料管道和橡胶密封件。

大量研究表明，废水通常比天然水体表现出更强烈的 DOM 荧光，尤其是在特定的激发/发射波长。因此，Stedmon 等人研究结果表明荧光光谱可能是判别饮用天然水被废水污染的有用指标。Cohen 等人研究结果表明在 280/350 nm 左右的激发/发射(I_{ex}/I_{em})峰处的色氨酸样荧光(TLF)，因为已经证明其与 BOD、COD 和 TOC 呈正相关。

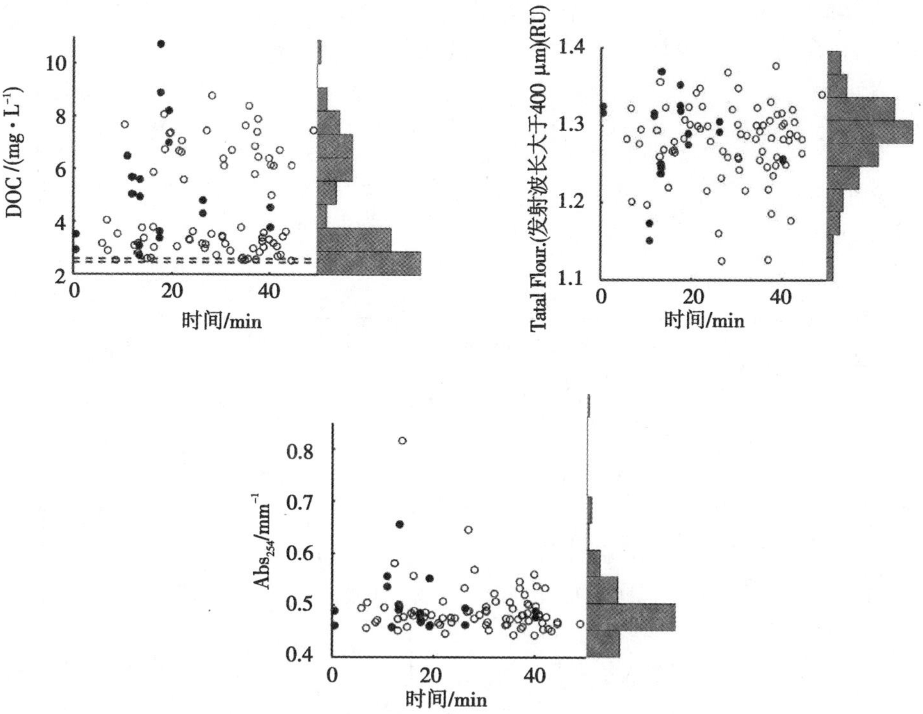

图 5-7　DOC、总荧光(发射波长大于 400 nm)和 UV_{254} 随水滞留时间的变化图

(图的右侧为数据的柱状图)

5.4.2　荧光监测与 BOD，COD，TOC 分析的相关性

为了评估荧光光谱作为监测工具的能力，主要考虑荧光峰与 BOD、COD 和 TOC 之间的相关性。BOD、COD 和 TOC 是水体常用的有机物浓度指标。Bourgeois 等人认为，BOD 分析是处理过程中理想的测量方法，但它存在几个缺点使得该技术不适用于在线监测和过程控制，如该方法产量信息慢、劳动强度大，毒性大的物质影响细菌寿命，它不能反映处理过程中的条件，且在低浓度时不够敏感与精确，在结果中具有 15%~20%的不确定性。COD 的检测分析比 BOD 的分析方法需要更少的时间，且不受有毒物质的影响；但由于测量时间久以及需要使用铬或锰等有害化学物质，它仍不适用于在线监测和过程控制。此外，Chen 等人研究结果表明，COD 只能与 BOD 联合而不能自行区分可生物降解和难降解有机物质。TOC 非常快速，样品检测可以在几分钟内完成，但是它不能区分可生物降解和不可生物降解的有机物，也难以做到在线监测。

Wang 等人的研究中发现，荧光与标准参数之间的相关性揭示了峰值 T 和

C与BOD，COD和TOC相关(见表5-2)。与峰值T分量相比，在峰C区表现出比PARAFAC成分更好的相关性。与峰M相似的组分中，它们与BOD的相关性最好(0.73)。不同的研究者得出的相关系数的差异也可能由于一些研究中的低样本量确定，这可能低估或高估了荧光与BOD、COD和TOC之间的关系。这种差异的另一个原因可能是由于数据处理的方法，因为与峰值法相比，PARAFAC可以更好地分离重叠分量。

表5-2　峰值T和C(或PARAFAC类似组分)与BOD、COD和TOC的相关系数

实验来源	样品	样品pH值	分析温度	荧光峰	BOD	COD	TOC
Reynolds等，1997年	未加工的，稳定的已治理的废水	—	室温	280/340	0.94	—	—
Reynold等，2002年	未加工的废水	6.4~7.2	16~36℃	280/350	0.93	0.94	0.93
Cohen等，2014年	工业废水，已被治理	7.8-8.5	室温	<240(275)/346	0.82	0.82	0.85
Ou等，2014年	工业废水，已被治理	7-9	室温	<240(305)/422	0.72	0.91	0.99
				280/320	—	0.92	—

BOD——生化需氧量或生化耗氧量(一般指五日生化学需氧量)，表示水中有机物等需氧污染物质含量的一个综合指标；

COD——以化学方法测量水样中需要被氧化的还原性物质的量；

TOC——是一个快速检定的综合指标，它以碳的数量表示水中含有机物的总量。

水质荧光光谱的检测技术——水质指纹污染预警溯源技术——就像警察通过指纹比对抓捕嫌疑犯，水质荧光光谱的检测技术已经很成熟，国内外有不少厂商可以生产相关的仪器。通过水污染现场扫描水质“指纹”来识别污染源，然后采取针对性措施，可以显著提高监管和治理效率，降低成本。目前已建立分类齐全、实用度高的水纹数据库，包含13大类、161种污染源的水纹数据库和330种污染物的水纹数据库等千余套数据。

5.4.3　荧光光谱监测水中微生物与藻类

5.4.3.1　微生物

微生物指示物种包括大肠杆菌(escherichia coli)、大肠菌群、肠球菌属，并且以其作为病原体的替代指标。大肠杆菌的存在表明水体有污染，但当其不存在时，并不能排除其他有害生物的存在。除此之外，人们通常通过异养平板计数(HPC)测量微生物生物量，所述异养平板计数量化通过消耗有机营养物而生长细菌，即饮用水中总微生物的一小部分。Allen 等人认为 HPC 定量的实际种类取决于培养基、培养温度和培养时间。一个设备良好的实验室，HPC 分析通常需要几天的时间才能实施。肠道病原体的存在可通过分析粪便指示生物(如大肠杆菌)进行分析推断，大肠杆菌通常培养时间 18 h 以上。Cook 等人认为在水务行业内，常规检测通常是在离散样品的非现场实验室中进行，每日至每月收集一次。然而，Worthington 和 Smart 等人认为饮用水源的微生物污染本质上是短暂的，并且 Besmer 和 Hammes 等人认为缺少可用于指示污染的在线检测方法。无培养基的微生物生物量评估方法，包括三磷酸腺苷(ATP)和流式细胞计数(FC)以及膜过滤技术，难以适应污染源快速诊断的需要。但这些方法在实施和解释机理方面仍然相对复杂，尚没有广泛用于监测水质评估。目前，Jung 等人认为尽管浑浊度不是微生物污染的可靠指标，但在线浊度计通常被用作简单实用的方法来预测未预料到的污染事件中的微生物风险。

微生物主要由蛋白质构成，蛋白质的内源光主要来源于色氨酸(Trp)、酪氨酸(Tyr)及苯丙氨酸(Phe)残基，根据其侧链发射基团不同而产生不同的荧光光谱，其最大发射波长分别为 348，303，282 nm，由于苯丙氨酸的荧光强度较弱且酪氨酸被解离时荧光几乎淬灭，因此通常利用色氨酸的荧光光谱来研究微生物的监测和小分子物质与白蛋白的相互作用。微生物代谢会产生多种化合物，如蛋白、辅酶、色素以及腐殖酸等。这些物质在紫外或可见光的激发下，会产生出特征的荧光发射，在三维荧光光谱图上亦有特征位置通过激发发射三维荧光光谱矩阵，通常分别采用平行因子分析和二阶校正等化学计量学方法，对色氨酸、酪氨酸、维生素 B6 和辅酶 NADH 进行直接定量测定，并用于实际环境样品背景干扰物共存下的分析。

用 EEM 处理过程的分峰方法分析所有研究都观察到 T 和 B 峰值，无论废水来源如何。这些峰与活的和死的细胞物质及其分泌物有关，并表明微生物的活性来源于人为活动的物质。在 PARAFAC 中，区域发射波长小于 380 nm 通常被确定为具有 2 个激发波长和 1 个发射波长的组分，其峰值采集方法中峰值 T 和 B 的波长范围相同。城市和工业废水样品中都含有这些成分，可以检测饮用水源中污染物的来源。

饮用水管网系统中的微生物主要来源于两方面，一是水体自身，水厂净化消毒时未将其处理完全；二是管道完整性受损，在负压作用下微生物通过管道接头处或裂缝夹带进入管网。在管道内，异养细菌利用水中可用的有机底物作为碳源、营养物质和能量来源进行生长。Hambly 等人调查了由两个独立管网分配系统（饮用和回收非饮用水）服务的房屋，并得出结论，网络交叉连接可通过测量水龙头的荧光强度来检测，这可能与管网中的微生物的代谢物质有关。

瑞士的 Masoumen Heibati 利用荧光法研究给水管网停留时间与细菌总数、荧光值、DOC 之间的关系，发现细菌总数、荧光值、DOC 存在一定的相关性，如图 5-8 所示。

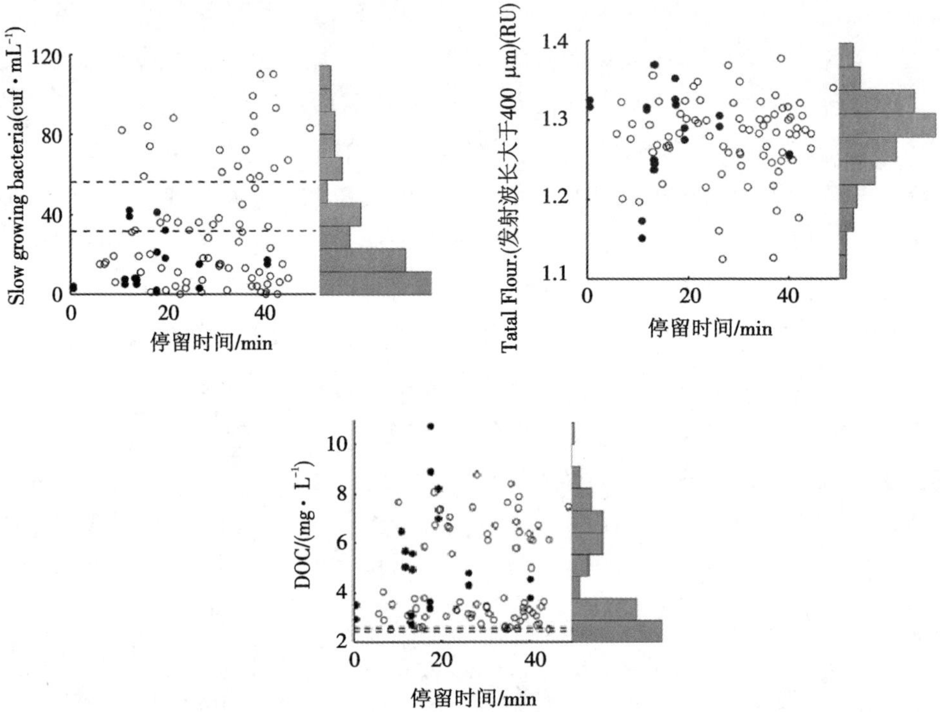

图 5-8　DOC、缓慢生长细菌和总荧光（发射波长大于 400 nm）随水滞留时间的变化图（图右侧为数据柱状图）

Sorensen 等研究发现含有耐热（粪便）大肠菌群（TTCs）的受污染饮用水源的色氨酸样荧光（TLF）明显高于未受污染的生物。Sorensen 等人在饮用水的现场研究和 Fox 等人研究结果表明受控实验室条件中 TLF 强度与 TTC 浓度之间也存在强烈的正相关性。溶解有机物质（DOM）是存在于所有水生生态系统中的含碳分子的异质混合物。Camper 等人研究结果表明，DOM 在碳和营养循环中起着关键作用，并且作为微生物生长的基质，是促进分配网络中微生物生长的主要风险因素之一。虽然 DOM 法不一定直接测量出被异养细菌消耗的小生物可利用分子，但 Stubbins 等研究表明，光学测量仍然是更广泛的 DOM 池的敏感代用品，可追踪水质的微妙变化。Baker 等人的研究表明 DOM 荧光是污水污染的敏感示踪剂，Baker 和 Inverarity 等人研究结果表明大肠杆菌丰度和营养素在不同系统中相关。

Shutova 等人提供了在水处理行业部署的一个例子，在水处理过程中，在线荧光计被用作 DOM 的指标。这项研究的目的是了解在线荧光光谱在实时评估公共用品原水饮用水微生物质量方面的效用。英国的 Sorensen 等基于荧光对溶解有机物(DOM)的监测基础上，利用如图 5-9 所示的在线装置考察了 $\lambda_{280/350}$ 色氨酸(TLF)值与细菌总数、埃氏大肠杆菌总数的相关性。在 4 个地下水的给水水源进行了 6~10 个月的评估测试，证明了 DOM 指示值与细菌总数、埃氏大肠杆菌总数有很好的相关性。可以推测，在不久的将来，在线微生物检测设备将在市场上出现。

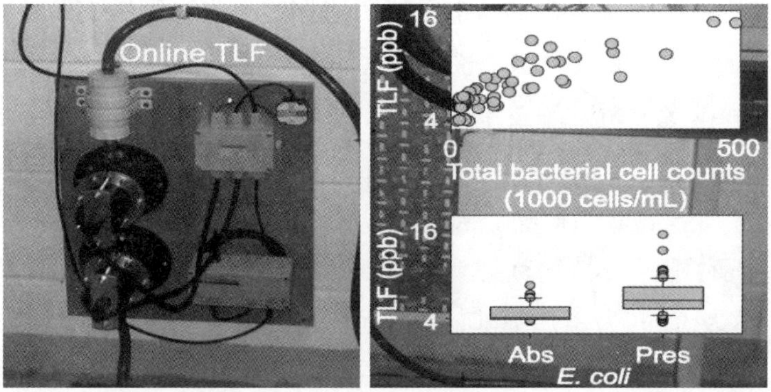

图 5-9　荧光在线测试细菌总数与埃氏大肠杆菌的装置与结果图像

在饮用水处理中使用氯气消毒，可以限制配水管网中 DOM 和其他微生物的再生风险。Beggs 等人研究结果表明，在氯化网络中，有机物质和氯气之间的反应会分解大量的 DOM 分子，降低芳香性和荧光强度，并改变荧光发射光谱。Beggs 等人研究表明，氯暴露对荧光强度的影响大致遵循指数衰减曲线，在短反应时间(几分钟至几小时)内发生快速损失，然后在长时间暴露下逐渐损失。因此氯可能是比较龙头荧光测量的混杂因素，特别是当氯剂量高且分配时间变化很大时。Fabris 等人研究表明，有机物质(OM)会对处理过程(如过滤或吸附过程)产生不利影响，并且是消毒剂需求的主要来源。已知 OM 与用于消毒的氧化剂(通常为氯)之间的反应产生消毒副产物(DBP)。Hua 和 Reckhow 等人研究表明，DBPs 的调节通常集中在两类有机卤化物，即三卤甲烷(THMs)和卤乙酸(HAAs)上。消毒前对 OM 的控制和管理直接与 DBP 形成潜力相关联，并且对于保护处理后的水质至关重要。

5.4.3.2　藻　类

除了细菌和病毒外，在水源水保护过程中，藻类问题一直都是不可回避的困扰因素。原水中以微囊藻毒素（microcystin）、节球藻毒素（nodularin）、拟柱孢藻毒素（cylindrospermopsin）、蛤蚌毒素（saxitoxin）等为代表的多类藻毒素物质，以及土臭素（geosmin）和 2-MIB 等臭味物质，都是蓝藻细胞的代谢产物。它们对生物体的肠胃、肝脏等器官均会造成损伤，由此带来水生生物和人类中毒问题、饮用水处理中的毒素积累问题、饮用水的异臭异味问题、暴露于蓝藻水环境的娱乐活动对人体健康的影响，以及使用存在藻毒素污染的地表水或再生水灌溉植被所造成的食物安全问题等，都是关乎人类生存发展的课题。

国外对于藻类的分析大体上分为两类：一是基于色素光谱法藻类识别；二是基于荧光光谱法的藻类识别。由于浮游植物的吸收光谱易受黄色物质及光保护色素的影响而不稳定，限制了色素光谱法的进一步发展。并且随着近年来荧光检测技术和图像分析处理技术的进步，三维荧光光谱技术在藻类识别方面得到快速发展。1985 年，Yentsch 和 Phinney 根据叶绿素与辅助色素的荧光值比率，将海洋浮游植物分为蓝藻、绿藻、隐藻+红藻、甲藻+硅藻+球石藻 4 大类；Johnesen 等人利用浮游植物活体吸收光谱，以主要的辅助色素叶绿素 Chlc1、Chlc2、Chlc3 及 Chlb 为识别基础，采用逐步判别分析法成功将 31 种藻类分为 4 大类。Millie 等人采取藻类色素萃取吸收光谱法及模式识别并运用逐步判别分析、四阶导数分析、相似性算法等分析方法，实现了对室内培养的裸甲藻和米氏凯伦藻的定性定量检测。Boddy 等人使用流式细胞仪比较浮游藻类的荧光性质和散射光性质的差异，借助神经网络技术实现了对 72 种浮游藻类的识别分析。Beutler 等人利用浮游藻类活体叶绿素荧光激发光谱，将浮游藻分为绿藻、蓝藻、隐藻和混合藻，建立了浮游藻群落组成测定技术，目前已开发出商品 BBE 藻类分析仪。Aymerich 等人通过分析藻类的荧光光谱，实现了对藻类群落组成的快速分类。Simon 等人通过分子探针技术实现对硅鞭纲藻等鱼毒性藻类的探测识别。

依据鱼毒性藻类识别软硬件系统搭建实验室荧光激发和探测系统，包括光源器件的选择、激发波长的筛选、光路的耦合、荧光探头的结构和形状、激发光源和检测系统的匹配、微弱信号的检测及处理、电路设计和系统控制等。桓青柳等人利用三维荧光光谱分析法建立藻类标准谱库，并依此建立鱼毒性藻类与非鱼毒性藻类的 Fisher 判别函数，提高鱼毒性藻类的判别正确率。吕洪刚等采用三维荧光技术分析了栅藻、微囊藻和小环藻的色素组成。

Zamyadi 等基于显微镜计数法、生物量估算、藻青蛋白提取以及臭味物质分析等手段，考察了诸如浊度、生物量、其他藻产生的荧光以及设备自身的校正等因素对目前市售的几种荧光探针设备的影响：当水体中只存在单一蓝藻时，显微镜计数与几种荧光探针的试验结果相关性均较好，表明荧光探针技术的稳定性较佳；同时，当蓝藻浓度较低时，探针检测结果的重现性也良好。然而在实际应用中，水体中往往含有多种藻类，且水质情况更为复杂，在这种条件下，荧光探针检测蓝藻的试验结果存在一定偏差。当水体中的绿藻浓度和浊度增大时，荧光探针测得结果的偏差也变大。因此，通过平行测定水体中叶绿素 a 的含量，在一定程度上可以有效地修正荧光探针所测得的藻青蛋白剩余信号，使检测结果更加准确。对比各荧光探针设备的试验结果，从市场销售的 6 款中选择综合效果最佳的一款设备应用于实际的蓝藻实时检测中(见图 5-10)，该荧光探针设备能够很好地检出澳大利亚某水厂的进厂水中较高含量的蓝藻，并指导供水过程中的高锰酸钾氧化预处理，该装置也在新加坡 10 座水库得到了应用。

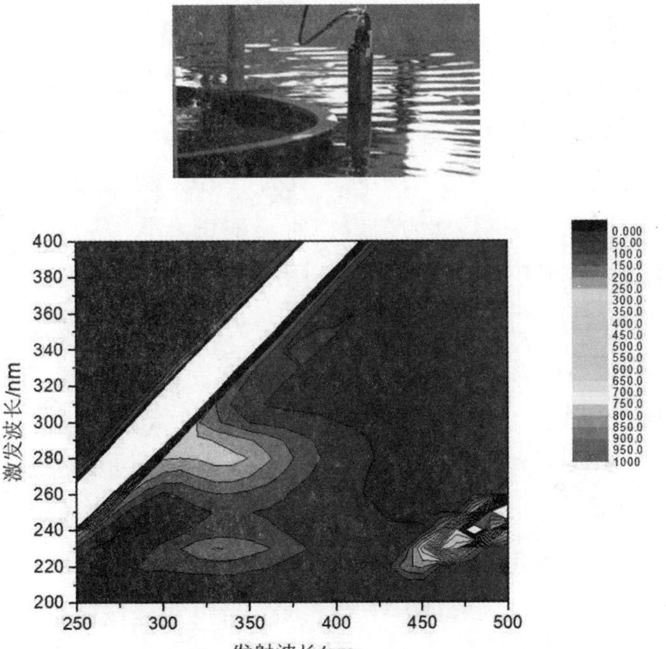

图 5-10　澳大利亚某水厂中的荧光探针检测设备与藻类荧光 3DEEM 图

荧光探针技术(fluorometric probes)可实现原位在线估测藻类细胞的浓度，为快速及时地预测蓝藻爆发提供了理论依据和技术途径。Yang 等以量子点作为免疫荧光探针，将量子点与特异的抗体偶联，利用免疫磁球使含有靶抗原的细菌从样品中分离出来，排除背景干扰，形成了磁球-细菌-量子点复合物，利用量子点一元激发多元发射的特性，从而建立了同时检测大肠杆菌和沙门氏菌的方法，检测限为 1.0×10^4 cfu/mL。

蔡朝霞等以 L-谷胱甘肽包裹的 CdSe 量子点表面的巯基/羧基所带的负电荷，与菌体表面氨基酸残基带正电荷的部位发生了静电作用生成复合物，从而使量子点与菌体成功结合，建立了一种荧光分析法，可以快速简便地检测大肠杆菌。检测的线性范围为 $1.0\times10^3\sim1.0\times10^9$ cfu/mL，检测限为 1.0×10^2 cfu/mL。

然而在实际的复杂水环境中，荧光探针的检测往往存在各种干扰，干扰来源主要有：① 蓝藻细胞自身的特性。藻青蛋白在不同蓝藻细胞内的含量和聚集形态不同；光曝前后的蓝藻细胞可能存在差异；其他物种所含的叶绿素 a 以及藻胆色素(藻青蛋白和藻红蛋白)会影响荧光的检测；在自然环境中，胞内和胞外色素之间存在色差。② 水质状况，如浊度、水温以及水中颗粒物造成的光散射等。③ 荧光探针设备本身在测量荧光的同时，也需要估测细胞数、生物量等参数，对原始数据进行校正，这会存在一定偏差。

贾第鞭毛虫和隐孢子虫是寄生于人和动物体内的肠道原虫，在水中能存活长达半年，饮用受其污染的水，会引起严重的消化道感染，《生活饮用水卫生标准》(GB 5750—2006)已将其列为微生物监测项目。Zhu 等用量子点标记生物素化贾第鞭毛虫抗体和隐孢子虫抗体，利用生物素-亲合素放大系统，进行免疫荧光分析，对水体中的贾第鞭毛虫和隐孢子虫进行检测，与传统的有机染料相比，此法具有更高的灵敏度。

炭疽芽孢杆菌(B.anthracis)具有高度致病性，特定条件下炭疽芽孢杆菌会形成芽孢，在外环境中可存活数十年，给人类健康带来极大威胁。刘晓红等建立了量子点标记荧光免疫分析法，检测炭疽芽孢杆菌，结合生物素与亲和素间的特异性相互作用，将量子点特异性标记在炭疽芽孢杆菌上，并利用荧光显微镜和荧光分光光度计进行了验证。结果表明，炭疽芽孢杆菌浓度在 $1.0\times10^2\sim1.0\times10^6$ cfu/mL 范围内，相对荧光强度与炭疽芽孢杆菌浓度成良好的线性关系，相关系数为 0.9554。

5.4.4　荧光技术监测无机污染物

水中需要监测的无机污染物主要是阴离子和金属离子。

阴离子检测主要分为 3 种类型：卤素阴离子探针，包括氟离子探针、氯离子探针、溴离子探针和碘离子探针；含氧阴离子探针，包括磷酸根离子探针、醋酸根离子探针、碳酸根离子探针、硫酸根离子探针、次氯酸根离子探针等；其他阴离子探针，如氰根离子探针。

5.4.4.1　阴离子

(1)卤素阴离子

① 氟离子。彭孝军等设计的含蒽醌荧光团的阴离子比率显色探针，基于分子内质子转移，通过氟离子与分子内 O—H 氢键的竞争形成了 F—H 氢键，在乙氰溶液中，F^-的加入引起紫外吸收和荧光光谱约 100nm 的红移和很大比率的荧光响应，使分子共轭体系发生变化。Xue 等发现巯基乙酸修饰的 CdTe 量子点与柠檬酸修饰的 AuNPs 之间通过氢键结合后会发生 FRET，导致荧光淬灭，而加入 F^-后，F^-与 H 会形成氢键，阻断 FRET 的发生，因此荧光恢复。由此，可用此体系测定 F^-浓度。含金属离子的氟离子受体也比较多，受体中含有 NH，通过金属与配体间的电子转移改变分子的共轭体系，导致紫外吸收和荧光光谱的变化来实现对氟离子的识别。

段春迎等人设计的含有金属钌的氟离子荧光探针，含有能够与氟离子形成氢键作用的 NH[图 5-11 炭疽芽孢杆菌(B.Anthracis 11)]。该受体分子是非共轭的，但是它含有一个醌腙基团，随着氟离子的加入可以使金属钌到配体发生电子转移，从而使整个分子成为共轭体系，使得溶液颜色加深、紫外吸收光谱发生红移。在受体中两个硝基强烈的吸电子作用导致与苯环相连的 NH 的酸性更强，更加有利于 NH 与氟离子形成氢键和 NH 去质子化作用。向受体中加入氟离子后，受体颜色由橙色变为蓝紫色，而加入 10 倍量的 Cl^-、Br^-、I^-以及 HSO_4^-、NO_3^-溶液颜色几乎不发生变化。在与氟离子的相互作用过程中可以清晰地观察到脱氢的过程。

② 氯离子。M.G.Cidália 等人设计了氯离子探针，在邻菲罗琳上接了脲基，该探针对氯离子能选择性识别。在探针的乙氰溶液中加入 Cl^-后在 266 nm 和 320 nm 处的紫外吸收峰增强，但是没有发生光谱的红移，而加入其他阴离子如 F^-离子，266 nm 和 320 nm 处的紫外吸收峰分别红移到 270 nm 和 325 nm。

在探针分子中加入 Cl^-后，探针分子荧光强度增强，而加入其他阴离子如

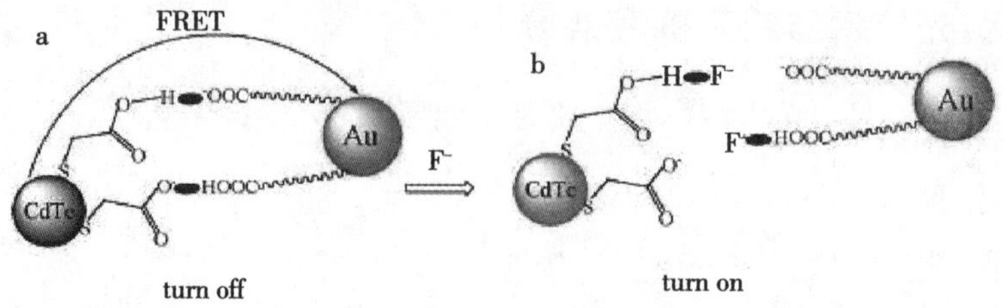

图 5-11　氟离子探针

F^-，$H_2PO_4^-$，Ac^-等，体系荧光淬灭。这是由于 F^-，$H_2PO_4^-$，Ac^-等可以和探针分子中的 NH 形成氢键，使分子呈一个大的共轭体系，从而发生分子内电子转移，导致荧光淬灭。因此该探针实现了对 Cl^-的选择性识别。

Yan Bai 等人设计了基于 PET 机理的氯离子荧光探针，该探针有 3 条含阳离子的臂而且在同一个方向，在未加入 $C1^-$前 3 条臂是彼此分离的没有相互作用，萘环也不会产生荧光。苯并咪唑 3 条臂上阳离子基团之间的静电作用破坏了主体的锥形构象，而成为一种展开的构象，3 条臂分离萘环不会产生荧光(见图 5-12)。

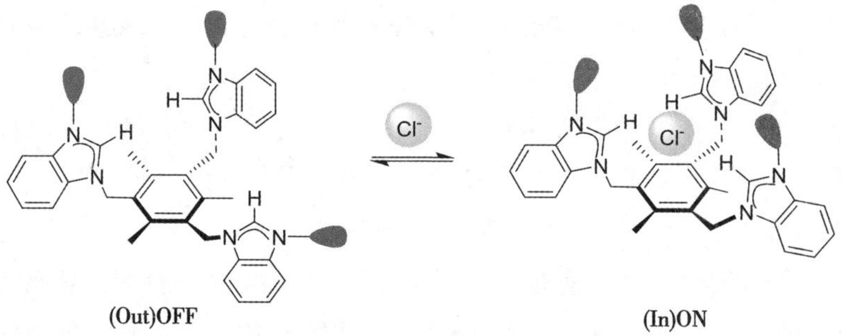

图 5-12　双臂类的氯离子探针

③ 溴离子。用不同的配体通过与金属离子自组装可以得到能够选择性识别溴离子的探针，如图 5-13 所示。含有两个 NH 在异侧的配体，与金属 Mo 自组装后两个 NH 经过翻转在同一侧，NH 可以与 Br^-作用，使其对 Br^-能够选择性识别。

④ 碘离子。荧光素异硫氰酸通过巯基吸附在金纳米粒子表面，由于荧光素与金纳米粒子的作用使其 517 nm 处的本征荧光淬灭。加入 I^-后，I^-与金纳米粒子表面作用，使荧光素异硫氰酸的本征荧光增强，实现了对 I^-的选择性识别。

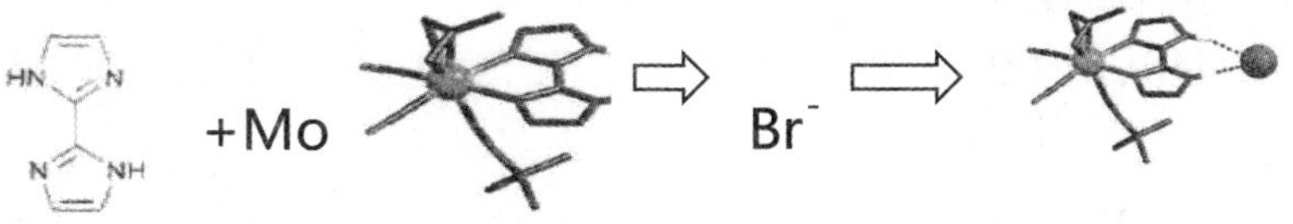

图 5-13　溴离子的探针

如果用 IO_3^-代替 I^-与金纳米粒子作用，可以达到同样的效果，因为其具有大的离子半径，同样与金纳米粒子具有较强的亲和作用。由于其他卤素离子如 F^-、Cl^-、Br^-与金纳米粒子作用小于 I^-，因此此探针能够选择性识别 I^-。

(2)含氧阴离子

含氧阴离子是阴离子的一种，在环境生命体系中广泛存在并且扮演着重要的角色，因此对含氧阴离子的识别非常重要。含氧阴离子主要包括以下几种，如醋酸根离子、硫酸根离子、磷酸根离子、碳酸根离子、次氯酸根离子等。分别介绍以下几种含氧阴离子的识别方法。

① 醋酸根离子。Jianwei Li 等人设计了基于 2，4-二硝基苯肼的醋酸根离子显色探针。在 DMSO 溶液中，探针分子在 395 nm 处出现一个紫外吸收峰，加入醋酸根离子后 395 nm 处紫外吸收峰强度减弱，在 517 nm 处出现一个新的吸收峰，并且随着醋酸根离子浓度的增加逐渐增强，最后趋于稳定，同时溶液颜色由黄色变为深红色。该探针的识别机理是醋酸根中的氧与探针中 NH 上的 H 形成了氢键，使分子内电子转移成为一个大的共轭体系(见图 5-14)，溶液颜色加深，紫外吸收光谱发生红移，通过 J-Plot 曲线也证明了探针分子与醋酸根离子是 1∶1 络合的。

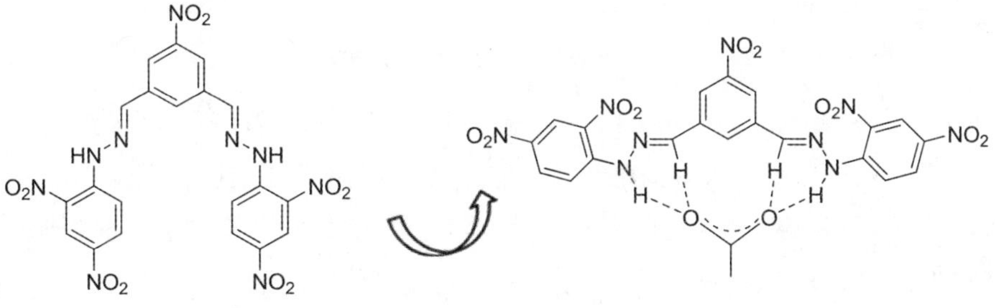

图 5-14　醋酸根离子探针

② 硫酸根离子。Hyun Jung Kim 等人设计了基于香豆醛衍生物的荧光增强的硫酸氢根离子探针，该探针中羟基上的氢可以和分子内的氮形成分子内氢

键，HSO_4^-中的羟基也可以和探针分子中的羟基形成氢键而且形成氢键的趋势更大，会破坏分子内氢键导致探针分子的荧光光谱发生变化，使探针分子在485 nm 处的荧光强度增强。

③ 磷酸根离子。Hui Xu 等人设计了含金属 Tb 的四面体构型的金属有机框架结构，多酸根阴离子作为配体与 Tb 自组装形成了四面体笼状化合物。该笼状化合物在水溶液中对磷酸根离子具有较好的选择性。磷酸根离子的半径大小刚好与笼状化合物的尺寸匹配，将磷酸根离子卡在笼状化合物里面，同时磷酸根离子的氧可以与金属作用形成化学键，使磷酸根离子固定在笼状化合物里面。磷酸根离子的加入使稀土金属的荧光发射峰淬灭，而加入其他阴离子不会引起笼状化合物的荧光光谱变化，因此该笼状化合物实现了对磷酸根离子的选择性识别。

④ 碳酸氢根离子。Huijuan Yan 等人设计了基于脲噻苯有机荧光纳米粒子的碳酸氢根离子探针，该探针实现了在水溶液中对碳酸氢根离子的高选择性识别(见图 5-15)。脲噻苯有机荧光纳米粒子具有较好的水溶性，在探针分子水溶液中加入碳酸氢根离子，其400 nm 处荧光强度明显下降，而加入其他阴离子荧光强度没有明显变化，实现了对碳酸氢根离子的选择性识别。该探针分子对碳酸氢根具有较低的检出限，最低检出限为 5.57×10^{-7}mol/L 的碳酸氢根离子，首次实现了在水溶液中对碳酸氢根离子的识别。

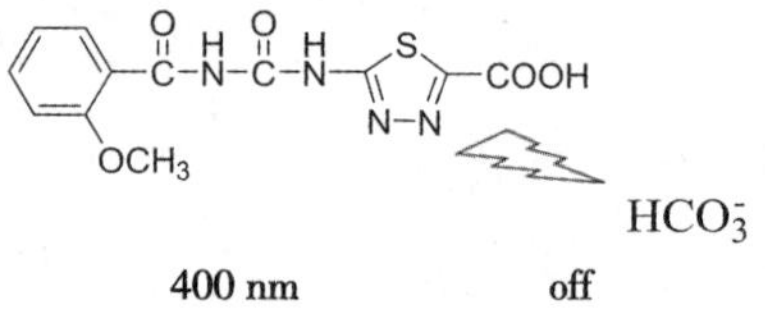

图 5-15　碳酸氢根离子探针作用示意图

⑤ 次氯酸根离子。Young-Keun Yang 等人设计了以罗丹明作为荧光团的次氯酸根离子探针，在加入次氯酸根离子前，罗丹明是闭环结构，不会产生荧光，加入次氯酸根离子后次氯酸根离子使探针分子中 OH 上的 H 脱去，罗丹明分子开环并形成氮氧双键。546 nm 处荧光强度明显增强，在细胞成像实验中也观察到了明显的红色，而在探针分子中加入其他具有氧化性的阴离子，不会使罗丹明分子开环，也不会引起探针分子荧光光谱的变化，因此实现了对次氯酸根离子的选择性识别。

（3）其他阴离子

Niu Haotao 等人设计了能够在水溶液中识别 CN^- 的荧光探针 Cy5（见图 5-16），该探针含有缺电子基团，而 CN^- 是强的亲核试剂，在 Cy5 的水溶液中加入 CN^- 会使其荧光光谱和紫外吸收光谱发生明显的变化。该探针分子在658 nm 处有较强的荧光，加入 CN^- 后荧光猝灭，溶液也由蓝色变为无色。探针分子在 637 nm 处有较强的紫外吸收，加入 CN^- 后 637 nm 处紫外吸收强度明显下降，而在 375 nm 处出现一个新的吸收峰，并且随着 CN^- 的加入，375 nm 处的紫外吸收峰强度明显增强。由于其他阴离子亲核性小于 CN^-，因此在 Cy5 中加入其他阴离子不能引起探针分子的光谱变化及溶液颜色的变化，由此实现了对 CN^- 的选择性识别。

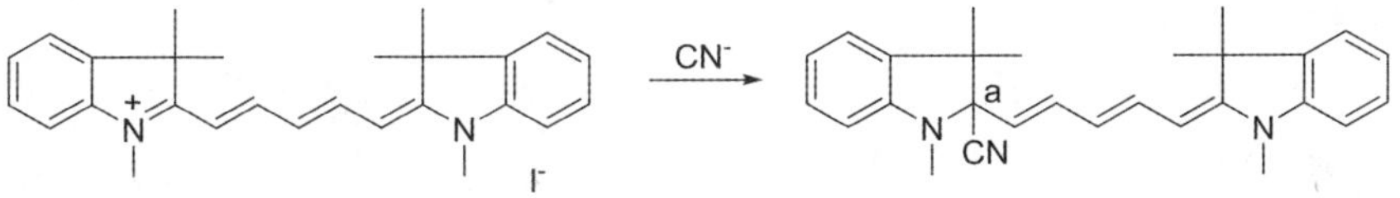

Cy5

图 5-16　氰根离子探针作用示意图

另外，量子点也可以应用于某些阴离子的测定中。Tang 等利用 I^- 能使羧甲基纤维素修饰的 CdS 量子点荧光猝灭的原理，建立了一种测定加碘食盐中的 I^- 含量的新方法。Anil 等合成了巯基丙酸修饰的 CdS 量子点，发现 S^{2-} 离子加入后被吸附到量子点表面，能够捕获光生空穴从而猝灭量子点荧光，建立了水溶液中 S^{2-} 的检测方法，检出限可低至 0.21 mg/L。

Noipa 等合成了巯基乙胺修饰的 CdS 量子点，Cu^{2+} 与量子点表面的巯基乙胺结合会导致其荧光猝灭。然而，当有 CN^- 存在时，由于 CN^- 与 Cu^{2+} 的强配位能力，体系荧光随 CN^- 浓度增加而逐渐恢复，据此建立了测定 CN^- 的荧光体系，检出限可达 1.13 μmol/L。该方法显示出良好的选择性，并已成功应用于自来水中 CN^- 的测定。

硼砂对成人的致死量在 10 g 左右，幼儿约 5 g，成人 1~3 g 即可引起中毒，每日食用 0.5 g 即引起食欲减退。硼砂的定量测定方法，报道的有光度法和高效液相色谱法。但此方法具有操作复杂等缺点。

利用姜黄素与硼砂反应后，使姜黄素的荧光强度发生猝灭，建立了荧光猝灭法直接测定食品中硼砂的方法，在一支 10 mL 的具塞比色管中准确加入适量含硼砂的溶液，另取一支相同的比色管，在两支比色管中，分别准确加入

0.10 g/mL的姜黄素甲醇溶液 2.5 mL，用甲醇稀释至刻度，摇匀，室温放置 10 min，在 $\lambda_{ex}=500$ nm，$\lambda_{em}=554$ nm 处分别测定其荧光强度，不加硼砂的溶液荧光强度为 F_0，加硼砂的溶液荧光强度为 F，计算 $\Delta F=F_0-F$。该方法的线性回归方程为 $\Delta F=125.9+3.43\rho(\mu g/L)(r=0.9994)$，线性范围为 0~140 μg/L。用于食品中硼砂的测定，平均回收率为 99.2%，平均相对标准偏差为 1%。

5.4.4.2　金属离子

对重金属离子等环境污染物的快速预警、评价方法、环境污染物的防治技术和相关污染物在生物体的毒性、生理活性等已进行细致的研究，并利用这些作用进行人工模拟，从而达到对重金属离子等污染物的治理和相关疾病的防治。

(1)汞离子

Zhou 等合成了一种用于生物体内的 FRET 型荧光探针 RBCl，它是由 7-二乙基香豆素部分和罗丹明作为荧光团合成的。在无 Hg^{2+} 条件下，罗丹明受体荧光团处于闭环状态，无荧光发射。在 Hg^{2+} 作用下，Hg^{2+} 诱导使氨基硫脲部分转变成恶二唑，使罗丹明受体荧光团开环，产生强烈的荧光(见图 5-17)。

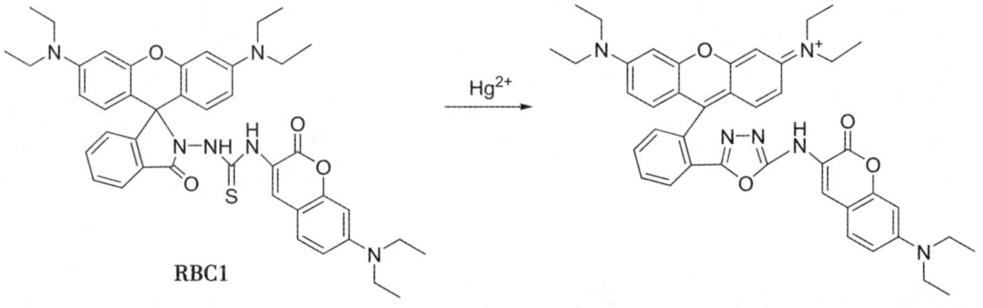

图 5-17　化合物 RBCl 与 Hg^{2+} 键合机理

其他类型荧光探针有 BODIPY 类、荧光素类、香豆素类等，其中的很多可裸眼检测汞离子。Ali 等合成了一种基于 PET 机理的“turn-on”型 Hg^{2+} 传感器，可实现裸眼检测，由蓝色变为绿色。Hg^{2+} 和哌嗪上的 N 原子以 2∶1 的化学计量比配位，该探针可用于实际水样的检测。Ma 等基于罗丹明和香豆素荧光团设计合成了对 Hg^{2+} 具有高效选择性的荧光探针。在乙醇∶水=1∶1(v/v)，pH 值为 7.24 的 Tris-HCl 缓冲液中，Hg^{2+} 和探针分子在结合后使罗丹明上的内酰胺发生开环反应，同时引起颜色的变化。探针分子因罗丹明和香豆素间光致电子转移过程受到抑制使得荧光增强，同时可快速检测 Hg^{2+} 的存在。

Linxin Lan 等采用 5-(1，3-二硫戊环-2-基)-2，2：5，2-三噻吩探针通过 Hg^{2+}促进硫代缩醛的脱保护反应而选择性监测 Hg^{2+}，因为 Hg^{2+}可引起溶液由无色到黄色的显著颜色变化，此时发射光增强，发射颜色从蓝色变为黄色，实现对 Hg^{2+}的裸眼检测。探头灵敏度高，检出限可降至 1.03×10^{-8} mol/L。当 3TS 浸渍在试纸条上并浸没于 Hg^{2+}溶液中，可目测到 3TS 在滤纸和 TLC 试纸条上颜色的变化。因此，探头 3TS 成功地用于快速检测自来水、蒸馏水、河流、湖水、农田土壤、虾类、海带样品中痕量的有害 Hg^{2+}离子，监测结果令人满意，回收率高。Koneswaran 等合成了巯基乙酸修饰的 CdS 量子点，发现 Hg^{2+}能选择性淬灭量子点的荧光，测定 Hg^{2+}的检测限为 4.2 nmol/L。

(2)铜离子

Jung 等报道了一种基于噻唑并噻唑的比色型 Cu^{2+}荧光探针，由于特殊的自由基的形成，加入 Cu^{2+}后可观察到明显的颜色变化，由黄色变为深绿色。通过和有机自由基的结合以及主客体化学作用使得对 Cu^{2+}有优异的选择性，为 Cu^{2+}传感器的发展开辟了新的研究思路。

李东祥等设计合成了一种以罗丹明 B 为发光团的高选择性荧光探针。相对于其他常见金属离子，该探针对 Cu^{2+}具有较好的选择性和灵敏度。在乙醇-水溶液($V_{乙醇}:V_{水}=4:1$，pH 值为 7.3，50 mmol/L HEPES)测试介质中，探针对浓度在 $2.0\times10^{-6}\sim7.0\times10^{-6}$ mol/L 范围内的 Cu^{2+}呈现良好的线性响应，检出限为 6.7×10^{-7} mol/L。探针与 Cu^{2+}的配合是可逆的，其识别原理为 Cu^{2+}的加入导致探针罗丹明内酯结构开环而发射出强的荧光。

郑守国等在研究 CdTe 量子点荧光淬灭技术的基础上，设计了一种可用于现场检测的痕量 Cu^{2+}传感器，运用自行研制的光学感知与信号处理模块实现痕量 Cu^{2+}的快速检测，达到了检测仪器的低成本、小型化。实验结果表明，在 Cu^{2+}浓度 50~1000 nmol/L 范围内传感器检测结果具有较好的线性关系，拟合后的直线方程为 $Y=0.11869X+14.47268$，线性度为 0.99358，标准方差为 4.63099，传感器响应时间为 50 s，检测的可重复性较好，该传感器可以满足痕量 Cu^{2+}现场检测的需求。

Abdollahi 等利用 L-半胱氨酸修饰的 CdS 量子点加入 Cu^{2+}后发生电子转移，变为 Cu^{+}后引起其荧光淬灭，建立了检测超低浓度 Cu^{2+}的荧光新方法，检测限可达 13 nmol/L。邓亚君等以葡萄糖为碳源，聚乙烯亚胺(PEI)为钝化剂，采用微波辅助的方法合成了一种表面带有丰富$-NH_2$和-OH，粒径均一且荧光性质稳定的荧光碳量子点，并应用于水质中的铜离子的检测。基于铜离子对该碳量子点的荧光淬灭，建立了一种快速简便、灵敏、选择性高的测定铜离子的方法。铜离子浓度为1~10 μmol/L时，反应体系的荧光淬灭程度与铜离子浓度成良好的线性关系，最低检出限为0.23 μmol/L。除了极少数共存离子的干扰影响外，其他物质的允许量都很大，由此说明本法具有较好的实用性，可直接应用于实际样品的检测。

(3)铬离子

由于Cr^{3+}的配位能力较Hg^{2+}和Cu^{2+}等较弱，且缺乏针对Cr^{3+}的离子选择性配位基团，使Cr^{3+}荧光探针发展较缓慢；Cr^{3+}具有强的顺磁性荧光淬火作用，所以通过螯合作用来实现荧光增强的Cr^{3+}荧光探针的研究仍然是个具有挑战的课题。Samanta等合成了一个基于光诱导电子转移(PET)机理的Cr^{3+}荧光探针。在四氢呋喃溶液中加入Cr^{3+}后，Cr^{3+}与探针分子中的SNS单元发生配位，导致受体到荧光团的PET作用禁阻，荧光增强了17倍。李富友等合成了一个Cr^{3+}荧光探针FD7，在乙醇与水的混合溶液中，加入Cr^{3+}后罗丹明发生开环，从而实现了荧光、“比色”和电化学等多响应信号的检测。FD7不仅对Cr^{3+}选择性好，还成功实现了对HeLa细胞内Cr^{3+}的荧光成像。Zhijun Wang等以9-乙基-9-咔唑-3，6-二甲醛和2-氨基苯硫酚为原料设计并制备了Cr(Ⅵ)阴离子的简便荧光受体。该受体在H_2O/DMSO混合介质中对Cr(Ⅵ)阴离子具有高选择性和高灵敏度反应。用1H NMR和密度泛函理论(DFT)对Cr(VI)阴离子受体的荧光“开-关”信号进行了观察和验证。Cr(VI)受体的检出限可达10^{-7} mol/L。此外，作为荧光探针的受体可用于检测水中Cr(VI)阴离子的含量，显示出良好的准确度和灵敏度。这项工作为Cr(Ⅵ)的检测提供了新的策略，并在实际样品和系统中得到了应用。

有研究者利用共轭聚合物较高的摩尔吸光系数和超强荧光效率的特点，通过再沉淀法制备出水溶性共轭聚合物聚(9，9-二己基)芴(PDHF)纳米粒子，该纳米粒子粒径小，具有良好的分散性和超强的荧光性，将其作为纳米荧光探针用于Cr的检测，荧光淬灭效应明显、响应灵敏、选择性好，能够达到《生活饮用水卫生标准》(GB 5749—2006)标准0.05 mg/L的要求。主要机理是共轭聚合物中由于π-π^*共轭体系的存在，形成了分子导线的结构。这种结构能对传感信号起到放大的作用，因此淬灭剂产生的淬灭效应可以通过分子导线被放大，即超淬灭效应。使用再沉淀法制备出聚(9，9-二己基)芴纳米粒子，与其他共轭聚合物相比，聚芴类共轭聚合物是高度共轭的刚性平面结构，稳定性较好，固态时荧光量子效率高。

图 5-18 所示为芴(PDHF)纳米粒子的透射电镜图，从图中可以看出 PDHF 纳米粒子形状为粒径在 20 nm 左右的近似球形，其颗粒的大小可以通过改变 PDHF 的浓度来调节。此共轭聚合物纳米颗粒的形成机理是其分子链中存在疏水和亲水基团，将 PDHF 的四氢呋喃溶液注入水中，并将四氢呋喃蒸发之后成链状的共轭聚合物。由于疏水基团的作用发生弯曲与聚集，于是在水中形成由亲水的外壳和疏水的内核所组成的纳米粒子。该水溶性纳米粒子具有比其单分子更好的稳定性，由疏水性转变为水溶性，从而拓宽 PDHF 的应用范围。由于共轭聚合物在水中形成的纳米粒子含有疏水内核，即在水环境中形成的疏水微区，一些非水溶性的小分子可以进入疏水微区，从而能制备掺杂的共轭聚合物复合纳米材料。激发波长为 390 nm 处具有很强的荧光发射，且荧光强度大于其单体，这是因为粒子的大小引起发射带的最大强度波长的位移和发射强度的改变。

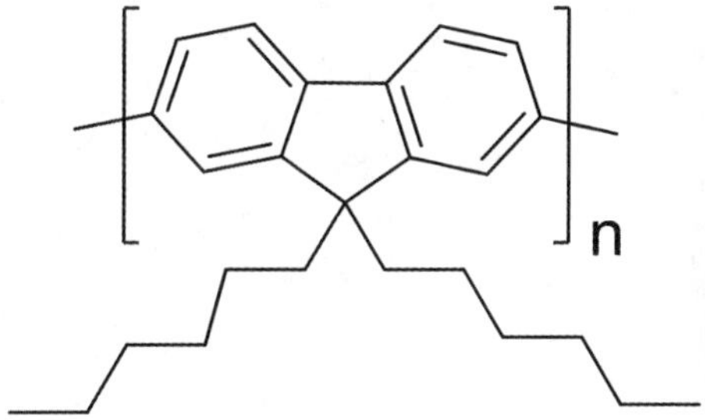

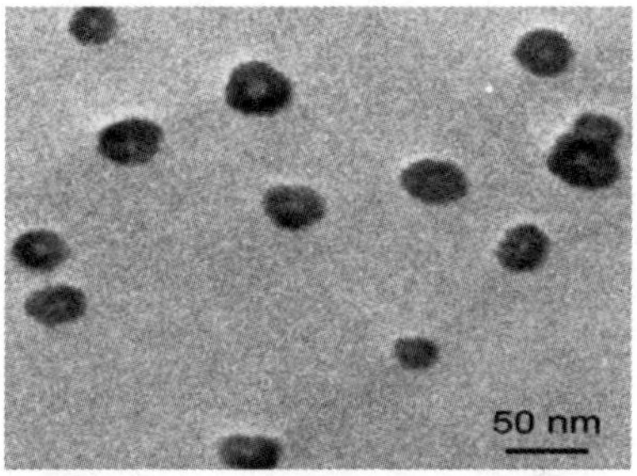

图 5-18　聚(9，9-二己基)芴分子结构和芴(PDHF)纳米粒子透射电镜图

共轭聚合物双键的离域，在分子链中存在周期键交替和电荷密度的变化，称为 Peierls 效应。Peierls 效应将使共轭聚合物由金属导体性转变成为具有带隙的半导体，在聚合物中 p，z 轨道垂直于聚合物主链，主链、双键上的电子之间可以相互作用，即形成所谓分子导线。金属离子对共轭聚合物的淬灭作用，可因主链结构的不同而产生不同的作用方式，因此共轭聚合物对金属离子的检测具有良好的选择性。如含有 15-冠-5 醚结构共轭聚合物，能选择性地检测出 K^+，而不受 Li^+、Na^+干扰。含羧酸盐取代基的亚苯基乙炔聚合物能选择性检测 Pb^{2+}，含联吡啶基聚合物能选择性检测 Mg^{2+}等。

在该研究中 Cr(Ⅵ)能引起 PDHF 的淬灭效应，可归咎于其具有较强的氧化性，可氧化分子中离域π键，破坏了 PDHF 的共轭体系，产生了猝灭效应。这种作用在共轭体系内几乎是同时发生的，所以猝灭效应是瞬间产生的。猝灭效应通过分子导线作用被放大，最高能放大到 10^6 以上。所以，只需要极低的浓度且具有良好的选择性和高度的灵敏性，Cr(Ⅵ)的氧化性随着酸度的增加而增加。因此，在酸性条件下荧光猝灭效应更为明显。

(4)铁离子

彭梦姣通过香豆素醛与邻苯二胺直接缩合成环，将苯并咪唑环杂环引入了香豆素环的 8 位，合成了新型荧光探针 HF-1。苯并咪唑环杂环改善了荧光团的性质，香豆素与苯并咪唑环的共轭导致共轭体系加大，发射波长红移。探针 HF-1 的荧光发射波长在 460 nm 处，比起常见的香豆素发射峰红移了 15 nm，可发出蓝色荧光。其次，香豆素 7 位酚羟基和苯并咪唑环的氮原子可以与 Fe(Ⅲ)络合，导致荧光团电子排布的改变，推-拉电子体系被破坏，荧光性质改变；同时由于 Fe(Ⅲ)具有顺磁性，会导致荧光的猝灭，从而达到识别目的(见图 5-19)。

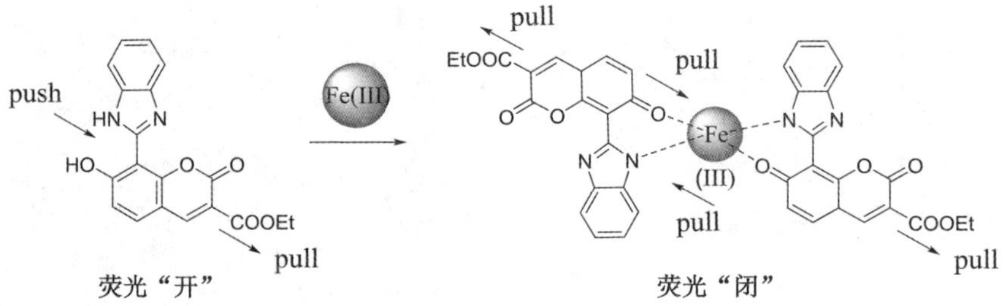

图 5-19 探针 HF-1 的检测机理

边延江等利用 1-萘甲醛和 2-氨基苯硫酚合成了一种简单高效的荧光探针 N，在纯的二甲基亚砜(DMSO)中 Fe^{3+}会使探针出现明显的荧光猝灭现象，而加入其他阳离子没有明显变化，证明化合物 N 对 Fe^{3+}具有很好的识别能力。通过 10 μmol/L 的受体进行滴定实验，测得探针 N 对 Fe^{3+} 具有较低的检测限(1.4 μmol/L)。加入金属离子后的化合物 N 依然对 Fe^{3+}有较强的选择性，可知其具有很好的抗干扰能力。当荧光发射强度出现了转折点时，探针 N 的摩尔比为 0.5，证明探针 N 与 Fe^{3+}的结合比为 1∶1，结合常数为 8.14×10^3 L/mol。

刘琪发现在 pH 值为 4.0 的醋酸盐缓冲溶液中，Fe^{3+}对以苯硼酸为前驱体合成的富含羟基的碳点的荧光有很明显的猝灭作用，而其他金属离子不能猝灭其荧光。研究结果表明，其猝灭过程包括动态猝灭和静态猝灭两种方式：Fe^{3+}

通过静电引力吸附到碳点表面，由于 Fe^{3+} 是很强的电子接受体，吸附于碳点表面的 Fe^{3+} 可接受碳点受光激发产生的光生电子而被还原为 Fe^{2+}，与此同时 Fe^{3+} 又可与碳点表面的羟基结合使碳点团聚，这两种作用均导致碳点的荧光淬灭。据此建立了选择性测定铁的荧光方法。Fe^{3+} 浓度在 1.0～250 mmol/L 范围内与体系的荧光淬灭效率[$\ln(F_0/F)$]有良好的线性关系，检出限为 0.4 mmol/L。

Fe^{3+} 淬灭碳点荧光的过程可用图 5-20 来表示。当 Fe^{3+} 加入碳点溶液后，通过静电引力被迅速吸附到带负电荷的碳点表面。因为 Fe^{3+} 外层电子结构为 $3d^5 4s^2$，3d 轨道是半充满的，是很好的电子接受体，碳点被激发的电子很容易转移到 Fe^{3+} 的 3d 轨道，碳点表面的酚羟基变为苯醌，Fe^{3+} 变为 Fe^{2+}。与此同时，由于 $Fe(OH)_3$ 的 Ksp 很小，Fe^{3+} 很容易与碳点表面的 OH 结合，使碳点聚集。这两种作用均导致碳点的荧光淬灭。

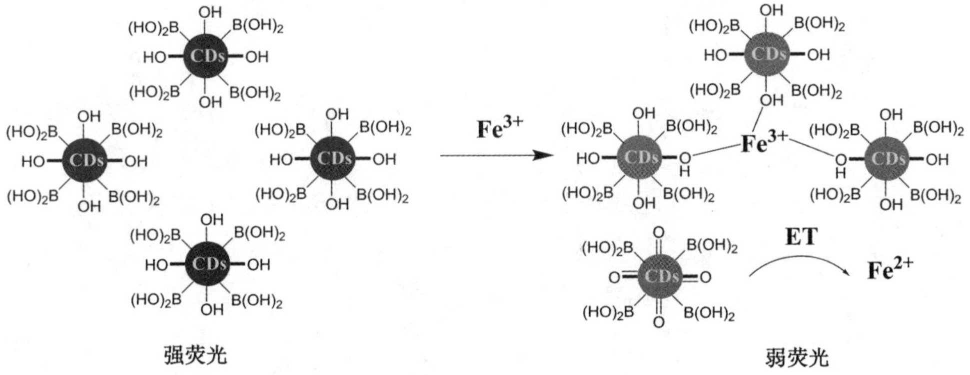

图 5-20　Fe^{3+} 淬灭碳点荧光示意图

其他金属离子对 Fe^{3+} 淬灭碳点荧光无影响，常见阴离子 F^-、S^{2-} 能使 CDs-Fe^{3+} 荧光升高，因为 F^- 易与 Fe^{3+} 形成络合物，而 S^{2-} 与 Fe^{3+} 会生成 FeS 和 S。PO_4^{3-} 易与 Fe^{3+} 生成沉淀，使 CDs-Fe^{3+} 荧光有一定降低。总之，具有强还原性、强配位能力或易与 Fe^{3+} 生成沉淀的物质易影响 CDs-Fe^{3+} 荧光，一般的阴离子基本不产生影响。

张坤等研究了用热解柠檬酸制备的发蓝光的石墨烯量子点(GQDs)，并在此基础上用 $(NH_4)_2CO_3$ 作 N 源，在水热条件下制备 N 掺杂石墨烯量子点(N-GQDs)。通过透射电子显微镜(TEM)、X 射线光电子能谱仪(XPS)、傅里叶红外光谱仪、紫外-可见吸收光谱仪、荧光光谱仪等对样品的结构和光学性能进行了表征。此外，基于荧光淬灭原理，利用 N- GQDs 构建了一种检测 Fe^{3+} 的荧光探针，在 0~60 μmol/L 范围内荧光强度与 Fe^{3+} 浓度有较好的线性关系，且该探针的检测限为 0. 925 μmol/L(见图 5-21)。对 N-GQDs 具有明显的荧光淬灭效应，说明此法具有较好的特异性。

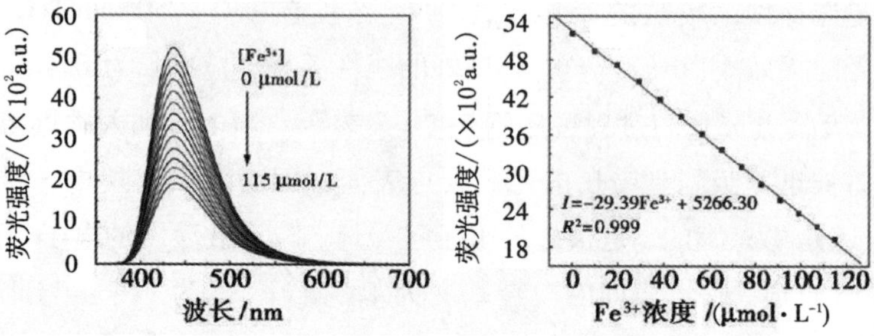

(a)　　　　　　　　(b)

图 5-21　Fe^{3+} 离子浓度与荧光强度关系

(5)铅离子

熊海涛等根据氧氟沙星具有荧光特性和铅可以生成络合物使其荧光强度降低，基于此机理建立了荧光淬灭法测定铅的新方法。应用该法测定铅(Ⅱ)含量，具有操作简单、分析速度快、灵敏度较高等特点。在优化的实验条件下，其荧光淬灭强度与铅(Ⅱ)浓度在 3.2×10^{-7}~1.0×10^{-1} mol/L 范围内成良好的线性关系，其检出限为 8.4×10^{-8}mol/L，相对标准偏差为 3. 2%。

(6)铝离子

张星等研究发现 Al^{3+}-葛根素体系中，当激发波长为 347 nm 时，葛根素在 478 nm 处发射其特征荧光。在葛根素溶液中加入微量 Al^{3+}时，其荧光强度会发生明显降低。Al^{3+}响应的浓度线性范围 2.0×10^{-6}~1.0×10^{-4}mol/L，检出限为 9.2×10^{-8}mol/L，在葛根素溶液中加入浓度为 5.0×10^{-5} mol/L 的不同金属离子(Hg^{2+}，Ag^{+}，Pb^{2+}，Cu^{2+}，Ba^{2+}，Cd^{2+}，Zn^{2+}，Ni^{2+}，Co^{2+}，Fe^{2+}，Mn^{2+}，Li^{+}，Ca^{2+}，Mg^{2+}，K^{+}，Na^{+}，Fe^{3+})，体系荧光强度几乎不变。

刘静等以 1，8-萘酰亚胺、壳聚糖、盐酸吗啉胍为原料，通过酰亚胺化、席夫碱等反应，设计合成了一种萘酰亚胺接枝壳聚糖类增强型荧光探针(NCFP)。在 392 nm 处，可以高选择性识别 Al^{3+}，常见的共存金属离子没有干扰。在 29. 90~253. 41 μmol/L Al^{3+}浓度范围内，探针的荧光强度与 Al^{3+}浓度有良好的线性关系，相关系数 R^2= 0. 9979，Al^{3+}的最低检出限达 4. 279 μmol/L，Job's 曲线表明，荧光探针与 Al^{3+}的络合比为 1∶1(见图 5-22)。

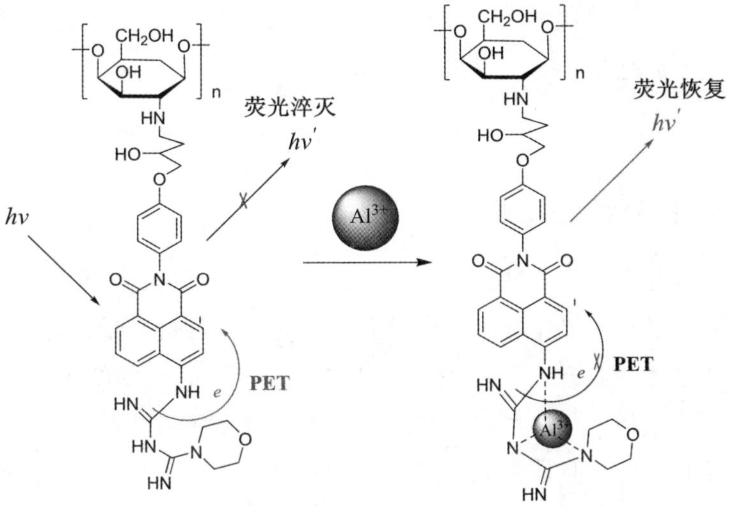

图 5-22　荧光探针对 Al^{3+} 的响应机理

环丙沙星(Ciprofloxacin)是第三代喹诺酮类药物，具有内源性荧光。张雪花等在实验中发现，在表面活性剂十二烷基硫酸钠(SDS)存在下，微量铝(Ⅲ)的加入可使环丙沙星的内源性荧光显著增强，据此建立了铝(Ⅲ)-环丙沙星-十二烷基硫酸钠(SDS)荧光体系测定微量铝(Ⅲ)的方法。结果表明，铝(Ⅲ)浓度在 2.0×10^{-7}~2.0×10^{-5} mol/L 范围内与荧光增敏值成良好的线性关系。

(7) 锰离子

锰(Ⅱ)对氧氟沙星的荧光强度具有显著的淬灭作用，基于此建立了一种测定锰(Ⅱ)含量的荧光光谱分析法。氧氟沙星标准贮备液(8.4×10^{-3} mol/L)、HCl(0.01mol/L)、NaOH(0.01mol/L)、H_2SO_3(0.01mol/L)。所用试剂均为分析纯，实验所用水均为蒸馏水。分别在 2 只 50mL 容量瓶中加入相同量的氧氟沙星，在量瓶中加入溶液，摇匀，室温放置 10 min 后，以 285 nm 为激发波长，459 nm 为发射波长，设置激发和发射单色仪狭缝宽度分别为 5、10，扫描速度为 1200 nm/min，分别测定溶液的荧光值，计算荧光强度，荧光淬灭强度与 Mn^{2+} 的浓度在 2.5×10^{-7}~1.0×10^{-5} mol/L 内呈现良好的线性关系，其检出限为 8.4×10^{-8}mol/L，相对标准偏差小于 5%，温度在 15~50 ℃内，在 pH 值为 7.0 时，锰(Ⅱ)对氧氟沙星的荧光淬灭效果最好。

5.5 荧光技术特点与发展

5.5.1 荧光与紫外融合技术

紫外法和荧光法在用于水质分析中时，各有优势和不足，两种光谱方法具有很强的互补性，水质的紫外可见吸收光谱反映的是有机物总量的信息，而水质的多维荧光光谱不仅反映有机物总量，还能反映水质有机物的组分、种类。紫外法对高浓度的水质测量精度高，对低浓度的水质测量精度差，荧光法在高浓度水质中有不稳定性，但是对低浓度水质测量精度高，此外，紫外法技术成熟，荧光法可以作为一种很好的补充。因此基于紫外和荧光光谱结合进行水质研究的工作也受到了关注，如 2007 年武晓莉等提出了一种基于多源光谱信息融合的水质分析新方法，该方法改进了独立成分分析法，并采用紫外吸收光谱和三维荧光光谱的多维特征获取，从多信息融合的角度去除了水样中存在的干扰信息，使用最小二乘支持向量机进行特征变量的信息融合建模。单战虎设计研制了一台基于紫外-可见吸收光谱和荧光光谱融合的便携水质分析仪，并与国外生产的紫外法便携式水质分析仪进行了性能比较，通过在华东地区进行的广范围大规模现场应用实验测试，该样机的优异性能得到了验证。

5.5.2 荧光光谱成像技术

荧光光谱成像技术是一种将空间成像技术和光谱分析技术有机结合的新型分析检测技术，它不仅能获取丰富的图像信息，同时还可以获取样本的空间信息和光谱数据。其原理是紫外光照射到被测物内部时会激发不同强度的荧光，激发的荧光波长与物质内部组织结构有关，且其荧光强度与物质组分含量有关，物质的分子结构、含量不同，发射荧光的波长和强度也就有所不同，从而可以快速有效地对不同物种进行鉴别。梁曼等通过荧光光谱成像技术结合模式识别方法对不同藻类进行鉴别研究，通过采集 40 个藻类样品的荧光光谱图像，发现藻类样本存在着显著的荧光特性。

5.5.3 实时荧光定量 PCR 技术

实时荧光定量 PCR 技术（real-time fluorescent quantitave PCR，RTQ-PCR）是

在传统 PCR(聚合酶链式反应)技术基础上发展起来的一种高度灵敏的核酸定量技术，它具有快速、灵敏、特异性强、污染少且能实时监测等优点，被广泛应用于 mRNA 表达分析基因定量分析，点突变分析等位基因分析单核苷酸多态性分析，DNA 甲基化的检测，及对多种传染病病原体的定量定性分析等。其基本工作原理是在 PCR 反应体系中加入荧光基团，利用荧光信号积累来实时监测整个 PCR 进程，得到产物扩增曲线。然后采用合适的数据分析方法，计算初始模板数量，绝对定量(或初始模板数量的相对比值)，相对定量。未来在该领域的研究热点包括通过基因组手段得到水中生物的更多信息，以及结合高密度的原位荧光检测和详尽的基因组学信息建立蓝藻的预测模型等。

第6章 实验室信息建设与智慧水务发展

6.1 实施LIMS系统的标准与原则

信息管理系统对实验室的人员、仪器、药品、样品、报告等要素进行高效、系统、科学的管理以及水质检测实验室认证标准，实验室信息管理系统（laboratory information management system，LIMS）是以实验室的业务管理为核心，通过先进的计算机网络技术、数据库技术和标准化的实验室管理思想，将实验室的人员、环境、业务流程、质量控制、仪器设备、标物标液、化学试剂、标准方法、水质分析报告、数据智能查询分析、图书资料、文件记录、科研管理、项目管理等因素有机结合起来，组成一个科学、全面、开放、规范的综合管理体系。

LIMS随着分析测试仪器自动化程度、实验室处理能力的提高而逐步发展起来。计算机技术的飞速发展，特别是网络通信和数据库技术的日趋成熟，为LIMS提供了先进的技术平台和实现手段，并使之朝着网络化管理方向不断发展。

20世纪80年代，LIMS被引入我国，开始应用于石油、化工、检疫、食品、供水等各个行业。早期的LIMS系统建立价格昂贵、使用困难，也不便与系统外部进行数据交换。90年代，随着计算机技术水平的迅速发展，个人计算机（PC）的处理能力得到了极大提高。同时Microsoft Windows系列操作系统也得到了迅速的普及。C/S构架的管理模式成为主流，普遍采用SQL网络数据库，大大提高了数据处理能力。在90年代后期，采用Internet和Web技术的LIMS开始出现。统一的浏览器界面和以Web服务器为中心的管理体系代表了最新的计算机网络技术在LIMS系统中的应用。

随着社会进步和人们健康、环保意识的不断提高，国家对供水水质的要求也在不断提高，对于国内各类水质检测实验室带来了相应的发展机遇和更加严峻的挑战。LIMS从20世纪90年代开始应用于国内包括供水企业在内的各类水质分析实验室，在提高工作效率、降低运行成本等方面发挥了重大作用。同时 LIMS 本身也需要不断升级、持续优化，为建设一流水质分析实验室提供全面信息管理支持。

将 LIMS 应用于水质检测实验室的实际业务，以标准化管理规范为基础，以水质检测为中心，将人员、仪器、试剂、方法、环境、文件等影响分析数据的因素有机结合起来，采用先进的计算机技术和网络技术，通过运用流程化的管理手段，有效梳理检测和质量管理过程，建立高效的信息化处理流程，实现任务网上分配、检测数据自动采集、分析报告自动生成、快速发布、信息共享，对质量管理体系顺利实施、成本严格控制、人员量化考核等各方面提供全面的技术性支持，LIMS 是连接实验室、生产部门、质量管理部门及客户的信息平台，是为水质检测实验室服务的综合性业务系统，是智慧水务的重要组成部分。

一个有效的水质检测实验室 LIMS 系统的构建，需要遵循国家、地方、行业、部门等制定的标准及要求，也需要遵循相应的国际化标准，同时应满足一些信息化建设的原则，将实验室业务需求与信息化完美的融合。部分标准如下：

- 检测和校准实验室能力的通用要求（ISO/IEC7025：2005）；
- 检测和校准实验室能力认可准则（CANS-CL01）（2015 年 6 月 1 日第一次修订）；
- 检测和校准实验室能力的通用要求（ISO-IEC-FDIS-17025—2017）；
- 合格评定第三方产品制度应用指南（GB/T 27028：2008）；
- 生活饮用水卫生标准（GB 5749—2006）；
- 地表水环境质量标准（GB 3838—2002）；
- 城市供水水质标准（CJ/T 206—2005）。

美国材料测试学会（ASTM）于 1987 年开始策划制定 LIMS 标准，现已发布了 3 个标准：E1578—2006、E2066 和 E1639。这些标准目前已被美国及美国以外的 LIMS 厂商所接受和支持：

- E1578—2006：ASTM 下属的 E-31 计算机委员会成立 E31. 40 LIMS 分会，于 1993 年完成了 E1578—93《LIMS 标准指南》的编写，每 5 年修订一次，目前的最新版本是 E1578—2006。该标准参考了 ASTM、IEEE、ANSI、ISO 等相关标准，对 LIMS 原理、技术进行了高度概括和总结，为广大的 LIMS 用户提供了标准指南。

• E2066—2000：即《LIMS 认证标准指南》，是对商品化 LIMS 进行认证的指南，详细描述了对实验室信息管理系统进行认证的方法。开发 LIMS 的各类人员也可以参考相关的 ASTM、ISO 和 IEEE 软件开发标准。指南的意图是对参与 LIMS 认证的人员进行培训，为与顾问互相讨论问题时提供标准的术语，为制定认证计划、测试计划所需的标准操作过程以及最终认证报告提供指南。

• E1639—2001：《临床实验室信息管理系统的功能需求标准指南》，阐述了临床实验室信息管理系统(CLIMS)所需具有的功能，指明了 LIMS 开发商和管理人员应具备实验室功能需求、数据系统需求和数据逻辑结构方面的知识。它有助于回答 CLIMS 设计人员遇到的技术问题，尽量使各类实验室的需求分析趋于一致。该指南也适用于想了解和操作 CLIMS 的用户。

• OPC(用于过程控制的 OLE)：OPC 的全称是 Object Linking and Embedding(OLE)for Process Control，它的出现为基于 Windows 的应用程序和现场过程控制应用建立了桥梁。在过去，为存取现场设备的数据信息，每一个应用软件开发商都需要编写专用的接口函数。由于现场设备的种类繁多，且产品的不断升级，往往给用户和软件开发商带来了巨大的工作负担。通常这样也不能满足工作的实际需要，系统集成商和开发商急切需要一种具有高效性、可靠性、开放性、可互操作性的即插即用的设备驱动程序。在这种情况下，OPC 标准应运而生。OPC 标准以微软公司的 OLE 技术为基础，它的制定是通过提供一套标准的 OLE/COM 接口完成的，在 OPC 技术中使用的是 OLE 2 技术，OLE 标准允许多台微机之间交换文档、图形等对象。

6.2 构建 LIMS 系统基本条件

构建水质检测 LIMS 系统前需要做好一些准备工作，充分的准备将有助于成功构建 LIMS 系统，并加快构建 LIMS 系统的进程。

6.2.1 信息技术支撑

LIMS 系统本身就是利用现代化信息技术打造的一套服务支撑平台，通过信息化的流程管理、数据存储、信息传输、信息聚合、信息共享等特点，为实验室管理工作提供服务支持。构建一套标准的 LIMS 系统，需要的信息技术见表 6-1。

表 6-1　LIMS 所需信息技术列表

序号	分项名称	主要内容
1	开发技术及工具	跨平台（Windows 或 Linux） 语言：Java、JSP、JavaScript、html、CSS 框架：Spring、Hibernate、Struts 工具：Eclipse、Oracle SQL Developer Windows 平台 语言：C#、ASP.Net、JavaScript、html、CSS 框架：.Net Framework 工具：Visual Studio 2017、Oracle SQL Developer
2	应用服务器	Tomcat 7.0.81（跨平台）、IIS（Windows）
3	服务器操作系统	Windows Server 2008 R2（2012）、Linux（Cent OS 7）
4	数据库	Oracle（或 SQL Server、MySQL、PostgreSQL）
5	服务器	刀片式或塔式企业级服务器
6	网络	基于实验室的以太网络或 WIFI

6.2.2　全方位的业务支持服务

LIMS 主要用来为实验室管理工作及业务提供信息化支撑服务，实验室的业务内容主要包含实验室管理、质量体系管理、综合业务管理等。其中实验室管理为核心业务，包括样品管理、检验检测管理、报告管理等；而质量体系管理则主要包含内审管理、管理评审、量值溯源、期间核查等管理工作，具体见图 6-1。

图 6-1　实验室主要业务内容与 LIMS 关系

在实施 LIMS 期间，需要各部门提供全方位的支持，提供相应的材料及业务协助，包括组织结构、人员角色、产品分类、样品台账信息、协议和报告的分类及格式、检测标准及检测项，具体请参见表 6-2。

表 6-2 实施 LIMS 系统需要的业务信息列表

序号	分项名称	主要内容
1	样品台账及样品管理信息	包含样品记录信息、样品编号规则、样品流转单信息、样品返还(销毁)信息表
2	产品分类	本实验室的检测内容的分类汇总，基于此分类，可以组织检测项目，也有助于人员分工
3	检测标准及检测项目	检测标准及检测项目的管理，将本实验室所有标准及检测项录入 LIMS 系统中，服务于检测流程
4	检验协议书	根据检验协议及模板，设计各类协议的内容，并电子化
5	检验结果报告	对实验室出具的所有报告及模板，电子化处理，并根据检验结果，自动化生成、打印。同时制定报告编号规则，自动生成。建立报告发放及报告发送记录信息
6	实验室组织机构及人员角色	根据实验室中部门及人员责任分工，在 LIMS 中设定对应的人员所属及任务角色，同时制定对应的角色如何参与流程、权限设置等
7	内审及管理评审信息	依据实验室管理质量体系要求，建立内审及管理评审流程、时间、参与部门及人员；并根据质量体系要素，制定评审计划及实施内容，评审结果自动出具评审报告；如果存在不符合项，则建立纠正措施、预防措施及改进记录和流程
8	质量控制计划及实施	此部分主要是量值溯源、结果质量控制、期间核查等质量管理信息的流程建立、信息管理和记录
9	质量手册和程序文件	依据本实验室的标准及规程，设计及制定流程及各种模板及数据信息，可以更贴近需求的制定 LIMS 系统

6.2.3 仪器设备及标准物质信息

实验室检测中要用到各种仪器设备及标准物质，对实验室中仪器设备及标准物质的使用和管理也是 LIMS 功能的一部分，同时也是实验室管理中的重要部分之一。因此，在建立 LIMS 系统前，需要整理本实验室的仪器设备和标准物质类别及数量，以及相关的台账信息、报表、单据等(见表 6-3)，并录入

LIMS 系统，建立对应的管理内容及流程。

表 6-3　仪器设备及标准物质管理信息列表

序号	分项名称
1	标准物质(样品)管理台账
2	标准物质使用登记表
3	仪器设备(标准物质)申购表
4	仪器设备管理台账
5	仪器设备降级停用(报废)审批单
6	仪器设备使用记录
7	仪器设备维护和保养记录
8	仪器设备验收单
9	仪器设备验证原始记录
10	仪器设备自校验证报告

实验室管理的信息化与其他行业的信息化一样，最大的难度不是“信息化业务流程”，而是“信息化管理”，管理的信息化就要涉及“人的信息化”。“人的信息化”就要克服各个管理层所带来的无形阻力。最重要的是实验室领导层对 LIMS 的重视，这里包括实验室主任、质量负责人、技术管理层以及各检测部门负责人。只有获得领导层的重视，才能为 LIMS 的实施争取资金和人力的支持。

6.3　LIMS 系统的建设内容及功能

LIMS 系统通过计算机网络，以检测流程管理为主线，以实验室其他管理工作为支线，将人员、仪器、试剂、方法、环境、文件等与检测分析有关的实验室管理因素有机结合起来，采用先进的计算机网络、外设接口、数据库技术，依据标准化的实验室管理准则，组成一个开放的分布式网络体系，实现检测任务自动分配、仪器检测数据自动采集、快速发布、检测报告自动生成及打印、无纸化记录与办公、信息共享、资源与成本管理、人员量化考核，最终使实验室管理水平得到整体提高。

LIMS 系统构建及实施过程中，主要包含 3 部分：实验室管理、质量体系管理、综合业务管理。三者的业务并非完全独立，数据和信息互相关联及使用，特别是质量管理的内容基本覆盖了全部的实验管理的数据和信息（见表 6-4 和图 6-2）。

表 6-4 LIMS 系统功能列表

模块	序号	子模块
实验管理	1	检验协议录入及管理
	2	检测过程总体管理
	3	样品检测及校核管理
	4	样品信息管理及统计分析
	5	样品流转追踪管理（二维码）
	6	样品类别默认检验项目-设置
	7	样品等级-字典表
	8	样品等级-字典表
	9	样品返还及过程管理
	10	公司及单位维护
技术管理	11	人员岗位能力确认表
	12	人员培训管理
	13	环境监控记录
	14	监督活动计划
	15	检测废弃物处理记录
	16	剧毒品领用记录
	17	检验报告-审批流程
	18	检验报告-更改/补充审批流程
	19	检验报告-发放登记记录
设备和标准物质	20	标准物质（样品）管理台账
	21	标准物质使用登记表
	22	仪器设备（标准物质）申购表
	23	仪器设备管理台账
	24	仪器设备降级停用（报废）审批单
	25	仪器设备使用记录
	26	仪器设备维护和保养记录
	27	仪器设备验收单
	28	仪器设备验证原始记录
	29	仪器设备自校验证报告

表6-4(续)

模块	序号	子模块
质量控制	30	仪器设备溯源和检定计划
	31	仪器设备溯源和检定记录
	32	测量不确定度评定报告
	33	结果质量控制分析表
	34	监督活动记录
	35	质量控制计划
质量管理	36	文件发布更改通知
	37	文件发放回收记录
	38	文件销毁登记表
	39	合同评审记录表
	40	申诉和投诉管理
	41	纠正措施实施报告
	42	纠正措施验证记录
	43	偏离调查处理记录
	44	预防措施实施报告
	45	年度内部审核计划
	46	内部审核计划及实施
	47	内部审核报告
	48	内部审核不符合报告
	49	内审要素及审核内容管理
	50	管理评审计划及实施
	51	程序文件管理
	52	质量手册管理
服务和供应品的采购	53	采购申请流程
	54	采购品验收
	55	物品领用记录
	56	合格供应商登记表
	57	供应商评价流程

表6-4(续)

模块	序号	子模块
系统管理	58	流程系统开发及设计
	59	系统 API 及接口设计
	60	系统及业务消息模块设计与开发
	61	系统自动化监控与运维分析管理
	62	角色管理
	63	用户管理
	64	系统功能模块管理
	65	权限管理信息系统开发
	66	系统运行日志记录及分析功能
	67	系统备份、恢复功能
	68	系统运行信息参数维护开发

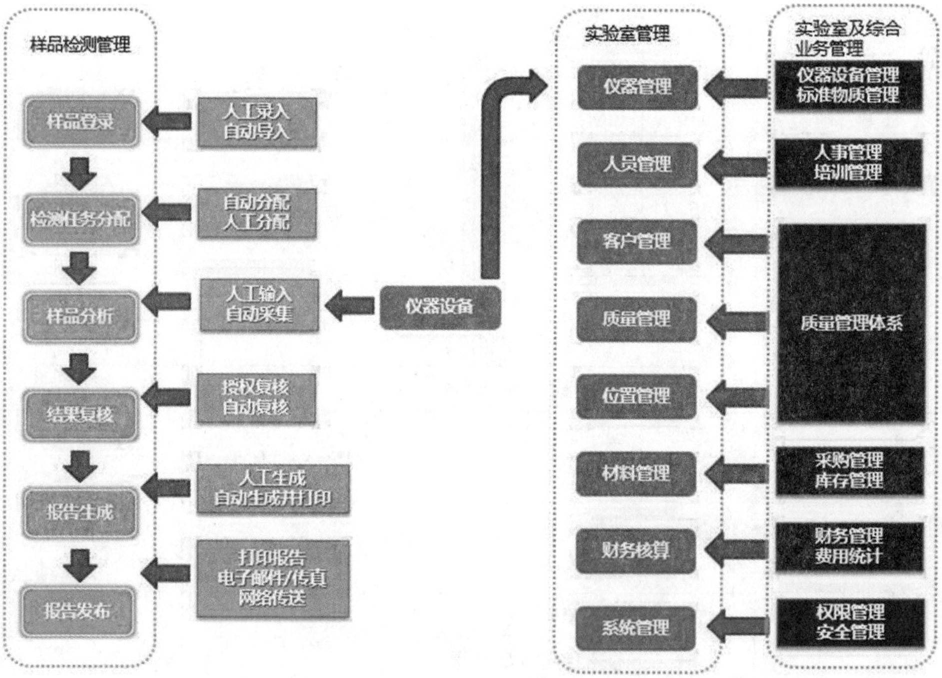

图 6-2　LIMS 总体结构图

6.3.1　实验室管理

实验室管理主要是样品检测过程及关联信息管理，包括样品管理、检验协议管理、启动检测流程、检测工作通知、检测任务分配、原始记录管理、检验结果校核、检测报告审批流程管理、检测报告生成及打印管理、检测报告更改补充、纠正措施验证记录、检测报告发放、检测信息统计等功能。通过采用流程驱动、按角色承担责任的方式，将整个检测过程串联起来。

6.3.1.1　标准分类及维护管理

在实施 LIMS 的过程中，需要将实验室涉及的所有抽样标准、检验方法标准、执行标准等信息录入到 LIMS 系统中。由于实验室中遵循的检测标准及检测项目繁多，且存在定期更新的问题，因此在 LIMS 系统中需要将检测项目进行分类管理，便于在样品检验过程中选择检测项及分配检验任务。

首先需要整理实验室中的所有标准，包括电子及纸质，国家标准、地方标准、企业标准等都要录入系统中，并严格按照标准设定检验要求及限值（见图 6-3）。如果有新的标准发布，则需要及时更新到 LIMS 系统中，此时需要注意正在检验的项目问题，应该仍然按照旧标准执行，只有新起的检验流程才需要遵循新标准。因此又涉及标准的版本管理问题。

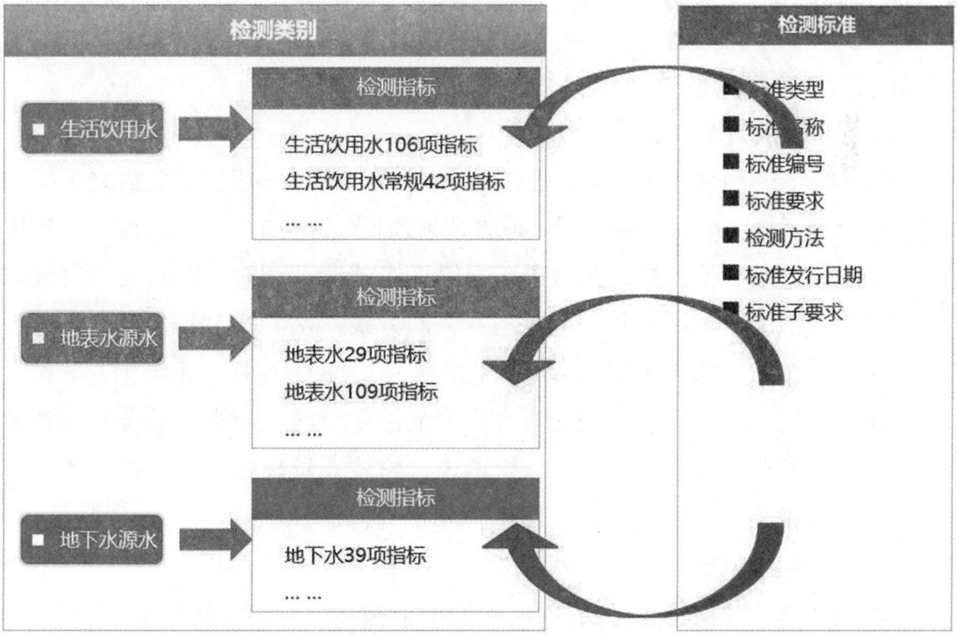

图 6-3　标准分类及管理图

6.3.1.2　样品登记管理

样品检测首要的工作就是将样品的特性根据用户提供的样品信息录入到LIMS中。登记的内容包括：合同号、送检单位、样品名称、样品型号、样品编号、检测部门、联系人、电话、报告形式等。为减少失误、提高工作效率，可以提供条形码(二维码)功能，接收样品时，系统自动产生该样品的条形码，作为该样品在流转中的唯一标识。

LIMS应提供多种登录样品的方法，可以进行人工登录，也可以在LIMS内直接登录样品，通过模版自动输入相关的详细信息。样品登录时，被系统赋予一个初始状态，该状态将控制样品在LIMS内部的工作流程。

样品的登记可以来源于多种形式：

① 样品收发部门进行样品的登记和收发，人工将样品信息输入LIMS中，一旦确认，该样品将进入LIMS工作流程；

② 互联网远程登记，基于互联网，为LIMS提供在线远程申请登记的功能，用户可以通过Internet在线登记样品基本信息并申请分析项目，样品登录员在审核用户提交的申请无误后，将申请纳入LIMS流程中；

③ LIMS自动登录，对于一个企业级的LIMS用户，其工作流程是可程序化的工作，可以在预先设置的条件下触发LIMS，启动某一特定的分析测试流程，将工作事先设置在LIMS的工作模板中，LIMS将自动输入相关的详细信息，自动登记待分析测试的样品信息。

6.3.1.3　样品检测流程管理

样品检测是一个完整的过程，包括选取样品、启动检测项目、检测工作通知、检测任务分配、检验原始记录、检验结果校核、检验结果审核、检测报告审批、出具检测报告、检测报告更改补充、纠正措施验证记录、检测报告发放等功能。系统采用流程驱动、按角色承担责任的方式，将整个检测过程串联起来。

操作人员通过选择待检测样品(或批次样品)，并填写样品来源信息，建立检测项目，由检测组长为检验员分配每个样品的每个检验项目。检验员领到检验任务后，执行样品检验，并填写原始记录。校核人员校核检验结果。当所有样品都检验完毕后，出具该检测项目的检测报告(见图6-4)。

6.3.1.4　检验报告管理

检验结果报告管理主要用于生成检测结果报告，并相应地对报告的生成、修正、发放等信息进行管理。此部分包含“检验报告-审批流程”“检验报告-

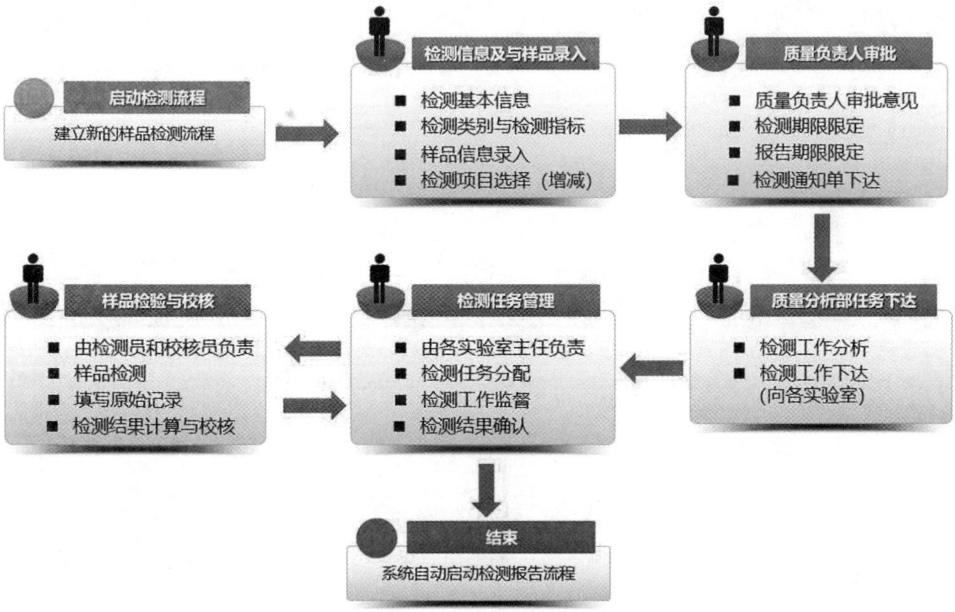

图 6-4　样品检测信息及流程图

更改/补充审批流程”“检验报告-发放登记”三部分。

“检验报告-审批流程”由“检测项目管理流程”结束时发起，关联对应的检测项目信息，并取得所有样品的检验结果，自动判断样品是否合格，生成检测报告的报告内容。“检验报告-更改/补充审批流程”则针对已经生成的检验报告，启动更正/补充审批流程，其基本信息与原检验报告完全一致，只是附带更正/补充原因、内容，并经过审批过程，再次生成相关检测项目的检验报告（见图 6-4）。

检测报告发放记录仅是对相关检测报告的发放加以信息记录。

LIMS 系统需要与 Word、Excel 和 Adobe PDF 阅读器等软件无缝对接，所有 LIMS 数据都可以用到报告中，而且能够采用多种不同的表现形式，如图形、检验合格证等。用户也可以自己编制新的报告存入 LIMS 中。

在大多数情况下，LIMS 都会根据事先设置好的流程，在得到授权后，自动生成报告，并打印。前提是，报告和检测结果的形式要相对应。自动生成的报告，保证了报告的真实、有效性，从而防止篡改记录信息。另外在报告生成中，加入各级审批人员的电子签名，可以进一步保障报告的有效性（见图 6-5）。

对于一些特殊形式或者特殊用途的报告，可能需要进行人工干预，如需要在检测结果中加上一些临时指导的信息等。可以设定权限，只有特定角色的人员才可以人工生成报告。

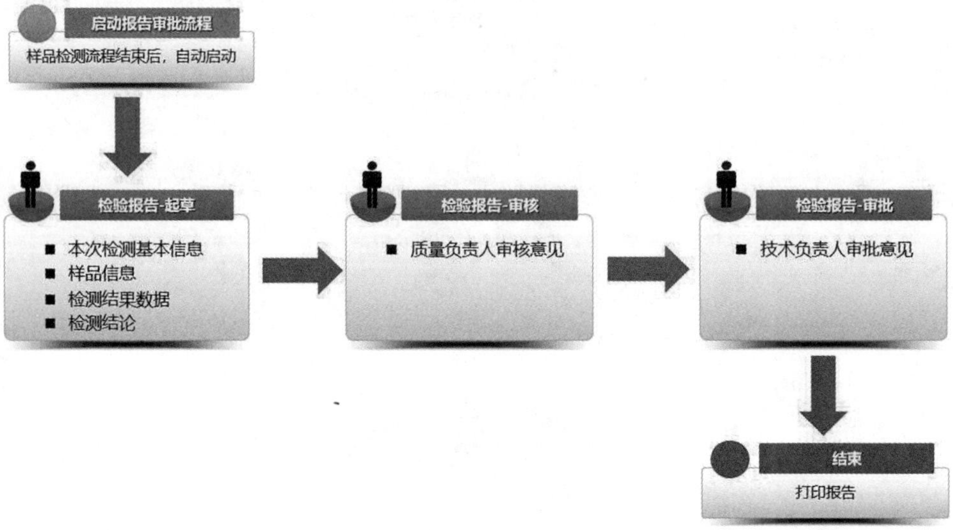

图 6-5　检验结果报告管理信息及流程图

6.3.1.5　仪器设备和标准物质管理

仪器设备和标准物质管理用于管理实验仪器及设备信息、标准物质领用信息，包含仪器参数设置、仪器维护和保养信息、仪器使用记录、仪器期间核查记录等。

仪器设备管理也包括数据采集配置管理。在实验过程中，将仪器设备的数据自动采集到 LIMS 的原始记录中，可以避免人工输入的差错，并提高便捷性。

自动分析仪器和 LIMS 的连接一直是 LIMS 实施中最困难的一部分，如何直接采集各种分析仪器的数据，同时又能够在远程使用统一的界面来控制不同厂家、型号的分析仪器。在过去往往需要为每一种仪器编写一种接口程序。

LIMS 可以提供采集数据的标准接口，一般可以接受文本等格式的文件，然后将标准文件中的信息对应到数据库的相应位置并存储，根据仪器的情况分为多种方式，主要有以下几种情况。

① 仪器带工作站并且结果数据可以转换为文本文件，通过 LIMS 的数据导入模块进行设置，直接读入到 LIMS 的数据库中。

② 仪器带工作站但结果数据不能转换为文本文件，则通过文件解析模块转换为文本文件后，通过 LIMS 的数据导入模块，直接读入到 LIMS 的数据库中。

③ 分析仪器不带工作站但是具有标准通信接口，如 RS232 串行接口或打印机并行接口，则需要开发专用接口软件，通过标准通信接口将仪器与计算机连接，接收由仪器生成的数据。

④ 分析仪器具有模拟信号输出接口，则直接采集分析仪器的模拟信号，通过 A/D 转换，处理原始数据，获得分析结果，再通过 LIMS 的数据导入模块的设置，保存到 LIMS 的数据库中。

由 LIMS 直接提供仪器数据采集接口的集成方式实施比较简单，因此在实际工作中应用较多，其中技术含量较高的是根据分析仪器提供的标准串行接口（如 RS232）而定制开发接口的方式（见图 6-6）。

图 6-6　仪器设备和标准物质信息图

6.3.2　质量体系管理

在实验室检测过程中，存在着诸多影响实验室检测数据质量的因素，要保证实验数据的高质量与准确度，必须对实验室检测质量进行控制和管理。如何通过加强实验室检测质量管理，提高实验室效率，降低仪器设备损坏率，提高检测效率，保证检测结果的质量，最大限度地提高实验室的检测质量和权威性，是当前实验室在建设与管理方面面临的核心课题。

通过引入信息化技术，将实验室质量管理规范、过程和方法与 LIMS 系统结合，构建一套覆盖所有实验信息及数据、自动化、可追溯、智能的质量管理体系。LIMS 系统中，关于质量体系管理部分主要实现的内容是：内部审核管理、管理评审、纠正措施、预防措施及改进、申诉和投诉、文件控制等。

质量控制过程一般都是先制定计划，然后按照计划要求实施。制定计划的过程也要求以流程的方式，让制定者、评估者、审核者都参与，从而保障计划的有效性。计划的实施过程中，需要依据计划的时间，提醒实施者来执行；实施人员实施质量控制过程，并记录信息和数据，最后出具实施结果报告。最后，还需要对实施结果及报告的评价和审计是否符合质量控制要求，做出本次质控的总结报告(见图 6-7)。

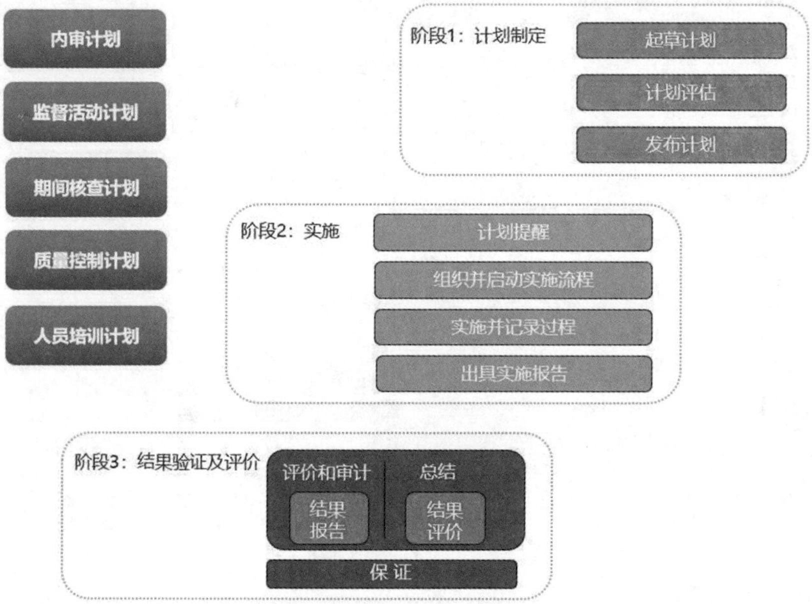

图 6-7　质量控制过程图

6.3.2.1　内部审核管理

内部审核也称为第一方审核，是实验室自己进行的，用于内部目的的审核，是一种自我约束、自我诊断和自我完善的活动，也是保障实验室管理有效运作和权威性的关键点。根据水质检测业务需求，设定相应的内容要素。通过启动年度内部审核计划流程，来制定年度内容计划安排。同时在指定内审实施日期前发出提醒，为即将到来的内审实施做准备。内审实施完成后，启动内审报告流程，针对不符合项，启动不符合报告处理流程(见图 6-8)。

6.3.2.2　管理评审

为了衡量管理体系是否符合自身实际状况，评价管理体系对自身管理工作

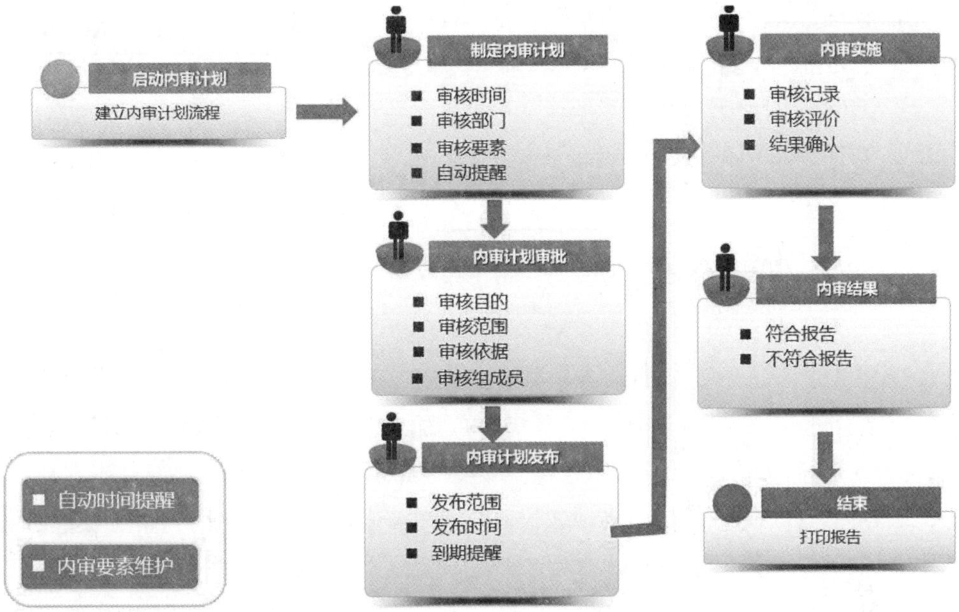

图 6-8　内部审核管理内容及流程图

是否真正有效，是否能够保证方针和目标的实现，实验室最高管理者要组织管理评审工作，确保管理体系持续适用和有效，并进行管理体系的不断改进。详细处理内容包括(见图 6-9)：

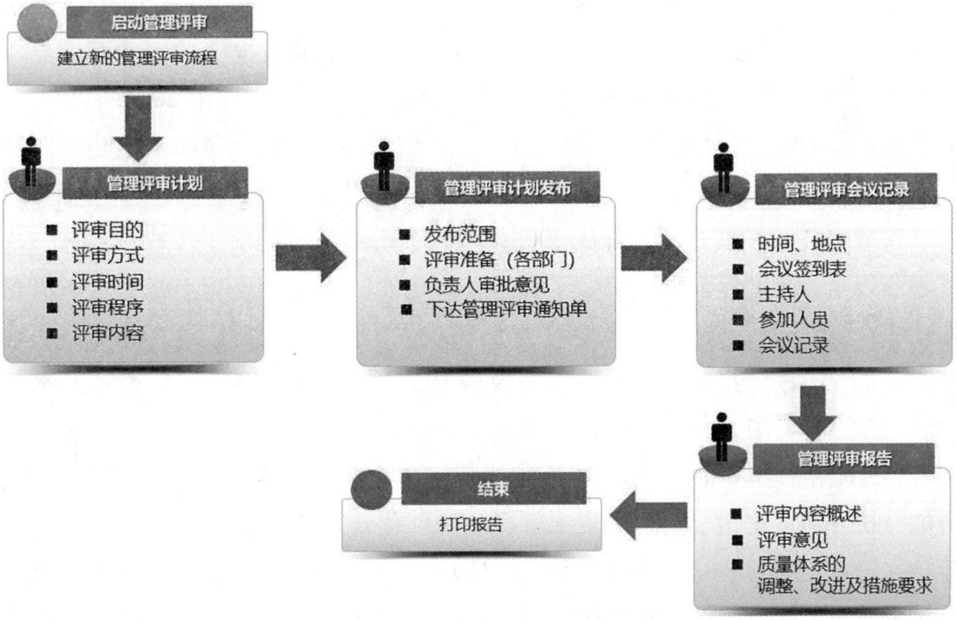

图 6-9　管理评审内容及流程图

① 管理评审策划准备；

② 制定管理评审实施计划；

③ 编制管理评审报告；

④ 管理评审后的改进和验证。

6.4 智慧水务发展与趋势

智慧水务是一项复杂的系统工程，主要意义在于作为全球信息化革命与水务行业结合的成果，“智慧水务”系统将成为城市智力水环境建设的有力“抓手”，水务行业转型的“加速器”，民众参与城市管理的“平台”。主要体现在如下 3 个方面。① 政府部门：实现领导科学决策、提升城市管理水平和推进政府公共服务；② 水务企业：推进有关产业的转型，提高管理和服务水平，实现细致化、信息化、规范化、流程化、便捷化，云计算、大数据、物联网和移动网络等技术手段的融合；数据收据与数据的洞察，将有利于国家的决策、商业价值的评估，实现企业增效；③ 便于市民参与城市的“公共平台”，通过手机、电脑缴费，体验运营数据等活动，提高市民参与程度。

智慧水务是智慧城市的一部分，我国的智慧水务建设是在国外的影响下由上而下开展的，具有顶层设计的国家色彩。2012 年，住房和城乡建设部启动智慧城市试点工作以来，智慧水务建设内容在多个城市的申报项目中均有重点体现。2015 年住房和城乡建设部发布的《关于公布国家智慧城市 2014 年度试点名单的通知》中，“智慧水务”被正式列为“智慧城市”9 个专项试点建设内容之一。

智慧水务的发展过程：自从 2008 年 11 月 IBM 公司提出了“智慧地球”这一理念以来，在世界范围内引发了智慧城市建设的热潮。国际上智慧水务概念始于 2009 年 5 月，是由一个名为“水创新联盟”的私人组织创建的基金会“智慧水务倡议”率先提出。初始阶段主要由 IBM、日立等大型信息化企业及水务公司组成，是美国 IBM“智慧地球”概念的主要组成部分，其特点是自动化、交互性、智能化。IBM 的智慧水资源管理覆盖多个领域，通过数据与系统集成、智能分析和协同处理，实现水资源管理的智能化转型，包括：水资源检测保护、流域水资源运营管理、智慧大坝管理、区域智慧水资源调配管理、水务公司综合运营管理、智慧产销差水管理、智慧管网风险管理、城市洪水分析预测与应急、城市污水管理等。借助监测终端和监测系统，水资源管理部门就可以对供水厂、污水处理厂、管网系统等进行水量和水质的实时控制；利用物联网、云计算、大数据等创新技术，对给排水基础设施进行智能化管理和维护。日立公司为日本水务领域的主要企业之一，其“智能水系统”就是在常规的水处理、管理技术之上，借助“信息控制融合系统”对各种水处理设施的运行数据进行一元化管理，该进程使整体水循环效率显著提高。

关于智慧水务的描述，不同的学者也有不同的表达。有的学者认为，智慧水务是通过新兴信息技术的应用来带动水务信息化的全面提升，为水务管理的智慧化提供有力支撑。有些学者认为在水务系统中，传感器、网络及移动系统三者的结合，可以构建全方位系统化的智能水务管理系统。智慧水务是一种整体且综合的行业信息化发展过程，它也可以说是符合智慧化特点的某个具体区域或者城市的水务系统。而在有的学者看来，智慧水务是指把新兴的信息技术充分运用于城市水务综合管理，通过传感器的普遍连接形成“感知物联网”，整合“水务物联网”，完成数字城市水务设施与物理城市水务设施的无缝集成。创新整合涉水领域的各种信息，通过应用系统为水务管理、涉水事务协调及公众服务等进行智能支持，从而使城市水务规划管理更为灵活化、高效化且精确化。有的理解认为，智慧水务是指通过新一代信息技术，运用智慧方法改进水务部门与其他部门、企业和公众交互的方式，提高服务效率、灵活性和响应速度，在水务业务管理、电子政务、水安全以及信息监测等相关领域提供智能化的服务与支撑。智慧水务更是利用传感技术、物联网、互联网以及云计算等先进技术，对原水、生产、输配、排放、处理及客户服务等过程进行控制，完成“智慧”的水务管理系统。可见，以物联网、移动互联、人工智能技术为代表的新一代信息技术正带来第三次信息技术革命，信息技术正在与居民生活和企业运行相融合。智慧化水务阶段通过各种信息传感设备，实现信息的智能化识别、定位、跟踪、监控、模拟、预测和管理。《2017年中国智慧水务发展白皮书》认为，我国智慧水务的理念是在2013年长沙“第八届中国城镇水务发展国际研讨会与新技术设备博览会”上由中国城市科学研究会数字城市工程研究中心首次提出的。

智慧水务综合运用了地理信息系统（geographic information system，GIS）、传感网、物联网及其他信息技术，实现从水源、给水、用水到排水等环节的信息敏捷感知和实时采集，促进水务信息资源的整合，形成城市水务信息全景视图，通过模型分析计算、数据挖掘及分析以及精准预测等手段，来提高水资源开发利用效率、缓解水资源短缺压力、保护水生态环境、增强供水排水能力，以保证用水安全。由此可见，智慧水务致力于城市水务管理系统中综合应用新兴信息技术，从而实现更加科学化、精细化的城市水务政务管理。供排水企业开始以 GIS、SCADA、ERP/EAM 系统整合而成的一体化数据管理平台，尝试开展数据挖掘和大数据分析工作，提高决策和管理水平。智慧水务提倡将传感器嵌入并普遍连接到水源、供水及排水系统中，同时通过互联网进行资源整合，涵盖了水资源、水环境、供水、排水、防汛防涝等各个方面，是通过对各种信息的采集、传输、存储、处理、服务，实现信息智能化识别、定位、跟踪、监控、计算、管理、模拟和预测，实现更全面的感知、更科学的决策、更主动的服务、更自主的控制和更及时的应对。在云计算、人工智能、互联网+等技术和新模式催生下，为智慧水务发展带来极大的想象空间，面临新的发展空间和挑战。

智慧水务发展历程见图 6-10。

智慧水务建设的目标是完成信息采集、分析、应用能力资源的有效整合，实现涉水生产、管理、消费的全域感知等，阶段目标是采集、传输、存储、挖掘，而总体目标是覆盖全程、数据洞察、产业升级。

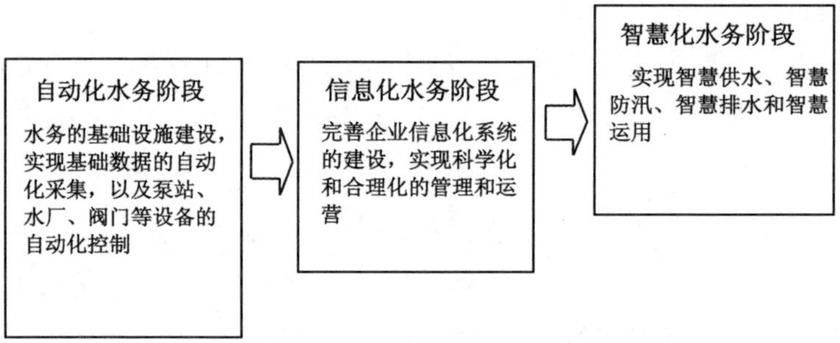

图 6-10　智慧水务发展历程简图

《2017 年中国智慧水务发展白皮书》指出，智慧水务系统构架为 4 套系统，5 个层级。依照现代信息技术的发展和智慧水务建设的实践经验，智慧水务系统的构架按垂直方向可以划分为 4 套体系，按水平方向划分为 5 个层级。

4 套体系包括技术体系、标准规范体系、建设管理体系和信息安全保障体系，5 个层级包括感知层、技术设施层、平台支撑层、智慧应用层和展示层。在智慧水务的整体构架中，各体系应贯穿于各个层级，充分考虑对各关联系统、业务、数据予以支撑及保障的后期维护、升级、需求扩展等要求，规范各系统业务接口，简化信息资源访问操作等建设。智慧水务的系统图如图 6-11 所示。

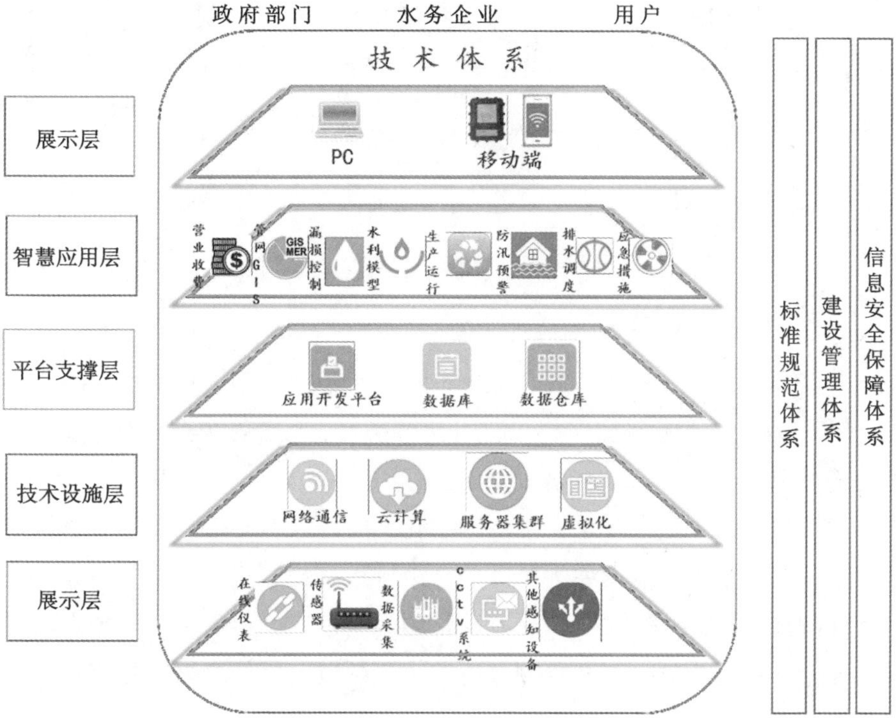

图 6-11　智慧水务的系统图

6.5　智慧水务系统的智慧供水与水资源管理

智慧水务的建设内容涵盖从水源头到水龙头乃至排污口的水务一体化建设，包括对机房、网络资源、信息资源等软硬件环境的建设，监测、整合、补充、完善统一的水务数据资源环境和共享交换体系，建设支持各类应用系统和供水、排水部门信息共享与业务协同的公共支撑平台等。

智慧供水：综合利用物探、数据库、测绘以及 GIS 技术，实现城市给水管网的数字化，构建城市给水管网基础 GIS 平台，提供城市给水基础信息和管网设施信息管理、管线设计更新、管线综合分析等功能(见图 6-12)。

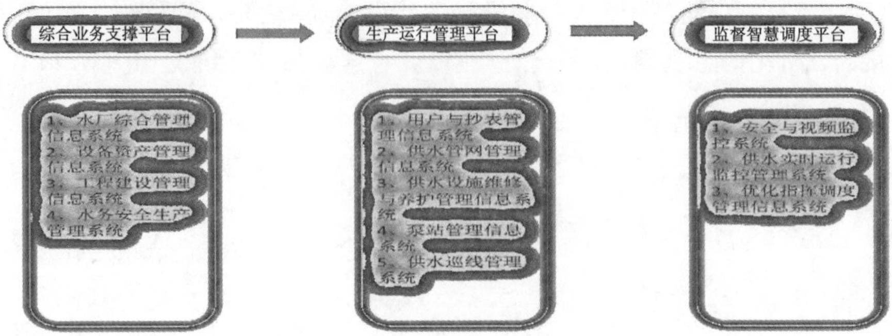

图 6-12　智慧供水系统框架

基于 4G/5G 网络、互联网等现代通信技术，合理规划，建立智慧水务信息传输的通信网络系统，构建高效、安全的信息传输体系，实现数据交换与共享。建立一体化的智慧水务数据中心和应用支撑平台，整合各类业务应用，服务城市水务管理和决策。

智慧排水：实现城市排水管网的数字化，构建以 GIS 平台和排水管网基础设施、泵站等排水设备数据库为基础的城市排水基础管理系统。广泛运用物联网、传感网技术，实时获取排水设施设备的运行状态、相关水位水质及各种运行调度信息，结合模型计算和预测分析技术，对突发事件和城区排涝应急处理提供服务决策支持(见图 6-13)。

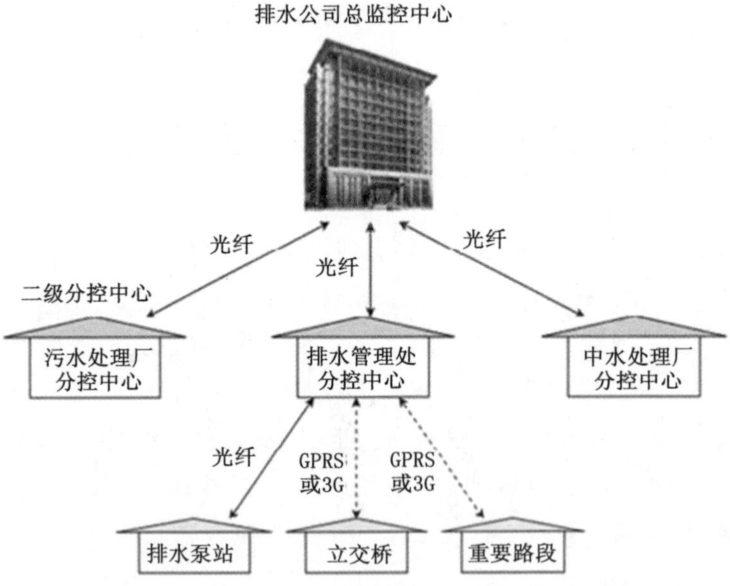

图 6-13　智慧排水系统框架

在此基础上，智慧水务感知监测网络建设，搭建水资源管理基础平台，建设城市水务的智能传感和监测系统，运用先进的监测和传感设备，智能采集水量、水质、水位、管道等数据和图像信息，全面提升基础感知能力，建设智慧水务的信息安全保障体系和标准化体系。借助物联网、无线通信、“3S”（遥感技术、地理信息系统和全球定位系统）和自动控制等技术实现污水管理网、接驳口、排水口、水污染源的精确管理，实现污水处理厂、泵站、闸站的自动化运行及信息的指挥管理，建设城市污水智能处理系统；以截污、污水处理和水环境治理为主要目标，形象直观、全面动态地监控污水现状和污染源情况，为相关部门及有关人员提供包括水生态及水环境评价、水环境预测服务、污染事故定位及辅助处理等功能的水环境管理系统。智慧水务在水源管理、净水厂控制、漏损管理、供水调度和实验室管理等方面实现数据共享，可有效提高供水质量。

随着通信技术的不断发展和实验室管理思想的不断创新，智慧水务已经成为未来的发展方向。对于 LIMS 来说不断吸收先进的实验室管理思想、融合各种先进技术，以下方向将会得到快速的发展和完善。

（1）质控手段完善

LIMS 将质量控制手段融入水质监测全过程，实现水质监督全过程中对样品管理和质量控制等关键点的有效控制和运行，使系统不仅具有常规的如盲样、平行双样、加标回收、精密度实验等质控手段，更要体现在标准的工作流程设计、严格的流程审核机制、方便的数据溯源、实验室环境管理等因素上。

另外，还要通过一些先进的技术手段来减少人为因素对数据质量的影响，比如手持设备（手机、平板电脑）在采样中的应用，通过提前将采样点的经纬度坐标输入 LIMS 中的站点信息，确保采样人员只有到系统规定的位置才能下载现场记录表，上传所需的数据。这样不仅解决了数据的远程传输，也实现了 GPS 到位监督功能。

（2）数据的挖掘、深度分析的完善

LIMS 作为一个信息管理平台，它保存了实验室所有样品的信息、检测数据、检测费用数据以及实验室管理的信息。分析统计实验室运行一段时间后都会积累大量的数据。目前很多实验室虽然建设了基础数据库，积累了大量数据，但是并不注重数据的整理和挖掘。如何发掘和应用 LIMS 产生的数据资源，将是 LIMS 系统应用后实验室面临的一个新的挑战。

通过任意查询功能对大量历史数据进行综合统计分析，可以清楚地观察到数据的变化趋势，采用水质数学模型和多因子回归方法，建立水体水资源质量与其相关影响因素之间的关系，尤其需要考虑动态水量的变化情况，进行分析评价和预测。引入过程质量控制中的数理统计方法，包括相关图、控制图、直方图等，建立质量信息管理功能集成模型。

(3)实现数据的整体、全流程、实时管理

LIMS 是供水企业综合信息平台的一个子系统，但这个子系统同样可以实现下一级子系统的管理。通过供水企业的整体信息化建设，系统实现的是供水区域整体、实时动态更新数据，使监测数据不是孤立的，而是有机的整体。对于大规模的自来水公司来说，也可实现从原水到水厂、从水厂到管网、从管网到用户终端、从用户终端到污水处理厂水循环全流程的质控管理。最重要的是，通过 LIMS 对数据的整合、共享、深度分析，建立水资源管理的区域水环境模型，实现水质预警功能，为企业更好地深化水行政管理、提高水资源的利用水平，建设节水型社会提供强力支持。

(4)信息系统的融合

供水企业目前使用较多有以下系统：客户服务中心系统(包括业务咨询、信息查询、业务申报受理、业务投诉受理等)，营业收费管理信息系统(包括抄表、收费、与银行间代收自来水费数据处理)，在线自动监测系统，GIS 系统(自来水管网运行管理、维护等)，ERP 系统(包括财务管理、人力资源管理、物料供应管理、工程管理、经营计划等)，SCADA(包括自来水生产管理、质量管理及供水调度等)，企业门户网站。

LIMS 最直接的功能体现在提供水质数据的共享和支持，公民对日常饮用水水质有知情权，LIMS 可以满足公民对水资源信息公开的要求，快速发布水质监测数据、数据评价。而对于 GIS、自动监测系统来说，LIMS 要更好地接收、处理这些不同类型的数据，主要涉及多源信息融合技术的应用问题。信息融合是针对一个系统中使用多种传感器这一特定问题而开展的一种全新的信息处理方法。

先进的 LIMS 数据采集支持多监测元的数据采集，支持多种电子交换文档直接导入实验室检测数据自动生成，留有自动水质监测站、应急水质监测车、污染现场的数据实时采集。在数据采集接口，将地理信息系统的空间图形与水环境评价属性数据有机结合，多源数据无缝链接，可视化地在地图上显示监测评价结果。

(5)以强大知识库支撑的 LIMS 可持续优化

以知识库支撑 LIMS 不断优化体现在两个层面。第一个是客户层面，LIMS 运行积累的不仅仅是水质分析数据，还包括国家相关的法律法规、实验室标准工作流、方法标准、SOP(标准操作规程)、项目管理、利用 LIMS 对组织中大量的有价值的方案、策划、成果、经验等知识进行分类存储和管理，积累知识资产避免流失，促进知识的学习、共享、培训、再利用和创新，是保持实验室能力发展的工具。

(6)加快应急事件处理的响应速度

通过支持移动网络(Wi-Fi、3G、4G、5G、物联网)使得用户可以非常方便地利用移动电话和掌上电脑等无线设备随时掌握实验室的信息，这为需要经常参加各种会议的实验室管理人员提供了极大的方便。系统可以增加闭环的动态调度指挥监测管理系统，自动通过手机通知未按时上报监测数据的单位，紧急情况下可以用语音直接监督管理，敦促上报水质监测数据，有效应急指挥、防灾减灾、多部门协同社会联动。

实验室信息管理系统提供了真实的、快速的数据系统，智慧水务脱胎于水务自动化、结合信息化向智慧化发展。信息管理是智慧化水务的基础，智慧产业由“数字城市”转向“智慧城市”，由“数字供水”转向“智慧供水”。随着国家、公众对水质安全重视程度的不断提高，水质检测中心数据的可靠、准确、透明、共享已经成为一个供水企业的核心，LIMS 的应用有助于实验室本身提升综合管理、标准化工作流程、提高工作效率。作为“智慧水务”的重要组成部分，水质分析实验室信息管理系统与遥感(RS)技术、宽带网络、多媒体及虚拟仿真等技术的不断创新与融合，将实现实验室从传统手工、静态管理的工作模式到电子化、自动化、标准化、智能化、动态控制的监测流程创新。

参考文献

[1] 王绍文.亚微观传质在水处理反应工艺中的作用[J].中国给水排水,2000,16(1):30-32.

[2] 杨晶晶,赵吉,周清,等.国内外生活饮用水水质标准比较和建议[J].中国给水排水,2016,32(17):119-124.

[3] 刘文利,代进,张俊栋.水源地水质监控预警体系的建立[J].工业安全与环保,2011,37(3):15-16.

[4] 李文攀,周密,白雪,等.集中式饮用水水源地水质预警指标体系构建[J].中国环境监测,2016,32(1):128-132.

[5] 李玥.水源水质在线监测预警系统的建设及运用研究[J].水土保持应用技术,2017(1):33-34.

[6] 李军,王经顺,陈程.生物综合毒性在线自动监测仪的现状与问题研究[J].环境科学与管理,2013,38(9):125-128.

[7] 田野,郭子祺,乔彦超.基于遥感的官厅水库水质监测研究[J].生态学报,2015,35(7):2217-2226.

[8] 宋兰合.城镇供水水质监测预警系统建设实践[J].中国给水排水,2014,30(18):15-17.

[9] 张全,徐达.饮用水源地预警系统构建[J].中国新技术新产品,2017(8):113-114.

[10] 张宝成.HRST 纳米粒子的制备及其在 Cr 检测中的应用研究[J].长江大学学报,2017,14(13):17-23.

[11] 张坤,张志秋,马庆运,等.N 掺杂石墨烯量子点的制备及在 Fe^{3+} 检测中的应用研究[J].化工新型材料,2016,44(9):133-135.

[12] 邓亚君,付琛,魏静,等.一种新型碳量子点的合成及其对铜离子的检测[J].科学技术与工程,2016,16(11):132-135.

[13] 熊海涛.氧氟沙星荧光淬灭法测定蔬菜中锰(Ⅱ)含量[J].食品与发酵工

业,2014,40(4):181-184.

[14] 曹徐齐,阮辰旼.湖泊水库中蓝藻及蓝藻毒素的监测技术和管理策略:“第四届国际水协湖泊与水库管理研讨会”成果汇编[J].净水技术,2017,36(8):5-12.

[15] BAI Y,ZHANG B G,XU J,et al.Conformational switching fluorescent chemosensor for chloride anion[J].New journal of chemistry,2005,29:777-779.

[16] LIN Z H,OU S J,DUAN C Y,et al.Naked-eye detection of fluoride ion in water:a remarkably selective easy-to-prepare test paper[J].Chem. commun,2006,6(6):624-626.

[17] LIN Z H,ZHAO Y G,DUAN C Y,et al.A highly selective chromo- and fluorogenic dual responding fluoride sensor:naked-eye detection of F-ion in natural water via a test paper[J].Dalton trans.,2006,30:3679-3684.

[18] CARSTEA E M,BRIDGEMAN J,BAKER A,et al.Fluorescence spectroscopy for wastewater monitoring:a review[J].Water research,2016,95:205-219.

[19] NAYAB P S,SHKIR M.Rapid and simultaneous detection of Cr(III) and Fe(III) ions by a newnaked eye and fluorescent probe and its application in real samples[J].Sensors and actuators B,2017,251:951-957.

[20] WANG Z J,WANG X J,NIU W P,et al.A specific fluorescence probe for chromium(VI) anions and its application[J].Sensors and actuators B,2017,244:727-731.

[21] 李东洋,宋越超,袁梦婷,等.基于罗丹明 B 的 Cu^{2+} 选择性荧光探针的合成与表征[J].化学试剂,2018,40(4):369-371.

[22] 谢嘉霖,彭化南,陈鹏,等.水杨醛异烟酰腙 Cu^{2+} 荧光探针的研究[J].分析试验室,2017,36(12):1456-1460.

[23] 张星,贾贞,秦菲,等.葛根素 Al^{3+} 体系的荧光猝灭效应及 Al^{3+} 的分析测定[J].德州学院学报,2018,34(2):37-39.

[24] 刘静,谈光华,张帆,等.萘酰亚胺接枝壳聚糖 Al^{3+} 荧光探针的合成及光谱性能研究[J].发光学报,2018,39(4):543-548.

[25] HEIBATI M,STEDMON C A,STENROTH K,et al.Assessment of drinking water quality at the tap using fluorescence spectroscopy[J].Water research,2017,125:1-10.

[26] 彭梦姣.新型杂化 Fe(Ⅲ)荧光探针的合成及性质研究[J].化学通报,2018,81(5):450-455.

[27] 边延江,李方霁,曹福祥,等.一种简单高效识别 Fe^{3+} 的荧光探针[J].河北师范大学学报(自然科学版),2018,42(3):232-236.

[28] LAN L X,NIU Q F,LI T D.A highly selective colorimetric and ratiometric fluorescent probe for instantaneous sensing of Hg^{2+} in water,soil and seafood and its application on test strips[J].Analytica chimica acta,2018,1023:105-114.

[29] XIE Y,LI H,LIU A X,et al.An aqueous fluorescent sensor for Pb^{2+} based on phenothiazine-polyamide[J].Spectrochimica acta part A:molecular and biomolecular spectroscopy,2018,201:193-196.

[30] 邵阳,徐鉴.一种 Zn^{2+} 荧光探针的合成及性质[J].南京晓庄学院学报,2017(6):36-38.

[31] ZHU Q,LIU L,XING Y P,et al.Duplex functional G-quadruplex/NMM fluorescent probe for label-free detection of lead(Ⅱ) and mercury(Ⅱ) ions[J].Journal of hazardous materials,2018,355:50-55.

[32] 张永民.解读智慧地球与智慧城市[J].中国信息界,2010(10):23-29.

[33] 田雨,蒋云钟.大连市水务智慧化依赖度研究[J].中国科技论文,2014(11):1262-1265.

[34] 田雨,蒋云钟,杨明祥.基于智慧化依赖度的智慧水务建设分析模型[J].武汉大学学报(工学版),2014(6):760-763.

[35] 刘璐璐.城市智慧水务建设路径探讨[J].安庆师范学院学报(社会科学版),2016,35(1):99-101.

[36] 杨明祥,蒋云钟,田雨,等.智慧水务建设需求探析[J].清华大学学报(自然科学版),2014(1):133-136.

[37] 张小娟,唐锚,刘梅,等.北京市智慧水务建设构想[J].水利信息化,2014(1):64-68.

[38] 田培杰.智慧水务及其实施路径研究[J].当代经济,2015(25):96-98.

[39] 王爱华,陈才.智慧城市:构筑于信息高地上的城市智慧发展之道[M].北京:电子工业出版社,2014.

[40] 李荣华,王大霞,陈恺,等.LIMS 系统在 GLP 实验室应用探讨[J].中国新技术新产品,2010(22):14.

[41] 杨海鹰.影响 LIMS 成功实施的几个关键因素[J].现代科学仪器,2005,(2)3:64-65.

[42] 武敬,杨建华.实验室信息管理系统(LIMS)初探[J].资源环境与工程,2004,18(3):68-73.

[43] 傅学胜.实验室信息管理系统(LIMS)的进展与发展趋势[J].上海计量测试,2003,30(4):36-37.

[44] 鲁志文.LIMS 的开发及在水环境监测中的应用[J].人民长江,2010,41(17):100-103.

[45] 王雪.基于人工神经网络的水质监测模型研究[J].吉林水利,2018(4):56-62.

[46] 王新国.某供水源地下水质污染成因分析及保护对策[J].化工管理,2018(11):46.

[47] 张万锋.南水北调中线工程水源地区域经济转型发展研究[J].经济研究导刊,2018(11):34-35.

[48] 戴乙,王佰梅.京津冀区域重要水源地保护的思考[J].海河水利,2018(1):7-9.

[49] 韩丹.城市饮用水水源地保护对策[J].化工管理,2017(34):121.

[50] 侯培军.辽宁省大伙房水源地围栏封育保护措施探析[J].防护林科技,2017(10):73-74.

[51] 王亦宁,双文元.国外饮用水水源地保护经验与启示[J].水利发展研究,2017,17(10):88-93.

[52] 王亦宁,钟玉秀.我国农村饮用水水源保护对策[J].中国水利,2017(9):24-26.

[53] 孙永平,唐涛.新技术新设备在南水北调中线水质突发事件应急处置中的应用[J].中国水利,2018(8):18-21.

[54] 胡颖姝.大伙房水库输水工程数据采集与监控系统设计分析[J].水利技术监督,2017,25(2):18-20.

[55] 伍婷婷,梅晶,陈丽.饮用水源保护区生态补偿机制研究[J].资源节约与环保,2017(6):50-52.

[56] 左叶颖.城市建成区饮用水源地保护对策及建议[J].环境与可持续发展,2017,42(3):50-52.

[57] 王民,綦海萌.国内大中型水库饮用水水源保护区划分方法分析[J].水利规划与设计,2018(3):47-50.

[58] 孟伟,张远,郑丙辉.水环境质量基准、标准与流域水污染物总量控制策略[J].环境科学研究,2006(3):1-6.

[59] 梁博,王晓燕.我国水环境污染物总量控制研究的现状与展望[J].首都师范大学学报(自然科学版),2005(1):93-98.

[60] 左锐,石榕涛,王膑,等.地下水型水源地水质安全预警技术体系研究[J].环境科学研究,2018,31(3):409-418.

[61] 陈晓宏,涂新军,谢平,等.水文要素变异的人类活动影响研究进展[J].地球科学进展,2010,25(8):800-811.

[62] 王俊杰,何江涛,陆燕,等.地下水污染风险评价中特征污染物量化方法探讨[J].环境科学,2012,33(3):771-776.

[63] 李勇,张晓健,陈超.我国饮用水中臭味问题及其研究进展[J].环境科学,2009,30(2):583-588.

[64] M.劳斯,王妍炜.城市供水挑战的政策综述[J].水利水电快报,2014,35(5):1-9.

[65] HARTLEY K,TORTAJADA C,BISWAS A.Political dynamics and water supply in Hong Kong[J].Environmental development,2018,25:192-199.

[66] YEWONDWOSSEN T G.On water users' repertoire:market rationality and governmentality in Peeth village's water supply Rajasthan(India)[J].Geoforum,2018,94:33-40.

[67] ALI A M,SHAFIEE M E,BERGLUND E Z.Agent-based modeling to simulate the dynamics of urban water supply:climate,population growth,and water shortages[J].Sustainable cities and society,2017,28:420-434.

[68] LIU Y,YAO T,BAI Y,et al.The sustainability of drinking water supply in rural China:does the provision of drink in water investment mismatch the demand of residents? [J].Physics and chemistry of the earth,parts A/B/C,2016,96:34-40.

[69] FAN J,HU J,KOGN L,et al.Relationship between energy production and water resourse utilization:a panel data analysis of 31 provinces in China[J].A research article journal of cleaner production,2017,167:88-96.

[70] ZHAO Z,ZUO J,ZILLANTE G.Transformation of water resourse management:a case study of the South-to-North Water Diversion project[J].Journal of cleaner production,2017,163:136-145.

[71] RICE P J,HORGAN B P,BARBER B L,et al.Chemical application strategies to protect water[J].Ecotoxicology and environmental safety,2018,256:420-427.

[72] MELLO K,RANDHIR J O,VALENTE R A,et al.Riparian restoration for protecting water quality in tropical agricultural watersheds[J].Ecological engineering,2017,108:514-524.

[73] HILL B H,KOLKA R K,MCCORMICK F H,et al.A synoptic survey of ecosystem services from headwater catchments in the United States[J].Ecosystem services,2014(7):106-115.

[74] GWENZI W,CHINYAMA S R,TOGAREPI S.Concentration-discharge patterns in a small urban headwater stream in a seasonally dry water-limited tropical environment a research[J].Journal of hydrology,2017,550:12-25.

[75] 李圭白,梁恒.创新与我国城市饮用水净化技术发展[J].给水排水,2015,41:1-7.

[76] LIU G,ZHANG Y,KNIBBE W,et al.Potential impacts of changing supply-water quality on drinking water istribution:a review[J].Water research,2017,116:135-148.

[77] 曲久辉.饮用水处理工艺改革的方向与愿景[J].给水排水,2016,42:1964-1965.

[78] 钱易.水资源管理需要新思路新策略[J].水利水电技术,2016,34:9-14.

[79] WANG Y,MA L,MAO Y,et al.Comammox in drinking water systems[J].Water research,2017,116:332-341.

[80] ERSAN G,APUL O G,PERREAULT F,et al.Adsorption of organic contaminants by graphene nanosheets:a review[J].Water research,2017,126:385-398.

[81] 李圭白,杜星,余华荣,等.关于创新与地下水除铁除锰技术发展的若干思考[J].给水排水,2016,42(8):9-17.

[82] 王占生,刘文君,董丽华.饮用水深度处理的必要性与发展趋势[J].给水

排水,2016,40(2):1-5.

[83] CHEN J,LIU H Y,WEIMER W A,et al.Noncovalent engineering of carbon nanotube surfaces by rigid,functional conjugated polymers[J].Am.chem,2002,124:9034-9035.

[84] 梁志杰.功能化介孔硅吸附剂的制备及其选择吸附特性与作用机制[D].哈尔滨:哈尔滨工业大学,2017.

[85] GHUGE S P,SAROHA A K.Catalytic ozonation for the treatment of synthetic and industrial effluents-application of mesoporous materials:a review[J].Journal of environmental management,2018,211:83-102.

[86] 钢迪嘎,齐维晓,刘会娟,等.南水北调对密云水库水位变幅带土壤磷释放量的影响[J].环境科学学报,2017,37(10):3814-3824.

[87] JIANG J,ZHANG X,ZHU X,et al.Removal of intermediate aromatic halogenated DBPs by activated carbon adsorption:a new approach to controlling halogenated DBPs in chlorinated drinking water[J].Environmental science and technology,2017,51:3435-3444.

[88] 胡奇.改性生物质材料对水中苯胺的吸附性能及去除工艺研究[D].哈尔滨:哈尔滨工业大学,2017.

[89] LIU L,TAN S,HORIKAWA T,et al.Water adsorption on carbon:a review[J].Advances in colloid and interface science,2017,250:64-78.

[90] KRAUS M,TROMMLER U,HOLZER F,et al.Competing adsorption of toluene and water on various zeolites[J].Chemical engineering journal,2018,351(1):356-363.

[91] 吴哲健.黑色 TiO_x 和多孔 Na^+-SiO_2 微球吸附去除水中重金属离子的效能与机理[D].杭州:浙江大学,2017.

[92] MENG F,YANG B,WANG B,et al.Novel dendrimer-like magnetic biosorbent based on modified orange peel waste:adsorption-reduction behavior of arsenic[J].ACS sustainable chemistry and engineering,2017,5:9692-9700.

[93] 席北斗,王晓伟,霍守亮,等.纳滤膜技术在地下水除砷应用中的研究进展[J].环境工程学报,2012(6):353-361.

[94] WU B,WANG R,FANE A G.The roles of bacteriophages in membrane-based water and wastewater treatment processes:a review[J].Water research,2017,

110:120-132.

[95] 张慧娟,沈江南,高从堦.界面聚合法制备 TFN NF 膜研究进展[J].过滤与分离,2017,27:6-10.

[96] XU Z,SHAN C,XIE B,et al.Decomplexation of Cu(II)-EDTA by UV/persulfate and UV/H_2O_2:efficiency and mechanism[J].Applied catalysis B:environmental,2017,200:439-447.

[97] 刘文君.给水处理消毒技术发展展望[J].城市给排水,2004(1):2-5.

[98] WILT A,GIJN K,VERHOEK T,et al.Enhanced pharmaceutical removal from water in a three step bio-ozone-bio process[J].Water research,2018,138:97-105.

[99] 吕建波,郝婧,苏润西,等.聚合氯化铝混凝强化新生态铁锰复合氧化物吸附去除水中的磷[J].环境工程学报,2014(7):2817-2822.

[100] SILVA L F,BARBOSA A D,PAULA H M,et al.Treatment of paint manufacturing wastewater by coagulation/ electrochemical methods:proposals for disposal and/or reuse of treated water[J].Water research,2016,101:467-475.

[101] 陈景,张曙,杨项军,等.铁盐絮凝法从阳宗海湖水中除砷研究与现场扩大试验[J].环境科学,2015,36:202-209.

[102] WU X,TAN X,YANG S,et al.Coexistence of adsorption and coagulation processes of both arsenate and NOM from contaminated groundwater by nanocrystallined Mg/Al layered double hydroxides[J].Water research,2013,47:4159-4168.

[103] MA W,MENG F,CHENG Z,et al.Synthesis of macroporous silica biomass nanocomposite based on XG/$MgSiO_3$ for the removal of toxic ions[J].Bioresource technology,2015,186:356-359.

[104] CATLING L A,ABUBAKAR I,LAKE I R,et al.A systematic review of analytical observational studies investigating the association between cardiovascular disease and drinking waterhardness[J].Water health,2008,6(4):433-442.

[105] JIANG L,HE P,CHEN J,et al.Magnesium levels in drinking water and coronary heart disease mortality risk:a meta-analysis[J].Nutrients,2016,8(1):5.

[106] BURCKHARDT P.The effect of the alkali load of mineral water on bone metabolism:interventional studies[J].The journal of nutrition,2008,138(2):435-437.

[107] MEUNIER P J,JENVRIN C,MUNOZ F,et al.Consumption of a high calcium mineral water lowers biochemical indices of bone remodeling in postmenopausal women with low calciumintake[J].Osteoporos int.,2005,16(10):1203-1209.

[108] ZAIR Y,CHADLI K F,HOUSEZ B,et al.Effect of a high bicarbonate mineral water on fasting and postprandial lipemiain moderately hypercholesterolemic subjects:a pilot study[J].Lipids health dis.2013,12:105.

[109] 黄连珍,于东,徐旭亚,等.饮用天然矿泉水对小鼠移植性肿瘤生长的抑制作用[J].现代预防医学,1994,21(3):137-138.

[110] 刘景兰,王玉玲.天然饮用矿泉水抑制肿瘤生长效应观察[J].中国慢性病预防与控制,1997,5(1):34-35.

[111] 胡建国,康爱君,田枫,等.某天然矿泉水对实验性高脂大鼠血脂水平的影响[J].实验动物科学,2010,27(6):78-80.

[112] 万英,陈蓉,李著华,等.微量元素锶对Ⅰ型糖尿病大鼠血清学指标影响的实验研究[J].重庆医科大学学报,2013,38(9):1032-1035.

[113] 蔺艳,盘强文,冯志强,等.锶矿泉水对人肾小管上皮细胞增殖及 ATP 酶活性的影响[J].中国组织工程研究,2012,16(15):2801-2804.

[114] 刘则华,佘沛阳,韦雪柠,等.日本最新饮用水水质标准及启示[J].中国给水排水,2016,32(8):8-10.

[115] 舒为群.多元化饮用水时代背景下饮水与健康关系研究的思考[J].第三军医学报,2017,39(11):1063-1069.

[116] 由阳,曾有文,石炼,等.关于我国《生活饮用水卫生标准》实施情况的评估[J].给水排水,2012,38(1):11-16.

[117] 由阳,石炼,宋兰合.修订我国饮用水水源水质标准的建议[J].中国给水排水,2011,27(18):17-20.

[118] VASAN A,SIMONOVIC S P.Optimization of water distribution network design using differential evolution[J].Water resources planning and management,2010,136(2):279-287.

[119] MCKENNA S A, KIKE K A, WILSON M, et al. Testing water quality change detection algorithms[C]. Eighth Water Distribution Systems Analysis Symposium, 2006: 1-15.

[120] BYER D, CARLSON K H. Real-time detection of intentional chemical contamination in the distribution system[J]. Journal American water works association, 2006, 97(7): 130-133.

[121] CONDE E F. Environmental sensor anomaly detection using learning machines[C]. Dissertations & Theses Gradworks, 2011.

[122] DAN K, KING K. Real world operational testing and deployment of an online water security monitoring system[C]. Eighth Water Distribution Systems Analysis Symposium, 2008: 1-10.

[123] 蒋绍阶，刘宗源. UV254 作为水处理中有机物控制指标的意义[J]. 重庆建筑大学学报，2002，24(2)：61-65.

[124] BROOKMAN S K E. Estimation of biochemical oxygen demand in slurry and effluents using ultra-violet spectrophotometry[J]. Water research, 1997, 31(2): 372-374.

[125] MRKVA M. Evaluation of correlations between absorbance at 254 nm and COD of river waters[J]. Water research, 1983, 17(2): 231-235.

[126] ZHANG J, HOU D, HUANG P J, et al. Multi-sensor fusion and feature selection in ultraviolet-visble spectrometry system for predicting chemical oxygen demand[C]. IEEE International Conference on Control & Automation, 2014: 904-907.

[127] LOURENCO N D, MENEZES J C, PINHEIRO H M, et al. Development of PLS calibration models from UV-vis spectra for TOC estimation at the outlet of a fiel park wastewater treatment plant[J]. Environmental technology, 2008, 29(8): 891-898.

[128] LANGERGRABER G, WEINGARTNER A, FLEISCHMANN N. Time-resolved delta spectrometry: a method to define alarm parameters from spectral data[J]. Automation in water quality monitoring, 2004, 50(11): 13-20.

[129] LANGERGRABER G, BROEKE J V D, LETTL W, et al. Real-time detection of possible harmfixl events using UV/vis spectrometry[J]. Spectroscopy Eu-

rope,2006,18(4):19-22.

[130] 刘谢.基于紫外-可见吸收光谱的供水管网水质在线异常检测方法研究[D].杭州:浙江大学,2015.

[131] 刘晓勇.RJM新工艺处理牡丹江水源水的生产性试验研究[D].哈尔滨:哈尔滨工业大学,2017.

[132] 刘海勇,刘建广,宋武昌,等.UV/H_2O_2高级氧化技术去除饮用水中微囊藻毒素的研究进展综述[J].净水技术,2017(8):20-25.

[133] 耿悦.丹江水水质评价与郑州段南水北调水强化混凝研究[D].郑州:华北水利水电大学,2017.

[134] 李若昭.北方某市低温低浊高有机物原水的强化混凝处理工艺研究[D].哈尔滨:哈尔滨工业大学,2017.

[135] 朱海涛,徐兵,沈莉萍,等.嘉兴市贯泾港水厂工艺运行介绍[J].给水排水,2009,35(3):28-31.

[136] 吕佳,岳银玲,张岚.国内外饮用水消毒技术应用与优化研究进展[J].中国公共卫生,2017(3):428-432.

[137] 李立欣.基于松花江水源水絮凝沉淀工艺的微生物絮凝剂净水效能研究[D].哈尔滨:哈尔滨工业大学,2015.

[138] 刘杰.天然材料改性与吸附水中氟的性能研究[D].长沙:湖南大学,2016.

[139] 关玥,孔海南,张树栋,等.居民饮用水安全研究进展[J].环境工程,2018,36(4):18-22.

[140] 夏传.强化混凝-过滤优化集成消除微污染水中有机氯的研究[D].兰州:兰州交通大学,2015.

[141] 廖岚.强化混凝在给水处理工程中的应用[J].科技创新与应用,2016,35:6-7.

[142] 唐海江.微砂强化悬浮污泥过滤技术在侧流除磷中的应用[J].水处理技术,2017(8):119-122.

[143] 王冠,方战强,成文,等.改性沸石对诺氟沙星的吸附行为及机理[J].华南师范大学学报(自然科学版),2018(3):1-9.

[144] 毛彩彩,石林.改性透辉石对饮用水中余氯的吸附机理[J].环境工程学报,2017,11(2):818-826.

[145] 赫伟东,郭颖赫,毛宁,等.极化处理对滤料过滤性能的强化[J].中国环境科学,2018,38(1):112-119.

[146] 胡伟.氧化-吸附法去除地表水中的锰及其机理研究[D].合肥:安徽建筑大学,2017.

[147] 赵阳.水质变动条件下传统水处理工艺优化中试研究[D].西安:西安建筑科技大学,2016.

[148] 王冬.污泥回流强化低浊度水混凝的实验研究[D].哈尔滨:哈尔滨工业大学,2014.

[149] 刘国烨,童祯恭,胡锋平.沉淀池排泥水回流强化混凝工艺参数研究[J].华东交通大学学报,2018(2):32-36.

[150] 郭庆龄.活性炭吸附去除自来水中 THMs 的应用研究[D].杭州:浙江大学,2018.

[151] 聂荣飞.给水处理滤池优化及处理高藻水试验研究[D].济南:山东建筑大学,2015.

[152] 沈珺.钛盐混凝与钛氢氧化物吸附去除饮用水中砷的研究[D].合肥:安徽建筑大学,2015.

[153] 李翔.预氧化对混凝处理水源水影响的中试实验研究[D].北京:中国地质大学,2016.

[154] 张丽芳.颗粒计数法在自来水厂的应用[D].广州:华南理工大学,2017.

[155] 杨欣,唐玉霖,辛怀佳.饮用水中典型臭味物质及其去除方法研究进展[J].净水技术,2018(3):37-43.

[156] 阳旭.高浊度原水磁加载混凝应急饮用水处理试验研究及工艺设计[D].杭州:浙江大学,2017.

[157] 许可,贲伟伟,强志民.高锰酸钾氧化降解水中微量有机污染物的研究进展[J].环境化学,2017,36(1):16-26.

[158] 黎海华,林广沅.不锈钢供水管道中铬元素迁移及防控技术[J].工程技术,2016,20:104-105.

[159] 徐菲菲,贾瑞宝.城市供水管道腐蚀及铁释放研究进展[J].城镇供水,2013(1):63-66.

[160] 张小妮,王文东,乔子霞,等.供水管道中含铝管垢的形成机理及其结构组成[J].净水技术,2013,32(4):1-4.

[161] 张迷迷.供水管网中余氯衰减机理及模型研究[J].山东工业技术,2013(10):24-25.

[162] 齐晶瑶,李欣,赵洪宾.关于供水管道内余氯消耗机理的探讨[J].给水排水,2000(8):66-69.

[163] 祝泽兵,吴晨光,钟丹,等.管材和流速对供水管道生物膜形成的影响[J].哈尔滨工业大学学报,2014(10):31-36.

[164] 方伟,许仕荣,徐洪福,等.城市供水管网水质化学稳定性研究进展[J].中国给水排水,2006(7):10-13.

[165] 王洋,张晓健,陈超,等.水源切换引起给水管网黄水问题原因分析[J].环境科学,2009(12):3555-3561.

[166] AYRES R U,KNEESE A V.Production,consumption,and externalities[J].American economic review,1969(3):282-297.

[167] 李明明,赵云鹏,刘阔,等.国内外供水管网环氧树脂喷涂修复的研究现状[J].中国给水排水,2016,32(4):13-15.

[168] 城市供水管网漏损控制及评定标准[S].北京:中国建筑工业出版社,2002.

[169] 罗海玲,付婉霞,张哲.管材和管径选择与供水管网漏损控制[J].节能与环保,2010(1):44-46.

[170] 马海平,张婧,高先池,等.秋季东海有色溶解有机物(CDOM)的光学特性[J].海洋环境科学,2014,33(6):876-883.

[171] 祝鹏,华祖林,李惠民.湖泊水体三维荧光光谱的PARAFAC法在污染源解析中的应用[J].光谱学与光谱分析,2012,32(12):3290-3294.

[172] 邓琥,尚丽平.基于四组分同时测定的PARAFAC和SWATLD算法及比较[J].光谱学与光谱分析,2009,29(4):1088-1092.

[173] MAO G,WANG Y,HAMMES F.Short-term organic carbon migration from polymeric materials in contact with chlorinated drinking water[J].Science of the total environment,2018,613/614:1220-1227.

[174] 杜海涛.H市供水管网运行监测系统构建与应用研究[D].合肥:安徽建筑大学,2017.

[175] 潘松青,张召基,陈少华.臭氧氧化法深度处理养猪废水研究[J].安全与环境学报,2014,14(6):153-156.

[176] 祝鹏,刘成林,祝飞.平行因子法分解成分分析在三维荧光光谱数据中的实现[J].光谱学与光谱分析,2015,35(6):1611-1617.

[177] 马伟.固水界面化学与吸附技术[M].北京:冶金工业出版社,2011.

[178] CHELLA S,VENUGOPAL V,GEORGE J,et al.Role of nanomaterials in water treatment applications:a review[J].Chemical engineering journal,2016,306:1116-1137.

[179] DISKSHANT S,LIZ T E,ROBERT C A.Comparative assessment of ceramic media for drinking water biofiltration[J].Water research,2018,128:1-9.

[180] PARK S H,NOH J H,PARK J W,et al.Biological stability in the ozone and peroxone pretreatment systems in river water[J].Journal of the Korean society of water and wastewater,2018,32(2):159-168.

[181] CHAOUKI Z,FOUAD K,IJJAALI M,et al.Use of combination of coagulation and adsorption process for the landfill leachate treatment from Casablanca city[J].Desalination and water treatment,2017,83:262-271.

[182] MENG F Q,YANG B W,WANG B D,et al.Novel dendrimer like magnetic biosorbent based on modified orange peel waste:adsorption-reduction behavior of arsenic[J].ACS sustainable chem.eng,2017(5):9692-9700.

[183] ZHEN C,WEI M,GUANG L,et al.Adsorption of levofloxacin onto mechanochemistry treated zeolite:modeling and site energy distribution analysis[J].Separation and purification technology,2019,222:30-34.